DIE EXPLOSIVSTOFFE

MIT BESONDERER BERÜCKSICHTIGUNG

DER NEUEREN PATENTE

VIERTES HEFT

AMMONSALPETERSPRENGSTOFFE

VON

DR. RICHARD ESCALES

MIT ZAHLREICHEN FIGUREN

LEIPZIG

VERLAG VON VEIT & COMP.

1909

AMMONSALPETERSPRENGSTOFFE

VON

DR. RICHARD ESCALES

MIT ZAHLREICHEN FIGUREN

LEIPZIG
VERLAG VON VEIT & COMP.
1909

Inhalt.

Erster Abschnitt.

Geschichtliches.

In den Jahren 1863 bis 1866 hatte der schwedische Ingenieur Alfred Nobel sich bemüht, das unter dem Namen Nitroglyzerin bekannte Glyzerintrinitrat anfangs als solches, dann in Gemenge mit Kieselgur als Dynamit in die Sprengtechnik einzuführen; Nobel hat auch, hauptsächlich durch Anwendung von Detonatoren (Sprengkapseln), sein Ziel erreicht, damit gleichzeitig den Weg für Verwendbarkeit anderer brisanter Sprengstoffe anzeigend. Das Interesse für Sprengstoffe war durch das Bekanntwerden der Nobelschen Versuche offenbar in Schweden ein besonders großes und veranlaßte auch andere Chemiker und Ingenieure, sich mit der Auffindung neuer Sprengmittel zu befassen. Auf Grund theoretischer Berechnungen kamen die beiden Chemiker Johan Ohlsson und Johan Henrik Norrbin zu der Erwägung, daß Gemenge von salpetersaurem Ammoniak mit Kohle oder kohlenstoffhaltiger Substanz sehr kräftige Sprengstoffe ergeben müßten, besonders wenn die Mengenverhältnisse so gewählt würden, daß als Endprodukte der Explosion Wasser, Kohlensäure und Stickstoff entstehen. Am 31. Mai 1867 erhielten Ohlsson und Norrbin ein schwedisches Patent auf acht Jahre für ein Verfahren zur Herstellung, Aufbewahrung und Entzündung von Sprengstoffen, das wie folgt beschrieben wird:

Die Hauptbestandteile unserer Sprengstoffe sind salpetersaures Ammoniak oder salpetrigsaures Ammoniak oder Mischungen derselben. Den Ammonsalpeter bereiten wir, indem wir schwefelsaures Ammoniak in Lösung mit Salpeter umsetzen; wendet man hierbei Natronsalpeter an, so kristallisiert beim Abdunsten zuerst Glaubersalz aus; wendet man Kalksalpeter an, so scheidet sich Gips aus; oder wir zersetzen kohlensaures Ammoniak, das sich in den Ammoniakwässern der Gaswerke und anderer Fabriken findet, mit Salpetersäure oder salpetersaurem Kalk. In ähnlicher Weise bereiten wir salpetrigsaures Ammoniak durch Umsetzen mit salpetrigsauren Salzen oder Mischen mit salpetriger

Säure. — Einen kräftigen Sprengstoff bereiten wir, indem wir salpetersaures Ammoniak mischen mit Kohle, Sägspänen oder mit Kohlenwasserstoffen (Naphtalin) oder mit Nitrokohlenwasserstoffen; oder mit stickstoffhaltigen organischen Basen (Anilin, Pikolin u. a.) oder Verbindungen der letzteren mit Säuren; oder mit Karbolsäure, Pikrinsäure und deren Salzen oder auch mit Mischungen von zwei oder mehreren der erwähnten kohlenstoffhaltigen Materien oder mit Harzen. — Ein kräftigeres Sprengmittel stellen wir her, indem wir Salpeter oder andere salpetersaure Salze zumischen. — Das Verhältnis von Ammonsalpeter und kohlenstoffhaltiger Substanz wird so gewählt, daß möglichst allei Kohlenstoff zu Kohlensäure, aller Wasserstoff zu Wasser verbrennen soll; so werden 100 Gewichtsteile Ammonsalpeter mit 15 Gewichtsteilen salpetersaurem Pikolin gemischt zur Erzielung der Reaktion[1]

$$13(NH_4ONO_5) + C_{12}H_7N \cdot NO_5 = 12CO_2 + 59HO + 28N;$$

100 Tle. Ammonsalpeter mit 7·5 Tle. Kohle reagieren nach der Formel $NH_4ONO_5 + C = CO_2 + 4HO + 2N$. — Für 100 Tle. Ammonsalpeter und 10 Tln. Kohle ergibt sich:

$$3NH_4ONO_5 + 4C = 2CO_2 + 2CO + 12HO + 6N.$$

Die Mischungsoperationen werden nach der Beschaffenheit und der Konsistenz der Bestandteile vorgenommen; sind letztere alle löslich, so mischen wir die Lösungen und verdunsten dieselben; sind einige Komponenten fest, die andern flüssig oder gelöst, so tränken wir die ersteren mit den letzteren; sind alle in Pulverform, so mischen wir in geeignetem Verhältnis. Die Sprengmittel werden in kompakten oder hohlen Zylindern geformt oder auch als Pulver, Körner usw. geliefert. — Manche unserer Sprengstoffe neigen zur Feuchtigkeitsaufnahme; wir überziehen oder durchtränken daher die Sprengstoffe mit anderen Substanzen, z. B. mit Nitroglyzerin, oder wir verpacken die Sprengstoffe in wasserdichten Hülsen. — Man kann einige unserer Sprengstoffe direkt mit einer Stubine entzünden; gewöhnlich ist aber stärkere und schnellere Erhitzung nötig; diese erreichen wir mittels Pulver, Nitroglyzerin oder anderer geeigneter Explosivstoffe, die wir mit unsern Sprengstoffen entweder mischen oder die wir in die Sprengstoffe innen herein oder außen herum geben; je nach der Zusammensetzung nehmen wir dann einen passenden Zünder. — Nach unserer theoretischen Berechnung entwickelt Ammonsalpeter bei seiner augenblicklichen Zerlegung eine 5 mal so große Kraft als gewöhnliches Schwarzpulver; ein Gemisch von Ammonsalpeter mit Kohle oder dem Nitrat einer organischen Base ist 7 bis 7·5 mal so stark als Pulver, während die Kraft des Nitroglyzerins nur 6 mal so groß ist als die des Pulvers. Zum Schluß weisen wir auf den billigen Preis und die verminderte Herstellungsgefahr unserer Pulver hin.“

---

[1] Es sind in der Patentschrift die früheren Formeln (O = 8) angegeben.

Im Jahre 1869 erschien in verschiedenen Zeitschriften[1] eine Mitteilung über das Ammoniakkrut, ein neues Sprengmittel, worin folgendes ausgeführt wird:

Die Masse, welche den Namen Ammoniakkrut (Ammoniakpulver) erhalten hat, ist ein schwarzes, etwas teigartiges Pulver, verhältnismäßig schwer dem Gewicht nach; es fühlt sich feucht an und klebt leicht zusammen. Seine chemische Zusammensetzung wird einstweilen noch geheim gehalten, indessen werden Resultate von interessanten Versuchen konstatiert, welche in betreff seiner Entzündbarkeit und der ihm innewohnenden Sprengkraft vorgenommen wurden. Um erstere zu ermitteln und einen Vergleich mit anderen Sprengkörpern anstellen zu können, wurden auf einem Porzellantellerchen folgende Gegenstände entzündet: 1. Schießpulver, 2. Schießbaumwolle, 3. Nitroglyzerin (in festem Zustande), 4. Dynamit und 5. Ammoniakkrut. Die Entzündung geschah in der Weise, daß ein am Rande des Tisches befestigtes Pendel, an dessen Ende sich auf einem Brettchen eine brennende Lampe befand, in Schwingung gesetzt wurde, so daß die Stichflamme unter dem Teller wegstreichen konnte. Hierbei zeigte sich, daß die vier ersten Sprengkörper sich entzündeten, sobald nur die Flamme den Teller berührte; Nr. 5 dagegen fing erst nach zwanzigmaliger Pendelschwingung an, langsam zu sprühen und allmählich abzubrennen. Ein weiterer Versuch über die Entzündbarkeit mittels Schlag oder Stoß wurde durch einen eisernen Fallklotz von etwa 0,2 Kubikfuß, welcher auf einen Amboß fallen gelassen wurde, bewerkstelligt. Hierbei ergab sich die Entzündbarkeit des Schießpulvers bei einer Fallhöhe von 4 bis 5 Fuß, des Nitroglyzerins bei Fallhöhe von $1^1/_2$ bis $2^1/_4$ Fuß, des Dynamits bei $2^3/_4$ bis $3^1/_2$ Fuß, dagegen die Entzündbarkeit des Ammoniakkruts erst bei 12 bis 15 Fuß Fallhöhe, woraus sich die größere Gefahrlosigkeit ergibt.

Um nun auch die dem Ammoniakkrut innewohnende Sprengkraft zu ermitteln, hatte man in einem, in dem Garten des Besitzers zutage tretenden Granitfelsen von beiläufig etwa 250 bis 300 Quadratfuß Oberfläche, dessen Mittelkuppe sich $3^1/_2$ bis 4 Fuß gegen die Ränder erhob, ein Bohrloch von 48 Zoll Tiefe und $^5/_4$ Zoll Durchmesser angebracht; in dasselbe wurde 13 Zoll hoch Ammoniakpulver geschüttet; hierauf legte man ein größeres kupfernes Zündhütchen, welches am Ende der Zündschnur befestigt war, und stampfte dann nach Aufbringung von noch 1 bis $1^1/_2$ Kubikzoll Sprengmasse das Ganze mit einem hölzernen Ladestock fest zusammen; lose aufgeschütteter Sand füllte das Bohrloch bis zum Rande. Wenige Sekunden nach Anzündung der Zündschnur erfolgte die Explosion, bei welcher der Felsen vielfach zerbarst und einzelne Stücke (von $^1/_2$ bis 1 Kubikfuß) hoch in die Luft geschleudert wurden. — Die Kosten des neuen

[1] Bayr. Gewerbeblatt 1869, S. 25; Wiecks Gewerbezeitung S. 85 u. a.

Sprengmittels werden nur auf die Hälfte einer die gleiche Sprengkraft besitzenden Menge Nitroglyzerin berechnet. —

Über die beiden Erfinder können wir folgende persönlichen Angaben machen.

Johan Ohlsson wurde geboren am 4. August 1833 im Kirchspiel Ervalla, Provinz Nerike, in Schweden. Nach seiner Schulzeit war er in den Jahren 1850 bis 1855 zuerst als Gehilfe in dem Bureau eines Gerichtsschreibers tätig, dann in einer Privatbank in Westeräs. Im Jahre 1855 bezog er die polytechnische Hochschule in Stockholm, welche er 1858 mit einem sehr guten Abgangszeugnis sowohl von der

Johan Ohlsson.

chemischen als der mechanischen Fachschule verließ; in den Jahren 1856 und 1857 hatte er sich auch an Kursen über Eisenbahnbau und Untersuchung von Torfmooren beteiligt. Nach seinem Abgang von der technischen Hochschule wurde Ohlsson zunächst Betriebsleiter in einer chemischen Fabrik, schon im nächsten Jahre (1859) wurde er selbst Fabrikant und stellte eine sich selbst putzende Talgkerze her. Im Jahre 1861 gründete Ohlsson die erste schwedische Fabrik zur Verarbeitung des Steinkohlenteers von Gasfabriken; er führte sein Unternehmen in großem Maßstabe und erhielt für seine Erzeugnisse mehrere hohe Ausstellungspreise. Im Jahre 1899 verwandelte Ohlsson sein Geschäft in eine Aktiengesellschaft, Johan Ohlsson's technische Fabrik in Stockholm. Ohlsson ist sehr viel in kommunalen An-

gelegenheiten tätig gewesen; er war auch Mitglied der zweiten Kammer des schwedischen Reichstags und wurde mit dem Ritterkreuz erster Klasse des schwedischen Wasa-Ordens ausgezeichnet. Ohlsson lebt zurzeit in Hummersberg bei Stockholm.

Johan Henrik Norrbin, geboren den 29. August 1835 am Langholmen bei Stockholm, gestorben in Stockholm am 7. August 1907. — Schulunterricht erhielt Norrbin in der Clara-Schule in Stockholm und im Gymnasium in Hernösand; im Jahre 1855 wurde Norrbin Student an der Universität Upsala, besuchte als Hospitant die polytechnische Hochschule zu Stockholm 1855 bis 1858 und studierte

Johan Henrik Norrbin.

weiter in Deutschland und Frankreich 1859 und 1860. — In den Jahren 1862 bis 1864 arbeitete Norrbin auf dem Gebiet der Anilinfarbstoffe und war Mitarbeiter von Ohlsson bei dessen Teerdestillation; dann ging er zur Essigindustrie über und war bis zu seinem Tode Betriebsleiter in der Fabrik von Th. Winborg & Cie. in Stockholm.

Ohlsson und Norrbin stellten theoretisch folgende Tabelle auf, die wir in Originalform wiedergeben, wobei jedoch zu beachten ist, daß die früheren Formeln (z. B. $C_6H_5O_6(NO_4)_3$ statt $C_3H_5O_3(NO_2)_3$, NH_4ONO_5 statt NH_4ONO_2 u. a.) angegeben und ferner, daß die Dissoziationserscheinungen nicht berücksichtigt sind:

Tabelle von Ohlsson und Norrbin.

Name des Sprengstoffes	Zusammensetzung	Äquivalentgewicht	Zersetzungsprodukte nach der Explosion	Spezifisches Gewicht bei + 25° C.	Volumeinheit Gase auf Gewichtseinheit Sprengstoff bei 0° C.	Volumeinheit Gase auf Gewichtseinheit Sprengstoff bei + 25° C.	Berechnete Verbrennungstemperatur bei Explosion im Bohrloch	Auf Verbrennungstemperatur berechnetes Gasvolum per Gewichtseinheit Sprengstoff	Volumeinheit Gase auf Gewichtseinheit Sprengstoff bei Verbrennungstemperatur, oder Sprengkraft ausgedrückt in Atmosphären	Berechneter Sprengstoff, um eine Eisenkugel von 7·62″ Durchmesser zu sprengen bei einer Haltfestigkeit von 20·000 — Bohrlochdurchmesser			
										0·5″	0·75″	1″	2″
Schwarzpulver	$KONO_5 + 2S + 4C$	157	$2CO_2 + 2CO + N + KS_2$	1·—	357	390	4900° C.	5472	6 829	—	—	—	65·80
Dynamit	$C_6H_5O_6(NO_4)_3 + x$	302·66	$6CO_2 + 5HO + NO + 2N + x$	1·52	513·30	780 21	9217	18016	27 385	5·45	7·99	10·34	18·14
Ammonpulver Nr. 2	$4{\cdot}02\,NH_4ONO_5 + 0{\cdot}25\,C_6H_5O_6(NO_4)_3$	378·35	$1{\cdot}5\,CO_2 + 17{\cdot}33\,HO + 8{\cdot}29\,NO + 0{\cdot}5\,N$	1·48	810·29	1199·22	6099	19090	28 253	5·14	7·55	9·77	17·13
Nitroglyzerin	$C_6H_5O_6(NO_4)_3$	227	$6CO_2 + 5HO + NO + 2N$	1·58	684·41	1081·36	9217	24022	37 955	4·09	6·00	7·76	13·62
Ammonpulver Nr. 1	$10{\cdot}52\,NH_4ONO_5 + 11{\cdot}02\,C + C_6H_5O_6(NO_4)_3$	1134·72	$17{\cdot}02\,CO_2 + 47{\cdot}08\,HO + 24{\cdot}04\,N$	1·50	863·03	1294·54	7896	26072	39 108	3·76	5·52	7·15	12·54

Bei den praktischen Versuchen hatten Ohlsson und Norrbin Schwierigkeiten, die zum Zerfall des Ammonsalpeters nötige hohe Temperatur herbeizuführen; bei einem Gemisch von Ammonsalpeter und Kohle allein gelang dies nicht, es wurde daher Schwarzpulver, besser noch Nitroglyzerin beigemengt[1]; der erste praktische Versuch mit Ammoniakpulver wurde bei einer Bergsprengung in Stockholm veranstaltet; das Bohrloch war 14 Fuß tief und der Arbeitsleiter hatte berechnet, daß 4 Pfund Nitroglyzerin zur Sprengung nötig wären. Das Bohrloch wurde mit 3 Pfund Ammoniakpulver und ein Pfund Nitroglyzerin geladen, der Erfolg übertraf noch die Erwartung. — Jedenfalls waren sich die Erfinder der Wichtigkeit eines starken Initialimpulses bewußt und sie verwendeten — nach dem Vorgang Alfred Nobels — zur Einleitung der Detonation Knallquecksilber-Sprengkapseln; wahrscheinlich waren aber die von ihnen angewandten Sprengkapseln zu schwach, um ein Gemenge von Ammonsalpeter mit Kohle zur vollkräftigen Explosion zu bringen, deshalb erwies sich ein Zusatz von Nitroglyzerin zur Sprengmasse als notwendig; ein Gemisch von 80 Teilen Ammonsalpeter, 6 Teilen Kohle und 14 Teilen Nitroglyzerin scheint von den Erfindern vielfach angewandt worden zu sein. Tatsächlich verwendet man ja auch heute noch zum Empfindlichmachen von Ammonsalpetersprengstoffen vielfach Beimengungen von etwa 4 $^0/_0$ Nitroglyzerin, die bei den jetzt für Ammonsalpetersprengstoffe benutzten stärkeren Detonatoren genügen, während Ohlsson und Norrbin einen größeren Zusatz von Nitroglyzerin nötig hatten. — Ohlsson und Norrbin versuchten auch, ihre Ammoniakpulver durch Zusatz von chlorsaurem Kali empfindlich zu machen, derartige Mischungen sind aber nicht haltbar. Die Detonationseinleitung durch eine Knallquecksilber-Sprengkapsel ist in umstehender Figur 3 veranschaulicht, während die Figur 4 ein ebenfalls von Ohlsson und Norrbin angewandtes Verfahren zeigt, durch eine unten angeordnete Schwarzpulverpatrone die Explosion des Ammonsalpetersprengstoffes herbeizuführen.

Die neuen Ammonsalpetersprengstoffe wurden in verschiedenen schwedischen Bergwerken angewandt und man erzielte auch recht gute Resultate damit, hatte jedoch mit dem Übelstand zu kämpfen,

---

[1] In England nahmen Norrbin und Ohlsson erst am 18. Sept. 1872 das Patent Nr. 2766: Dry ammonium nitrate is mixed with charcoal, coal dust or other combustible substance, and nitroglycerine or other fulminate. The powder is kept in airtight zinc boxes or in bags made airtight and water-tight by means of a varnish made of india-rubber.

daß Ammonnitrat Feuchtigkeit anzieht und dadurch die Sprengstoffmischungen — besonders bei nicht sehr sorgfältiger Fabrikation — verdarben; für den Bergbau sind aber lagerbeständige Sprengstoffe erforderlich.

Alfred Nobel kaufte das Erfindungsrecht von Ohlsson und Norrbin und setzte die Versuche nach einer etwas andern Richtung hin fort,[1] indem er Ammonsalpeter mit Schießbaumwolle und Kampfer vermischte; er erhielt eine feste, gegen Wasser beständige, ziemlich homogene Masse, die recht gut verwendbar schien. Bei der großen Vorliebe, die Nobel für das Nitroglyzerin hatte, ist es aber begreiflich, daß er den Ammonsalpetersprengstoffen weniger Interesse entgegenbrachte, besonders da er bald darauf (im Jahre 1875) die hervorragenden Sprengstoffe Sprenggelatine und Gelatinedynamit erfand, die allen damaligen Ansprüchen genügten und denen er seine ganze Aufmerksamkeit zuwandte. Immerhin hatte Nobel den Ammonsalpeter näher kennen gelernt und er stellte im Jahre 1879 Sprengstoffe her, welche Nitroglyzerin und Ammonsalpeter nebeneinander enthielten;

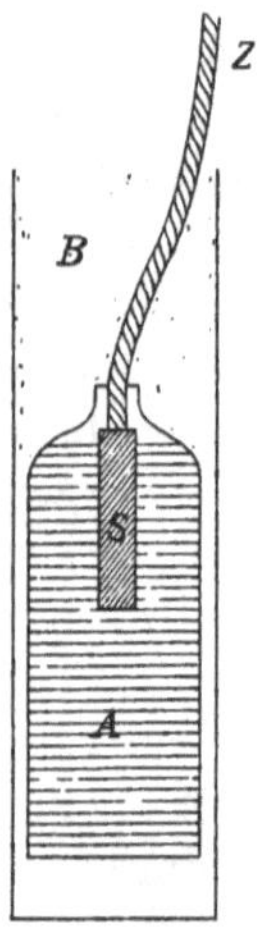

Fig. 3.
A Ammonsalpetersprengstoff-Patrone,
S Sprengkapsel (Detonator),
B Besatz,
Z Zündschnur.

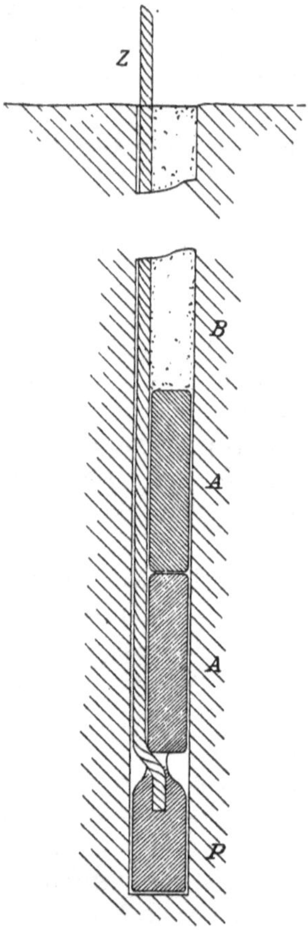

Fig. 4.
P Schwarzpulver-Patrone,
A Ammonsalpetersprengstoff-Patronen, *B* Besatz, *Z* Zündschnur.

[1] Zu erwähnen ist auch das engl. Pat. 1570 vom 30. April 1873, wonach Nobel einen Sprengstoff aus Ammonsalpeter, Nitroglyzerin und einer festen Substanz (Ozokerit, Paraffin) anwandte, letztere zum Schutz gegen Feuchtigkeit und als Kohlenstoffträger.

es waren dies Extradynamite oder Ammongelatinedynamite von folgender Zusammensetzung:

a) 24 Nitroglyzerin, 1 Kollodiumwolle, 12 Kohle, 63 Ammonsalpeter;

b) 71 Nitroglyzerin, 4 Kollodiumwolle, 2 Kohle, 23 Ammonsalpeter.

Doch kehren wir zu Ohlsson und Norrbin zurück; es kommt diesen Beiden zweifellos das Verdienst zu, den Ammonsalpeter in die Sprengtechnik eingeführt und das Nobelsche Prinzip der Initialzündung bei demselben angewandt zu haben. Bekanntlich wurde in der Geschichte der Explosivkörper eine neue Ära begründet durch die von Nobel (in den englischen Patenten 1813 vom 20. Juli 1864 und 1345 vom 7. Mai 1867) beschriebene Anwendung von Detonatoren (Knallquecksilbersprengkapseln), welche dann (engl. Pat. 3115 vom 10. Okt. 1868) von Sir F. A. Abel und E. O. Brown auch bei Schießbaumwolle und andern explosiven Stoffen eingeführt wurden.

Wenn nun auch in der Patentschrift von Ohlsson und Norrbin die Anwendung von Sprengkapseln nicht ausdrücklich hervorgehoben ist, so ergibt sich doch aus dem Satze der schwedischen Patentschrift: „Je nach Zusammensetzung nehmen wir einen passenden Zünder", so wie aus der Beschreibung der Versuche, daß Ohlsson und Norrbin mit Sprengkapseln gearbeitet haben.

Von verschiedenen Seiten wurde Hermann Sprengel als Erfinder der Ammonsalpetersprengstoffe bezeichnet unter Hinweis auf dessen englische Patente 921 vom 6. April 1871 und 2642 vom 5. Okt. 1871, sowie seine größere Arbeit in dem „Journal of the Chemical Society of London" 1873, S. 769—808.[1] — In diesen Veröffentlichungen werden aber lediglich Gemische von Kohlenwasserstoffen (oder Nitrokohlenwasserstoffen) mit konz. Salpetersäure, sog. saure Sprengstoffe, beschrieben, ferner Chloratsprengstoffe; nebenbei ist die Fähigkeit der Pikrinsäure erwähnt, für sich einen Sprengstoff zu bilden, wenn sie mit Hilfe eines Detonators zur Explosion gebracht wird.

Die Arbeiten Sprengels sind zweifellos von größter Bedeutung, sie betreffen aber nicht die Verwendung des salpetersauren Ammoniaks für Sprengstoffe. Sprengel hatte allerdings — ohne die Arbeiten der schwedischen Chemiker zu kennen — die Anwendung des sauerstoffreichen Körpers Ammonnitrat für Explosivstoffe ins Auge gefaßt und es ist vielleicht nur ein Zufall, daß

[1] Deutsche Bearbeitung von Dr. Pleus in Zeitschrift Schieß-Sprengstoffe 1907, S. 184 und 206.

er es übersehen hat, neben Mischungen von Nitrokohlenwasserstoffen und Salpetersäure auch Mischungen von Nitrokohlenwasserstoffen und Ammonsalpeter als Sprengstoffe zu versuchen; nach seinen eigenen Angaben hat Sprengel sich bei Ammonsalpeter nur bemüht, die Triebkraft von Schwarzpulver, d. h. gewöhnlichem Schießpulver, zu erhöhen; er sagt darüber folgendes:

Es ist zu bedauern, daß Ammonsalpeter hygroskopisch ist; andernfalls würde derselbe mit Vorteil als ein Zusatz oder als ein Ersatzmittel für den Kalisalpeter beim gewöhnlichen Schießpulver verwendet werden können; diese Schwierigkeit dürfte wohl gehoben werden können durch Anwendung luftdichter Patronen und durch das Inkorporieren eines nicht flüchtigen Kohlenwasserstoffes als Brennmaterial für diejenigen 20 % Sauerstoff, welche nicht von dem Wasserstoff des Ammoniums zur Verbrennung in Anspruch genommen werden. Ich fand, daß durch einen Zusatz von Ammonium-Nitrat zu Jagdpulver die Anfangsgeschwindigkeit der Projektile in nachstehender Weise vermehrt wird:

Gewichtsmenge des Jagdpulvers	Gewichtsmenge des zugesetzten Ammoniumnitratpulvers	Gewicht des Projektils	Anfangsgeschwindigkeit pro Sekunde
4,92 g	—	31,49 g	410 m
3,69 g	+ 1,23 g (a)	„	431,5 „
2,46 g	+ 2,46 g (b)	„	452,2 „

(a) bestand aus 100 Ammonsalpeter + 7,5 Kienruß.
(b) bestand aus 80 Ammonsalpeter + 15 rotes Hartriegelholz.

Vor dem Füllen der Patrone wurden Jagdpulver und Ammonnitratpulver sorgfältig gemengt; etwas Jagdpulver wurde für sich zurückbehalten und um die Perkussionskapsel herumgeschüttet.

Etwas später als Ohlsson und Norrbin hat der schwedische Ingenieur E. A. Björkmann ebenfalls ein Patent genommen auf einen Sprengstoff Seranin, der aber ungefähr dasselbe gewesen zu sein scheint, wie das Ammoniakpulver von Ohlsson und Norrbin; als Zusammensetzung ist angegeben: 100 Tle. salpetersaures Ammoniak, 12 Tle. gereinigte Sägespähne, 25 Tle. Nitroglyzerin und 1 Tl. Benzol oder 200 Tle. salpetersaures Ammoniak, 19 Tle. Kohle, 35 Tle. Nitroglyzerin und 1 Tl. Kreosotöl. Es scheint nicht, daß Björkmann die von ihm angegebenen Sprengstoffe praktisch herstellte; im Jahre 1876 wollte man eine Fabrik in Munkhammer anlegen, doch kam der Plan nicht zur Ausführung. — Erst im Jahre 1876 wurden wieder Ammonsalpetersprengstoffe in Schweden vorgeschlagen und zwar von A. W. Wahlenberg und K. J. Sundström (schwed. Pat. vom 19. Februar 1876 und 13. April 1877); das erste beschreibt Gemenge von salpetersaurem Ammoniak mit chlorsaurem Kali und Nitrokohlenwasserstoff; in dem zweiten werden Sprengstoffe angegeben bestehend aus 30 bis 70 % Ammonsalpeter, 5 bis 20 % Kohle und 20 bis 50 % Nitroglyzerin. Hierbei sind zwei Neuerungen vorgenommen; einmal ist das Ammonnitrat zum Schutze gegen Feuchtigkeit mit 10 bis 50 % seines Gewichts Nitrozucker imprägniert, der als wasserdichter Überzug die Ammonsalpeterkristalle gegen Feuchtigkeit schützen soll; ferner hat das Nitroglyzerin einen Zusatz von 2 bis 10 % Orthonitrotoluol erhalten, wodurch der Erstarrungspunkt des Nitroglyzerins von + 8° auf − 20° herabgedrückt wurde, um einem Gefrieren des Sprengöls in den Sprengstoffpatronen vorzubeugen; auch wurde dem — damals noch nicht sorgfältig genug fabrizierten — Nitroglyzerin zur Hintanhaltung von Selbstzersetzungen ½ bis 10 % einer organischen Base zugefügt. — In den englischen Patenten 2420 und 2422 vom 12. Juni 1876 beschreibt A. W. Wahlenberg sein Verfahren, Ammonsalpeter durch Stearin oder Paraffin gegen Feuchtigkeit beständig zu machen und solches dann in Gemisch mit Nitrobenzol und chlorsaurem Kali als Sprengstoff zu verwenden. — Das engl. Pat. 3055 vom 28. Juni 1882 der Soc. Anonyme Dynamite Nobel, wonach feste Sprengstoffpatronen zunächst mit einer Mischung von Paraffin, Ozokerit, Wachs usw. mit fetten Körpern überzogen und dann erst mit Papier umwickelt werden, dürfte sich auch auf Ammonsalpetersprengstoffe beziehen. — Im allgemeinen ist zu konstatieren, daß die Ammonsalpetersprengstoffe in den ersten 17 Jahren nach ihrer Erfindung wenig praktische Bedeutung erlangten und außerhalb Schwedens während dieser Epoche so gut wie unbekannt blieben. In Schweden selbst hat nach einer Mitteilung von Professor A. Werner Cronquist die Sprengstoff-Fabrik in Gyttorp — die im April 1868 von August Emanuel Rudberg gegründet worden war, um Nitroglyzerin nach Rudbergs Verfahren zu erzeugen und in Explosion zu bringen (mit Pulver) — die fabrikmäßige Herstellung von Ammonpulver aufgenommen und solches besonders in Zinkerz- und Kupfererz-Gruben geliefert, wo man einen kräftigeren Sprengstoff als Schwarzpulver und weniger brisanten als Dynamit wünschte.

Mittlerweile trat eine neue Forderung an die Sprengstoffe heran, die der Wettersicherheit. Die zahlreichen Unglücksfälle in Kohlenbergwerken führten dazu, daß in verschiedenen Staaten Kommissionen eingesetzt wurden, um speziell den Einfluß zu studieren, welchen die Anwendung von Sprengstoffen auf die Entzündung schlagender Wetter haben könnten. Am 26. März 1877 wurde eine französische Kommission eingesetzt, welche im Jahre 1880 einen Bericht dahin erstattete, daß die Entzündung der schlagenden Wetter schon bei 600 bis 700° stattfände und es wohl keine Sprengstoffe gäbe, bei deren Anwendung die Zündung vermieden würde. Etwas später als die französische Kommission wurde eine englische ernannt, die unter Leitung von Sir F. Abel stand und im Jahre 1886 ihre Untersuchungen mit dem Resultat beendete, daß Schwarzpulver immer zünde, bei brisanten Sprengstoffen (Dynamit) aber dies nicht der Fall sei, wenn man mit Wasser gefüllte Zylinder als Besatz anwandte. Die im Jahre 1880 eingesetzte preußische Schlagwetterkommission errichtete in den Jahren 1884/5 eine Versuchsstrecke in Neunkirchen und dehnte ihre Versuche auch auf Zündungsgefahr des Kohlenstaubs aus. Während man anfangs aus den Versuchen schloß, daß sehr brisante Nitroglyzerinsprengstoffe (Sprenggelatine u. a.) genügend sicher seien, wenn man nur hinreichend starke Detonatoren verwende, stellte Bergrat Lohmann bald die Gefährlichkeit der brisanten Sprengstoffe fest und wies nach, daß Gurdynamit, Gelatinedynamit, Sprenggelatine und Schießbaumwolle den Schlagwettern und dem Kohlenstaub gegenüber äußerst gefährlich sind und Anwendung von Wasserbesatz zu umständlich ist.

Anfang September 1885 begann die Versuchswetterstrecke in Neunkirchen unter Leitung von Margraf ihre Tätigkeit; man erprobte zunächst einen sauren Sprengstoff nach dem Sprengelschen Typus, ein als Hellhoffit bezeichnetes Gemenge von Salpetersäure und Nitrobenzol; dieser Sprengstoff war aber zu unhandlich und es trat an seine Stelle der von Schmidt und Bichel gelieferte Sprengstoff Karbonit (schwacher Mischdynamit mit 25 bis 30 % Sprengöl, 25 bis 40 % Roggenmehl und ebensoviel Natron- oder Kalisalpeter), der sich als sicher erwies und heute noch als Sicherheitssprengstoff eine große Rolle spielt. Außerdem wurden stärkere Dynamite versucht, denen man kristallwasserhaltige oder vergasbare Salze (kristallisierte Soda, Ammonoxalat, Natriumbikarbonat, schwefelsaure Magnesia) zusetzte; auch diese sog. Sodawetterdynamite erwiesen sich als genügend sicher, sind aber in Deutschland zu keiner Bedeutung gelangt. Dagegen bestanden in den Jahren 1886/7 die Ammonsalpetersprengstoffe Sekurit und Roburit (Gemenge von Ammonsalpeter und Nitrokohlenwasserstoffen) in der Neunkirchener Versuchsstrecke die Probe auf Wettersicherheit; dadurch wurden diese Sprengstoffe für den Bergbau von großer Bedeutung und die Entwicklung der Sicherheitssprengstoffe vollzog sich in Deutschland bald in den beiden Gruppen der Karbonite und der Ammonsalpetersprengstoffe.

C. E. Bichel[1] sagt darüber folgendes:

„Es entstanden Sicherheitssprengstoffe mit Nitroglyzerin (wie Kohlenkarbonit und ähnliche Zusammensetzungen) oder mit Ammonsalpeter (Roburit, Dahmenit, Westfalit, Köln-Rottweiler Sicherheitssprengpulver, Progressit usw.), oder schließlich Ammonsalpeter mit einer geringen Beimengung von Nitroglyzerin (Ammonkarbonit, Donarit) als Grundlage. Die Nitroglyzerinsprengstoffe zeigen den Vorteil der großen Dichte, der gesicherten Detonation und der Haltbarkeit gegen den Angriff der Feuchtigkeit, während der Ammoniaksalpeter sich wegen der großen Wasserbildung bei der Detonation zur Verwendung in Sicherheitssprengstoffen sehr eignet, aber den Nachteil der geringen Dichte, der Empfindlichkeit gegen Feuchtigkeit, sowie der unregelmäßigen Detonation aufweist. Die Hinzufügung einer geringen Menge Nitroglyzerin zu Ammonsalpetersprengstoffen bezweckt den Ausgleich dieser Vor- und Nachteile, doch lassen sich auch schon durch die Fabrikationsmethoden die Schwierigkeiten bei der Verwendung von Ammonsalpeter mildern. Zwischen dem Nitroglyzerin und dem Ammonsalpeter als Grundlage von Sicherheitssprengstroffen hat sich ein Kampf entwickelt, der vielleicht mit der Vereinigung von beiden enden wird. Das Nitroglyzerin bietet durch seine flüssige Form und seine größere Dichte in der Verwendung zu Sprengstoffen die Vorteile der Plastizität und der besseren Wirkung infolge der vollkommenen Ausfüllung eines geringeren Raumes; dagegen ist es bisher nicht gelungen, Sicherheitssprengstoffe mit mehr als etwa 30 % Nitroglyzerin anzuwenden, weil bei höheren Zusätzen die Sicherheit stark herabgeht. Es besteht bei Sicherheitssprengstoffen nämlich ein festes Verhältnis zwischen Schlagwettersicherheit und Wirkungsgröße; verstärkt man letztere, so nimmt erstere ab und umgekehrt; durch Versuche läßt sich aus gegebenem Rohstoff ein günstiges Verhältnis nach beiden Richtungen, stärkste Wirkung und größte Sicherheit, erzielen. — Ammonsalpetersprengstoffe sind gegen Feuer, Schlag und Stoß sehr unempfindlich, dagegen machen sie die Sprengstoffe so leicht, daß ihre Wirkung bedeutend schwächer als die der Nitroglyzerinsprengstoffe ist; deshalb sind sie nur da, wo die Bohrkosten weniger ins Gewicht fallen und in weicherem Gebirge zu verwenden. In härterem Gestein kann man nicht genug Ammoniaksalpetersprengstoff hineinbringen, da ein gewisser Teil des Bohrloches für den Besatz übrig bleiben muß und der Schwerpunkt der Ladung zu weit nach der Mündung des Bohrloches rücken würde. Es gibt Fälle, wo Ammoniaksalpetersprengstoffe die gestellte Aufgabe deshalb überhaupt nicht zu lösen vermögen, während Nitroglyzerinsprengstoffe sich sehr gut bewähren."

In Frankreich wurde am 12. Februar 1887 — auf die in Preußen erzielten Resultate hin — eine zweite Kommission eingesetzt, welche theoretisch und praktisch (in Sevran-Livry) die

[1] Untersuchungsmethoden für Sprengstoffe, Berlin 1902, S. 5.

Zündungsgefahr schlagender Wetter durch Sprengstoffe studierte und ihre Ergebnisse im Herbst 1888 in den Annales des mines publizierte. Mallard und Le Chatelier hatten früher die Entzündungstemperatur der schlagenden Wetter auf etwa 650° bestimmt; die neue Kommission legte nun — im Gegensatz zu der früheren — großen Wert auf die sog. Explosionsverzögerung, welche bei 650° ungefähr 10 Sekunden beträgt, d. h. das Schlagwettergemisch muß erst 10 Sekunden lang auf 650° erwärmt sein, ehe es sich entzündet; nun kühlen sich aber — infolge ihrer raschen Ausdehnung — die unter hohem Druck stehenden heißen Explosionsgase so rasch ab, daß die Anfangstemperatur der letzteren schon ziemlich hoch sein muß, wenn eine Entzündung erfolgen soll; experimentell fand man, daß erst bei einer Explosionstemperatur von ungefähr 2200° C eine Entzündung der schlagenden Wetter stattfindet. Man bestimmte daher, daß die Anfangstemperatur der Explosionsgase jedenfalls unter 2200° liegen müsse, da hier — unter Berücksichtigung der durch die Ausdehnung und Arbeitsleistung erfolgenden Abkühlung — die Grenze für die Entzündung liege; der Vorsorge halber setzte man die praktisch zu verlangende Grenze niedriger an, nämlich auf 1900° bei Gesteinsarbeiten und auf 1500° bei Sprengarbeiten in der Kohle selbst; d. h. die französische Bergverwaltung verlangt,[1] daß die (rechnungsmäßig festzustellende) Explosionstemperatur eines für den Kohlenbergbau zuzulassenden Sicherheitssprengstoffes im Maximum 1500° C betragen soll.

Wir werden später sehen, daß es nicht richtig ist, die Explosions- oder Flammentemperatur eines Sprengstoffes als alleiniges Kriterium für Wettersicherheit anzunehmen. Jedenfalls war man in Frankreich bestrebt, den bisher meist angewandten brisanten Sprengstoffen mit hoher Explosionstemperatur (Nitroglyzerin ca. 3200°, 75%iges Dynamit ca. 2940°, Schießbaumwolle ca. 2600°, Kollodiumwolle ca. 2060°) einen Explosivstoff mit niedriger Explosionstemperatur beizumengen, um eine mittlere Explosionstemperatur zu erzielen; als Sprengstoff mit niedriger Explosionstemperatur wurde Ammonsalpeter genommen, dessen Flammentemperatur ca. 1130° beträgt. Nachstehend geben wir die von der französischen Kommission ermittelten Kurven für Mischungen von

a) Dynamit mit Ammonsalpeter,
b) elffach nitrierte Schießbaumwolle mit Ammonsalpeter,
c) achtfach nitrierte Kollodiumwolle mit Ammonsalpeter.

---

[1] Französ. Ministerialverordnung vom 1. August 1890.

Außer den Kurven für die Explosionstemperatur t sind auch die Kurven für den spezifischen Druck f (als Maß für die Kraft der Sprengstoffe) gegeben; die Abszissen geben den Anteil des Ammonsalpeters in Zehnteln der Gesamtmischung. (Fig. 5 bis 7.)

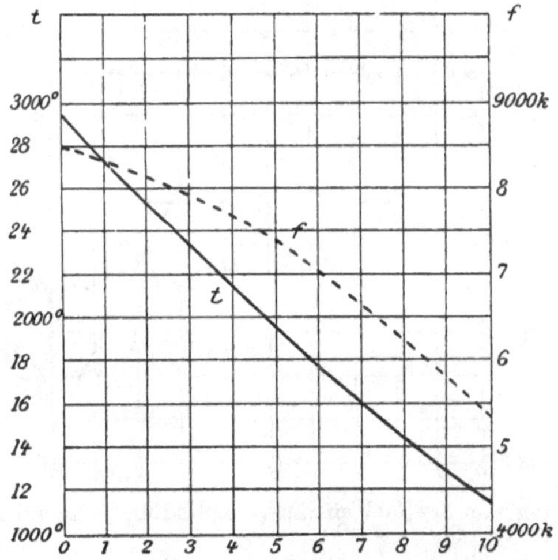

Fig. 5. Mischung von Dynamit mit Ammonsalpeter.

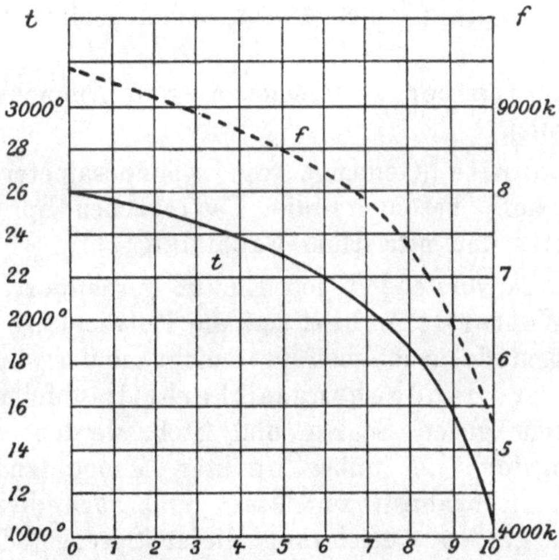

Fig. 6. Mischung von elffach nitrierter Schießbaumwolle mit Ammonsalpeter.

Ferner untersuchte man Ammonsalpetersprengstoffe, die kein Nitroglyzerin und keine Nitrozellulose, dafür aber nitrierten

Kohlenwasserstoff (Di- und Trinitronaphtalin, Dinitrobenzol usw.) enthielten und zwar besonders in der von Favier angegebenen

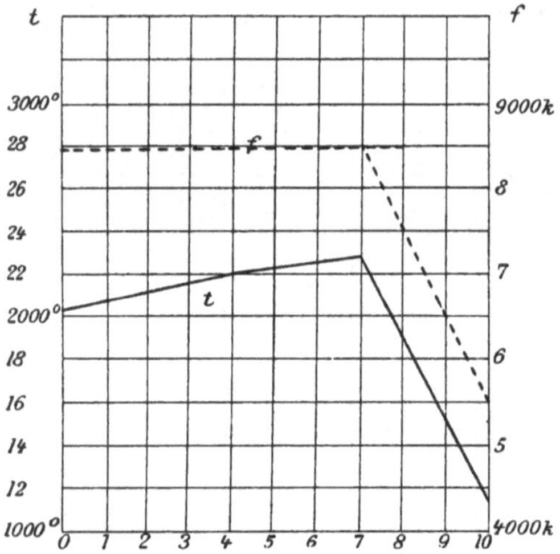

Fig. 7. Mischung von achtfach nitrierter Kollodiumwolle mit Ammonsalpeter.

Fabrikationsweise. Das Resultat war, daß in Frankreich drei Arten von Sicherheitssprengstoffen eingeführt wurden:

1. Grisoutine (Gemenge von Ammonsalpeter und Nitroglyzerin);

2. Sprengpulver P (Gemenge von Ammonsalpeter und Kollodiumwolle),

3. Grisounite (Gemenge von Ammonsalpeter und Nitrokohlenwasserstoff, besonders die Favierschen Sprengstoffe aus Ammonsalpeter und nitriertem Naphtalin).

Wir haben vorstehend den Einfluß geschildert, welchen die Frage der Wettersicherheit auf die Entwicklung der Ammonsalpetersprengstoffe genommen hat; nicht minder wichtig ist aber die Frage der Handhabungssicherheit; infolge ihrer Unempfindlichkeit gegen Schlag und Stoß werden die Ammonsalpetersprengstoffe in unbeschränkter Menge zum Stückgutverkehr auf Eisenbahnen zugelassen und auch dieser Umstand hat zu dem großen Aufschwung dieser Sprengstoffe wesentlich beigetragen.

An dieser Stelle wollen wir auf die Detailausarbeitung, die Erfindungen, welche sich auf Herstellung praktisch verwendbarer Ammonsalpetersprengstoffe in Deutschland, Frankreich u. a.

beziehen, nicht näher eingehen, sondern nur betonen, daß die im Jahre 1867 erfundenen Ammonsalpetersprengstoffe erst von etwa 1884 ab praktisch wichtig wurden, wie dies auch in der Patentliteratur zum Ausdruck kommt; die einzelnen Patente sollen später Erwähnung finden. Jedoch mögen in großen Zügen die Punkte hervorgehoben werden, welche bei der praktischen Ausgestaltung dieser Sprengstoffklasse in Betracht kommen:

1. Beseitigung der Hygroskopizität des Ammonsalpeters durch a) Umhüllen der Salzkörner mit schützendem Überzug von Kohlenwasserstoff, Verkleistern usw. und b) geeignete Patronierung;

2. Zusatz von Stoffen, welche die Wettersicherheit, Detonationsfähigkeit (Empfindlichkeit) und das Detonationsübertragungsvermögen erhöhen sollen;

3. Zusatz von Stoffen, welche (wie z. B. Aluminium) die Sprengkraft erhöhen;

4. Herstellung von Ammonsalpetersprengstoffen in plastischer Form, und

5. zweckmäßigere Detonationseinleitung, indem die Detonation nicht durch eine Sprengkapsel, sondern eine Sprengschnur bewirkt wird.

Zweiter Abschnitt.

Die Herstellung des Ammonsalpeters.

A. Das Ammoniak.

Fast alles Ammoniak wird aus der Steinkohle gewonnen; Schilling stellte den Stickstoffgehalt verschiedener Kohlensorten nach der Kjeldahlschen Methode fest und erhielt im Mittel folgende Resultate: Westfälische Kohle 1·50 %, Saarkohle 1·06 %, Schlesische Kohle 1·37 %, Böhmische Kohle 1·36 %, Sächsische Kohle 1·20 %, Englische Kohle 1·45 %, Pilsener Cannelkohle 1·49 % und Böhmische Braunkohle 0·52 %. — Da wo die Kohle wirklich verbrannt wird, entweicht der Stickstoff in elementarer Form, da die Temperatur viel zu hoch für die Bildung und das Bestehen des Ammoniaks ist; dagegen wird in den Gasanstalten und in den modern eingerichteten Kokereien, in denen trockene Destillation der Kohlen stattfindet, Ammoniak gewonnen, jedoch wird nur ein kleiner Teil des Stickstoffgehaltes der Kohlen in Ammoniak umgewandelt, nämlich je nach der Natur der Kohlen und der Art des Erhitzens $^1/_{10}$ bis $^1/_5$ vom Gesamtstickstoff, ein bis zwei Drittel des Stickstoffs bleiben in dem Koks zurück, viel geht als Stickgas fort (teilweise wohl aus zunächst gebildetem Ammoniak, welches bei 600 bis 800° zu zerfallen beginnt), endlich destilliert ein kleiner Bruchteil als Blausäure, Pyridin und in anderer organischer Verbindung ab. Aus dem Strom der Destillationsprodukte wird das Ammoniak infolge seiner Löslichkeit in Wasser leicht gewonnen, allerdings zunächst in sehr unreiner und verdünnter Form; im Durchschnitt beträgt die Ausbeute aus 100 kg Steinkohlen 0·25 bis 0·3 kg Ammoniak. — In der Kokerei ist die Gewinnung des Ammoniaks (und der anderen Nebenprodukte) noch neueren Datums, speziell in Deutschland seit etwa 25 Jahren eingeführt, nachdem schon früher Carvès in Frankreich die bei den Leuchtgasanstalten gebräuchlichen Apparate zur Kühlung und Waschung der Kohlendestillationsgase mit dem Koksofenbetrieb verbunden hatte. Zu erwähnen wären noch die neueren Bestrebungen, aus Hochofen- und Generatorgasen Ammoniak zu gewinnen sowie das Verfahren von Mond, die Destillation der Steinkohle bei Gegenwart von Wasserdampf und Einhaltung niederer Temperaturen vorzunehmen; es wird hierbei die Hälfte des Stickstoffs der Kohle als Ammoniak gewonnen, und zwar direkt als Ammonsulfat, indem man das Gasgemisch durch Waschapparate mit Schwefelsäure leitet; das Mondsche Verfahren wird auch zur Gewinnung von Ammoniak aus Torf angewandt. Auch Woltereck, sowie Frank und Caro haben Verfahren ausgearbeitet, den im Torf befindlichen Stickstoff als Ammonsulfat zu gewinnen; von den letzten beiden Chemikern rührt ferner ein Verfahren her, durch Einwirkung von Wasser auf Metallcyanide oder Metallcyanamide bei erhöhten Temperaturen Ammoniak herzustellen. Endlich sind die neueren Bestrebungen der Badischen Anilin- und Sodafabrik erwähnenswert, Ammoniak aus Stickstoffverbindungen des Titans zu gewinnen.

Das in den Gasanstalten und Kokereien erhaltene „Gaswasser“ oder „Ammoniakwasser“, welches sich in den Kühlern und mehr noch in den Waschapparaten ansammelt, enthält 1·5 bis 3 % Ammoniak, an verschiedene Säuren gebunden, von welchen die Kohlensäure vorherrschend ist. Das kohlensaure Ammon wird, ebenso wie das Schwefelammonium, aus der Lösung durch bloßes Kochen — ohne Zusatz von Kalk oder Natron — ausgetrieben und daher als flüchtiges Ammoniak bezeichnet; daneben kommt aber stets auch Ammoniak als Chlorid, Rhodanid, Thiosulfat, Ferrocyanid usw. vor, welches nicht durch bloßes Kochen austreibbar ist und als fixes Ammoniak bezeichnet wird.

Zur Ammoniakbestimmung im Gaswasser für technische Zwecke geben Lunge und Berl[1] folgende Methoden an:

1. Das spezifische Gewicht (Grädigkeit) in Beaumé-Graden; dasselbe liefert keinerlei brauchbare Anzeige für den Ammoniakgehalt.

2. Zur Ermittelung des flüchtigen Ammoniaks (d. h. des schwach gebundenen und freien) läßt man 10 ccm des Gaswassers in ein Becherglas fließen, das mit 20 ccm Wasser und 2 Tropfen Methylorangelösung (1 : 1000) beschickt ist und titriert sofort unter Umrühren mit N-Salzsäure, zuletzt mit Vorsicht, da der Indikator durch Schwefelwasserstoff zerstört wird (eventuell setzt man einen weiteren Tropfen zu); 1 ccm N-Salzsäure = 0·01703 g NH_3.

3. Gesamt-Ammoniak. Man bringt 20 ccm Gaswasser mit 20 ccm Wasser in den $^1/_2$-Literkolben *A*; in die Vorlagen *B* und *C* (hauptsächlich in *B*) bringt man 30 ccm Normalsäure und verdünnt auf

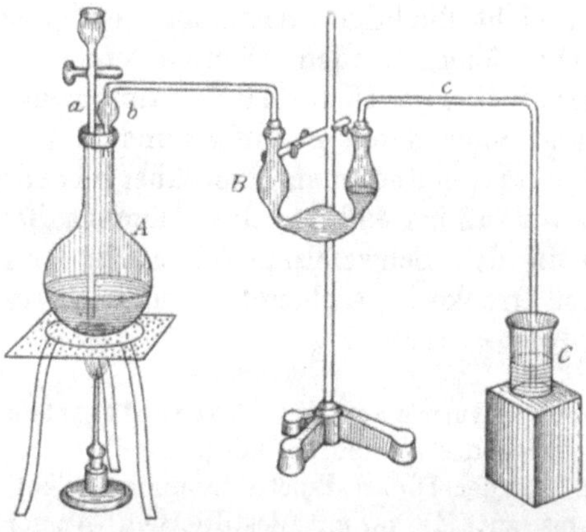

Fig. 8. Bestimmung des Gesamt-Ammoniaks im Gaswasser.

60 ccm. Dann läßt man durch den Hahntrichter *a* 3 ccm konzentrierte Natronlauge einlaufen, erhitzt, läßt 1 bis 2 Stunden sacht kochen, um alles Ammoniak nach *B* überzutreiben, vereinigt den Inhalt von *B* und *C* und titriert mit $^1/_2$-N-Natron zurück; gebraucht man hiervon *a* ccm, so zeigt $30 - \frac{a}{2}$ die verbrauchte Normalsäure an, welche — wie in 2 — auf Ammoniak verrechnet wird.

Das Gaswasser wird stets in Kolonnenapparaten destilliert, wie solche von Feldmann, Solvay, Grüneberg und Blum,

[1] Taschenbuch für die anorganisch-chemische Großindustrie. 4. Aufl. Berlin 1907, J. Springer.

der Berlin-Anhaltischen Maschinenbauanstalt, Hirzel, Otto & Ruppert u. a. konstruiert wurden. Man arbeitet entweder auf freies Ammoniak (Ätzammoniak, Salmiakgeist) oder auf konzentriertes Ammoniakwasser oder auf Ammonsulfat, seltener auf Salmiak. — Zur Herstellung von Ätzammoniak wird das Gaswasser von vornherein mit soviel Ätzkalk versetzt, daß alle Säuren (auch Kohlensäure und Schwefelwasserstoff) gebunden werden; das übergehende Ammoniakgas wird gereinigt, getrocknet und dann durch Druck und Abkühlung verflüssigt; das gasförmige Ammoniak findet besonders in der Kälte-Industrie ausgedehnte Anwendung. — Für Herstellung von konzentriertem Ammoniakwasser, das in großen Mengen bei dem Solvayschen Ammoniaksodaprozeß und auch zur Herstellung von Ammonsalpeter verbraucht wird, destilliert man das Gaswasser zunächst für sich (bis die flüchtigen Ammonsalze abgetrieben sind), dann mit einer dem nicht flüchtigen Ammoniak entsprechenden Menge Kalkmilch. Die übergehenden Dämpfe ergeben eine wäßrige, gelbliche Flüssigkeit mit 15 bis 20 % Ammoniak, zum Teil an Kohlensäure und Schwefelwasserstoff gebunden. — Zur Gewinnung von Ammonsulfat leitet man die übergehenden Dämpfe in Schwefelsäure von 42 bis 45° Bé; das Ammonsulfat scheidet sich ziemlich rein in den Schwefelsäurekästen in Kristallen aus; es wird möglichst trocken geschleudert und so in den Handel gebracht.

Zur Wertbestimmung des konzentrierten Ammoniakwassers wird folgendes Verfahren mitgeteilt: 10 ccm konzentriertes Wasser werden mit der 10-ccm-Pipette in einen Meßkolben für 500 ccm gebracht und bis zur Marke mit destilliertem Wasser angefüllt, der Stöpsel aufgesetzt und durch Umschwenken gut gemischt. Von der erhaltenen Lösung werden mit der 50-ccm-Pipette 50 ccm, also einem Kubikzentimeter konzentrierten Ammoniakwasser entsprechend, in den Kochkolben gebracht und mit 20 ccm Normalsäure mittels der 20-ccm-Säurepipette versetzt; nach Aufsetzen eines kleinen Glastrichters auf den Kochkolben wird durch $^1/_4$ stündiges Kochen die Kohlensäure und der Schwefelwasserstoff ausgetrieben und die Flüssigkeit durch Einstellen des Kolbens in kaltes Wasser gekühlt. Nach Zusatz einiger Tropfen Rosolsäurelösung wird aus der Bürette Normallauge so lange zufließen gelassen, bis die gelbe Farbe in rot übergeht. Werden hierzu z. B. 5·8 ccm Lauge gebraucht, so wurden 20 — 5·8 = 14·2 ccm Säure von Ammoniak gebunden; der Ammoniakgehalt der betreffenden Lösung beträgt somit

$$\frac{14{\cdot}2 \times 1{\cdot}7}{1{\cdot}0516} = 22{\cdot}9\,\%.$$

Tabelle
der spezifischen Gewichte von Ammoniaklösungen bei 15°,
nach Lunge und Wiernik.

Spez. Gewicht bei 15°	Proz. NH_3	1 Liter enthält NH_3 bei 15° in Gramm	Korrektion des spez. Gew. für ± 1°	Spez. Gewicht bei 15°	Proz. NH_3	1 Liter enthält NH_3 bei 15° in Gramm	Korrektion des spez. Gew. für ± 1°
1·000	0·00	0·0	0·00018	0·940	15·63	146·9	0·00039
0·998	0·45	4·5	0·00018	0·938	16·22	152·1	0·00040
0·996	0·91	9·1	0·00019	0·936	16·82	157·4	0·00041
0·994	1·37	13·6	0·00019	0·934	17·42	162·7	0·00041
0·992	1·84	18·2	0·00020	0·932	18·03	168·1	0·00042
0·990	2·31	22·9	0·00020	0·930	18·64	173·4	0·00042
0·988	2·80	27·7	0·00021	0·928	19·25	178·6	0·00043
0·986	3·30	32·5	0·00021	0·926	19·87	184·2	0·00044
0·984	3·80	37·4	0·00022	0·924	20·49	189·3	0·00045
0·982	4·30	42·2	0·00022	0·922	21·12	194·7	0·00046
0·980	4·80	47·0	0·00023	0·920	21·75	200·1	0·00047
0·978	5·30	51·8	0·00023	0·918	22·39	205·6	0·00048
0·976	5·80	56·6	0·00024	0·916	23·03	210·9	0·00049
0·974	6·30	61·4	0·00024	0·914	23·68	216·3	0·00050
0·972	6·80	66·1	0·00025	0·912	24·33	221·9	0·00051
0·970	7·31	70·9	0·00025	0·910	24·99	227·4	0·00052
0·968	7·82	75·7	0·00026	0·908	25·65	232·9	0·00053
0·966	8·33	80·5	0·00026	0·906	26·31	238·3	0·00054
0·964	8·84	85·2	0·00027	0·904	26·98	243·9	0·00055
0·962	9·35	89·9	0·00028	0·902	27·65	249·4	0·00056
0·960	9·91	95·1	0·00029	0·900	28·33	255·0	0·00057
0·958	10·47	100·3	0·00030	0·898	29·01	260·5	0·00058
0·956	11·03	105·4	0·00031	0·896	29·69	266·0	0·00059
0·954	11·60	110·7	0·00032	0·894	30·37	271·5	0·00060
0·952	12·17	115·9	0·00033	0·892	31·05	277·0	0·00060
0·950	12·74	121·0	0·00034	0·890	31·75	282·6	0·00061
0·948	13·31	126·2	0·00035	0·888	32·50	288·6	0·00062
0·946	13·88	131·3	0·00036	0·886	33·25	294·6	0·00063
0·944	14·46	136·5	0·00037	0·884	34·10	301·4	0·00064
0·942	15·04	141·7	0·00038	0·882	34·95	308·3	0·00065

Weitaus das meiste Ammoniakwasser der Gasfabriken und Kokereien wird auf Ammonsulfat verarbeitet. In Deutschland geschah dies bis zum Jahre 1861 in ziemlich primitiver Weise; bahnbrechend für eine rationelle Fabrikation wirkten dann Vorster und Grüneberg in Köln. Näheres über die Herstellung von Ammonsulfat siehe Lunge-Köhler, Industrie des Steinkohlenteers und des Ammoniaks. — Die Preise der Deutschen Ammoniak-Verkaufs-Vereinigung betrugen für eine Tonne (1000 kg) Ammonsulfat: im Jahre 1898 171 Mark, im Jahre 1902 218 Mark, seitdem stieg der Preis auf 230 bis 236 Mark.

Bestimmung des Ammoniakgehaltes im schwefelsauren Ammoniak (nach Lunge und Berl):

a) Das sorgfältig gezogene Durchschnittsmuster wird ganz durchgerieben, vollständig durch ein Sieb von 7 bis 8 Maschen pro Quadratzentimeter geschlagen und hiervon eine kleine Durchschnittsprobe genommen. Von der so vorbereiteten Probe werden aus einem verstopften Glase 17·03 g abgewogen, zu 500 ccm gelöst und davon 50 ccm unfiltriert in dem früher beschriebenen Apparate zur Bestimmung des Gesamt-Ammoniaks, wie dort angegeben, destilliert. Jeder Kubikzentimeter der durch den Ausdruck $30 - \frac{a}{2}$ gefundenen Säuremenge $= 0{\cdot}01703$ g $NH_3 = 1\,\%_0$.

b) Bei Zersetzung durch eine alkalische bromhaltige Lösung von unterbromigsaurem Natron wird Ammonsulfat in der Weise oxydiert, daß der Stickstoff als solcher im Lungeschen Nitrometer oder im Gasvolumeter gemessen werden kann. ($2\,NH_3 + 3\,BrONa = 3\,NaBr + 3\,H_2O + N_2$.) Die Bromsalzlösung bereitet man durch Auflösen von 100 g bestem Ätznatron in 1250 g Wasser und vorsichtigem Zusatz von 25 g Brom; sie muß an einem dunklen kühlen Ort aufbewahrt werden und hält sich auch so nur wenige Tage wirksam. Das Ammoniaksalz, fest oder in Lösung, wird in den äußeren Raum des Fläschchens *a*, die Bromsalzlösung (25 bis 30 ccm) in das innere Gefäß *b* eingeführt. Der Stopfen *f*, welcher schon an dem Gasmeßrohre *A* bei *c* hängt, wird dicht in das Fläschchen eingepreßt und der dadurch entstehende Druck durch augenblickliches Lüften des Stopfens *e* ausgeglichen; sollte dabei das Quecksilber in *A* etwas sinken, so bringt man es durch Heben des Niveaurohres, während *A* durch *e* mit der Außenluft kommuniziert, wieder auf den Nullpunkt. Beim Aufsetzen des Stopfens *f*, sowie beim späteren Schütteln usw. faßt man das Fläschchen *a* nur am Halse mit Daumen und Zeigefinger, um Erwärmung zu verhüten. Nach erfolgtem Temperaturausgleich und Einstellung des Quecksilbers wird Hahn *e* so gestellt, daß *a* durch *e* mit *A* kommuniziert, das Fläschchen wird geneigt, so daß die Bromatlauge aus *b* nach *a* läuft, gut umgeschüttelt und in dem Maße, als

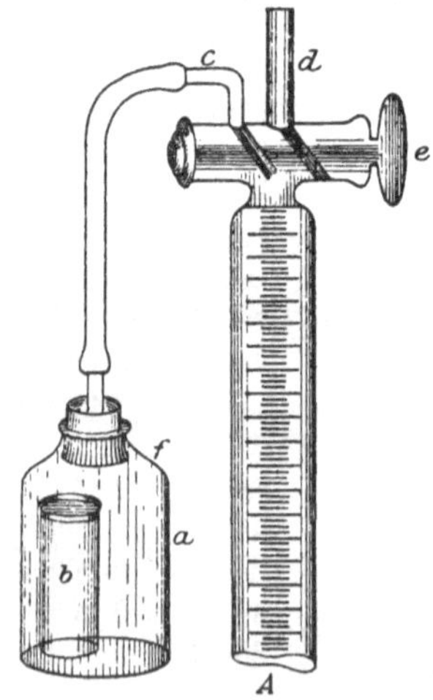

Fig. 9. Bestimmung des Ammoniaks im Ammonsulfat.

sich Gas entwickelt, das Niveaurohr gesenkt, so daß im Meßrohr und im Niveaurohr die Quecksilberniveaus jederzeit ungefähr gleich hoch stehen. Nach wenigen Minuten ist die Reaktion beendigt, was daran zu kennen ist, daß das Quecksilber in *A* nicht mehr sinkt. Da die Reaktion in diesem Falle unter erheblicher Wärmeentwicklung vor sich geht, so empfiehlt es sich hier ganz besonders, das Fläschchen *a* vor Beginn und wiederum nach Beendigung der Reaktion längere Zeit (10 bis 15 Minuten) in ein großes, mit Wasser von Zimmertemperatur gefülltes Gefäß bis zum Halse einzutauchen. Am Schluß stellt man die Röhren so, daß das Volumen des Stickstoffgases auf 0^0 und 760 mm im trocknen Zustand reduziert abgelesen werden kann. Jedes Kubikzentimeter entspricht dann 0·0012818 g N oder 0·0015582 g NH_3, wobei schon die der sog. „Absorption" des Stickstoffs (d. h. der unvollkommenen Reaktion) entsprechende Korrektur angebracht ist und besondere Korrektionstabellen ganz entbehrlich sind. Wenn man direkt Prozente ablesen will, so wägt man 1·558 g schwefelsaures Ammoniak ab, löst in 100 ccm Wasser auf, verwendet 10 ccm der Lösung zur Analyse und setzt dann jedes Kubikzentimeter des Stickstoffs = 1 % NH_3.

B. Fabrikation des Ammonsalpeters.

I. Aus Salpetersäure und Ammoniak.

a) Aus Ammoniakwasser und wäßriger Salpetersäure.

In der Staatspulverfabrik in Lille verwendet man (nach Mem. poudr. salp. t. VII. p. 76) Ammoniakwasser von 22^0 Bé, das durch Konzentration von schwachen Ammoniakwässern aus der Steinkohlendestillation erhalten wird; ferner die käufliche gelbe Salpetersäure von 36^0 Bé oder die bei der Herstellung der konzentrierten Salpetersäure (48^0 Bé) sich als Nebenprodukt ergebende Säure von 39 bis 40^0 Bé.

Man drückt zunächst die berechnete Menge Säure in Steinzeugbehälter von ungefähr 200 Liter Inhalt und läßt sodann das konzentrierte Ammoniakwasser so allmählich zufließen, daß keine bedeutende Temperaturerhöhung erfolgt; oder der Steinzeugbehälter wird durch ein mit Wasser gefülltes Gefäß gekühlt, so daß der Zulauf des Ammoniaks nicht besonders reguliert zu werden braucht. Das aus den beiden Lösungen erhaltene Gemisch zieht man in Holzfässer ab und vollendet nach Abkühlung die Neutralisation durch Zusatz von Ammoniak. Enthielt die angewandte Salpetersäure ein wenig Schwefelsäure, so fügt man zur Entfernung der letzteren etwas Barythydrat zu.— Man läßt nun einige Stunden stehen und konzentriert die erhaltene Lösung von Ammonnitrat in Pfannen aus emailliertem Guß; nach achtstündigem Erhitzen hat die Lösung eine Konzentration von 35 bis 36^0 Bé; man dekantiert die noch warme Lösung in Gefäße, in welchen der in der Kälte viel weniger als in der Wärme lösliche Ammonsalpeter sich beim Erkalten in reichlichen Mengen absetzt; vor dem Beginn der

Kristallisation fügt man etwa 0·5 Volumprozente freies Ammoniak zu, damit sich die Kristalle absolut frei von Säure bilden. Während der Kristallisation rührt man von Zeit zu Zeit um, da man die Bildung großer Kristalle vermeiden will. Zum Schlusse wird das Salz zentrifugiert und dadurch die Feuchtigkeit bis auf 2 % entfernt.

b) Aus gasförmigem Ammoniak und wäßriger Salpetersäure. Hierbei wird die verdünnte Salpetersäure mit Ammoniakdämpfen neutralisiert: letztere entwickelt man entweder aus Gaswasser oder aus Ammonsalzen und Kalk. Für letzteren Fall gibt Guttmann folgenden Apparat (für einen kleineren Betrieb) an:

Ein mit Dampfmantel und Rührwerk versehenes schmiedeeisernes Lösegefäß wird mit 100 kg Ammonsulfat und 120 kg Kalk (von etwa 50 % CaO) beschickt und Wasser bis ungefähr zur halben Höhe des Apparates zugegeben; die bei der Reaktion entstehende Wärme wird durch in den Dampfmantel eingeleiteten Dampf unterstützt; nach etwa sechsstündigem Rühren wird noch direkter Dampf eingeleitet, um alle Spuren von Ammoniak auszutreiben. Das entwickelte Ammoniak geht durch einen Rückflußkühler, dann in eine Kühlschlange und schließlich durch eine Reihe von Tourills, in welchen sich Salpetersäure von 1·22 spez. Gew. in 15 bis 20 cm Niveauhöhe befindet, welche durch einen Trichter in den ersten und von da durch Hähne in die tiefer stehenden Tourills fließt Am Schlusse, wenn alle Salpetersäure neutralisiert ist, zeigt sich die bekannte Rosareaktion von Eisen auf Ammoniak und damit ist die Operation beendigt. Die Lösung wird in einem Montejus gesammelt, zunächst durch eine kleine Filterpresse gedrückt und kommt dann in einen Konzentrator, wo sie acht Stunden lang auf 120° erhitzt wird. der Konzentrator ist ein Bleigefäß mit pyramidenförmig zugespitztem Boden; in dem Gefäß, das außen mit einer Wärmeschutzmasse verkleidet ist und auf einem hölzernen Bockgestelle ruht, befindet sich eine der Gestalt des Bodens entsprechend gebogene Bleischlange, durch welche Dampf von fünf bis sechs Atmosphären Spannung durchgeht. Die Lösung wird nach genügender Konzentration durch einen Gummischlauch in die Kristallisierschalen gebracht, entweder mit Blei verkleidete Holzpfannen oder emaillierte Eisenpfannen. Nach erfolgter Kristallisation kommt der Schaleninhalt in eine Zentrifuge, von wo die Mutterlauge in ein Reservoir zurückfließt und von dort abermals zum Verdampfen kommt. Der in der Zentrifuge zurückgebliebene Ammonsalpeter wird auf einem Dampftrockenapparat von der überschüssigen Feuchtigkeit befreit.

Statt das Ammoniakgas erst aus Lösungen oder Salzen zu entwickeln, kann man auch in Stahlflaschen komprimiertes flüssiges Ammoniak verwenden und solches in schwache Salpersäure eintropfen lassen.

c) Aus gasförmigem Ammoniak und gasförmiger Salpetersäure. Hake (Journ. Soc. Chem. Ind. 1889, p. 706) hat vorgeschlagen, gasförmige Salpetersäure mit gasförmigem Ammoniak zu mischen; man erhält ein sehr reines, aber zu teueres Produkt.

d) Aus wäßrigem Ammoniak und Salpetersäuredämpfen. Nach dem D.R.P. 166427 verwendet Rudeloff die in den Denitriereinrichtungen abgeschiedene Salpetersäure; die Salpetersäuredämpfe werden unmittelbar nach ihrem Austritt aus der Denitriereinrichtung mit Ammoniakwasser gemischt, wodurch man eine Ammonnitratlösung erhält, welche in derselben Weise wie sonst die regenerierte Salpetersäure an den Kondensationstürmen abgezogen werden kann. Zweckmäßig leitet man die beiden Ausgangsprodukte in Apparate mit möglichst großer Oberflächenführung und läßt sie nur allmählich in das Sammelgefäß gelangen. Die aus letzterem abgezogene Lösung wird sodann in Schalen konzentriert, welche vorteilhaft durch die mit einer Temperatur von 170° C aus der Kochtrommel abfließende Schwefelsäure beheizt werden.

II. Umsetzung von Ammonsulfat mit Natriumnitrat.

Während es verhältnismäßig glatt gelingt, Natriumnitrat mit Chlorkalium zu Kalisalpeter und Kochsalz umzusetzen, ergeben sich bei der Umsetzung von Natriumnitrat mit Ammonsulfat zu Ammonsalpeter und Natriumsulfat Schwierigkeiten infolge der großen Löslichkeit des Ammoniumnitrats in Wasser; diese Schwierigkeiten fallen um so mehr ins Gewicht, als 1 bis 2 % feste Verunreinigungen den Ammonsalpeter für die Herstellung von Sicherheitssprengstoffen unbrauchbar machen.

C. Roth (D.R.P. 48705, engl. Pat. 1885 [1889]) setzt Ammonsulfat mit Natriumnitrat um[1] und extrahiert dann den Ammonsalpeter mittels Alkohol. Fairley[2] hat dieses Verfahren nachgeprüft; er fand, daß die Umsetzung zwischen Ammonsulfat und Natriumnitrat nicht vollständig ist, so daß ein Nitratgemenge mit einem Gehalt bis zu 10 % Natronsalpeter und über 90 % Ammonsalpeter erhalten wird; beim Extrahieren löst kochender Alkohol von verschiedener Stärke ganz erhebliche Mengen Natriumnitrat auf; auch wenn der Alkohol schon mit Ammonnitrat gesättigt ist, kann derselbe noch so viel Natriumnitrat aufnehmen, daß er für den vorliegenden Zweck der Trennung der beiden Salze praktisch unbrauchbar ist. — Dasselbe gilt von dem ähnlichen Verfahren von Wahlenberg (engl. Pat. 12451 [1889]).—

[1] Siehe auch Favier, engl. Pat. 6545 von 1885. — Hake u. Heenan, engl. Pat. 6994, 6995 und 6996 von 1888, engl. Pat. 11731 von 1888. — Fairley, engl. Pat. 1668 von 1896.

[2] Journ. Soc. Chem. Ind. 1897, S. 211. — Siehe Bericht von Dr. G. Döllner in der Zeitschrift: Die Chemische Industrie. 1897, S. 501.

Groendahl und Landin (engl. Pat. 1868 [1892]) behaupten, daß man bei der Umsetzung ein besseres Produkt erhält, wenn man Ammonsulfat und Natriumnitrat nicht im molekularen Verhältnis anwendet, sondern Ammonsulfat im Überschuß nimmt; beim Auslaugen mit Alkohol soll dann nur noch eine geringe Menge Natronsalpeter in die alkoholische Ammoniumnitratlösung hineingehen, welche durch Filtrieren der Lösung durch granuliertes Ammoniumsulfat, eventuell noch durch Ammoniumchlorid noch in Ammoniumnitrat verwandelt werden soll. — Fairley konstatierte, daß auch auf diesem Wege kein zufriedenstellendes Resultat erzielt wird.

Nach dem D.R.P. 69148 von F. Benker werden äquivalente Mengen von Ammonsulfat und Natronsalpeter in Lösung umgesetzt und die Mischung in der Kälte zur Kristallisation gebracht, wobei eine reichliche Abscheidung von Natriumsulfat stattfindet, während eine an Ammonnitrat reiche Mutterlauge zurückbleibt, aus welcher durch Kälte Natriumsulfat nicht weiter entfernt werden kann; diesen Rest Natriumsulfat setzt man durch Zufügen von etwas Salpetersäure in Natronsalpeter und freie Schwefelsäure um. Aus der so behandelten Lösung kann man nun durch Kälte das Ammonnitrat abscheiden, während die verbleibende Mutterlauge neben freier Schwefelsäure Natronsalpeter enthält und zu neuer Umsetzung wieder benutzt werden kann.

C. Craig (D.R.P. 92172, engl. Pat. 5815 [1896]) geht davon aus, daß festes Ammonnitrat mit überschüssigem Ammoniak flüssige Verbindungen bildet. Ein Gemenge von Natronsalpeter mit schwefelsaurem Ammoniak wird mit einer genügenden Menge Wasser versetzt, um eine doppelte Umsetzung zu ermöglichen; die Mischung wird unter gutem Umrühren in einem Rührwerke getrocknet und die heiße teigartige Masse auch während des Abkühlens gut durchgerührt, so daß sie in ein feines Pulver zerfällt, welches in einem geeigneten Apparate mit komprimiertem Ammoniak behandelt wird, wobei das Ammoniumnitrat in Lösung geht, während Natriumsulfat, sowie die unzersetzten Mengen von Natronsalpeter und Ammonsulfat in Rückstand bleiben.

Das D.R.P. 127187 von J. V. Skoglund betrifft ein Verfahren zur Gewinnung eines Ammoniumnitrat-Natriumnitratgemisches aus Natriumnitrat und Ammonsulfat, dadurch gekennzeichnet, daß nach Beseitigung der Hauptmenge des durch die doppelte Umsetzung entstandenen Natriumsulfats die noch in der Lösung in Form von Natrium- und Ammoniumsulfat vorhandene Schwefelsäure mittels einer sie in Form eines un- oder schwerlöslichen Salzes niederschlagenden Verbindung entfernt und die Mutterlauge abgedampft oder der Kristallisation unterworfen wird zu dem Zweck, ein einen größeren oder geringeren Prozentgehalt von Ammoniumnitrat aufweisendes Salzgemisch von hoher Reinheit zu erzeugen.

Nach dem D.R.P. 149026 von C. Roth setzt man 132 Gewichtsteilen (ein Molekül) Ammoniumsulfat mit 190 oder mehr Gewichtsteilen (molekularer Überschuß) von Natronsalpeter um zu dem Zweck, die bei der Anwendung von nur molekularen Mengen beider

Ausgangsmaterialien bedingte Bildung von Ammoniumdoppelsalzen einzuschränken oder zu verhindern und damit die Ausbeute an Ammonnitrat zu erhöhen.

Emil Naumann (D.R.P. 166746) läßt Natriumnitrat und Ammonsulfat in heißer wäßriger Lösung aufeinander einwirken, sei es bei Gegenwart einer zweckmäßig bemessenen Wassermenge oder durch Einengen der Lösung bis zu einer entsprechenden Konzentration; nach Entfernung des ausgeschiedenen Natriumsulfats wird die Mutterlauge abgekühlt, zunächst bis zur Absättigungsgrenze für das darin enthaltene Ammonnitrat, so daß sich im wesentlichen nur das Doppelsalz Ammonium-Natriumsulfat abscheidet; nach Entfernung des letzteren wird die Lauge gegebenenfalls konzentriert und dann möglichst schnell abgekühlt (vorteilhaft unter 5°); man erhält nahezu reines, nur etwa 1 % Sulfat enthaltendes Ammoniumnitrat.

Caspari, Nydegger und Goldschmidt (amerik. Pat. 864513) (Deutsches Patent 184144 auf R. Wedekind & Co.) arbeiten in folgender Weise: Eine wäßrige Lösung von Ammoniumsulfat und Natriumnitrat, welche letzteres im Überschuß enthält, wird zunächst zwecks hinreichender Abscheidung der Natriumsalze so weit eingedampft, daß sie bei 50° C oder höherer Temperatur mit Natriumnitrat gesättigt ist. Hierauf kühlt man bis nahe zum Beginn der Ammoniumnitratausscheidung ab und fügt schließlich der von den ausgeschiedenen Natriumsalzen getrennten Mutterlauge so viel Wasser hinzu, daß bei der weiteren Abkühlung auf Zimmertemperatur die in der Mutterlauge verbliebenen Natriumsalze gelöst bleiben und sich lediglich reines Ammoniumnitrat ausscheidet. — Beispielsweise wird ein Lösungsgemisch von 720 Tln. Natriumnitrat (= 40 % Überschuß) und von 400 Tln. Ammonsulfat in 900 Tln. Wasser zunächst durch Eindampfen von der Hauptmenge des Natriumsulfats befreit. Die filtrierte Lauge wird dann so weit eingedampft, bis eine Probe beim Abkühlen bei etwa 70° C Ammoniumnitrat auszuscheiden beginnt; alsdann kühlt man die ganze Lauge bis etwa auf 70° ab, trennt sie von dem ausgeschiedenen Natriumsulfat und Natriumnitrat und setzt auf 100 Tle. Lauge 14 Tle. Wasser zu. Die so verdünnte Lauge wird nun auf + 15° C abgekühlt, wobei sich etwa 40 % des in der Lauge enthaltenen Ammoniumnitrates frei von Natriumsalzen ausscheiden. Ersteres wird sodann durch Decken mit Ammoniumnitratlösung von der anhaftenden Mutterlauge befreit, während die Deck- und Mutterlauge bei dem nächsten Prozeß Verwendung finden.

In anderen Verfahren setzt man Ammonsulfat und Natriumnitrat nicht in wäßriger Lösung um, sondern erhitzt die trocknen Salze zusammen. Nach C. Roth (D.R.P. 53364 und 55155) werden die äquivalenten Mengen der wasserfreien Salze gemischt und 1 Stunde lang auf 160 bis 200° C erhitzt; auf dem Boden des Schmelztiegels setzt sich dann Natriumsulfat in fester Form ab, darüber ist flüssiges Ammonnitrat; man trennt durch Absaugen oder Ausschleudern auf heizbarer Zentrifuge.

Fairley mischt nach einem engl. Patent vom Jahre 1896[1] 132 Tle. Ammonsulfat mit 170 Tln. Natriumnitrat, befeuchtet das Gemisch und erhitzt es unter dauerndem Rühren auf eine Temperatur von 108 bis 110°, auf welcher die geschmolzene Masse 3 bis 5 Minuten gehalten wird. Die Masse besteht nun der Hauptsache nach aus einem Gemisch von Ammoniumnitrat und Natriumsulfat; man extrahiert mit kochendem denaturiertem Alkohol von 85 bis 93 %, dem zur Bindung freier Säure ½ % Ammoniak zugefügt ist. Die alkoholische Lösung enthält Ammoniumnitrat mit einem Gehalt von ungefähr 10 % Natriumnitrat, während der unlösliche, aus Natriumsulfat bestehende Rückstand noch einen Gehalt von ungefähr 8 % Ammoniumnitrat aufweist. Durch einen besonderen Auslaugeprozeß wird das aus ersterer erhaltene Ammoniumnitrat gereinigt und letzterem die ihm anhaftenden Mengen von Ammoniumnitrat entzogen.

Nach R. Lennox (D.R.P. 96689) werden 17 Tle. Natriumnitrat und 13 Tle. Ammoniumsulfat in getrocknetem Zustand innig miteinander gemischt und in eine geschlossene Retorte gebracht, welche mit einem Kondensator und einem Skrubber in Verbindung steht; die ganze Apparatur wird durch ein Saugstrahlgebläse in ein Vakuum von passender Stärke versetzt und die Retorte dann so stark erhitzt, daß das sich bildende Ammoniumnitrat überdestilliert; die Dämpfe desselben werden in einem Kondensator niedergeschlagen, welcher mit einem Skrubber in Verbindung steht, an welch letzterem der Saugstrahlapparat funktioniert. Der Kondensator besteht aus Röhren von Ton oder einem anderen von den Produkten nicht angreifbaren Stoff; die Retorte kann aus Eisen hergestellt sein; der Skrubber wird mit einer konzentrierten Lösung von Ammoniumnitrat beschickt. Während der Destillation hat man dafür Sorge zu tragen, daß der Retorteninhalt nicht über 230° erhitzt wird, namentlich auch nicht der obere Teil der Retorte, welcher mit dem gasförmigen Ammonnitrat, sowie mit den Produkten seiner Dissoziation angefüllt ist.

III. Einwirkung von kohlensaurem Ammoniak auf Natriumnitrat.

Die Ausbildung des Ammoniaksodaprozesses legte den Gedanken nahe, die analoge Reaktion wie auf Chlornatrium auch auf Natriumnitrat anzuwenden. Zuerst nahm Gerlach ein Patent (engl. Patent 2174 [1875]), Ammonsalpeter nach der Gleichung

$$NH_4HCO_3 + NaNO_3 = NaHCO_3 + NH_4 \cdot NO_3$$

umzusetzen, indem er Natriumnitrat mit Ammonbikarbonat oder Ammonkarbonat zusammenbrachte oder Kohlensäure in Lösungen von Natriumnitrat und Ammoniak einleitete; speziell für Verwertung des Gaswassers ist dieses Verfahren in Dingl. polyt.

[1] Chem. Ind. 1897, S. 401.

Journ. 223. 1877, S. 82 beschrieben. Ferner haben Lesage & Co. im Jahre 1877 und Chance (engl. Pat. 5919 [1885]) Patente auf verschiedenartige Anwendungen des Ammoniaksodaprozeßes auf Natriumnitrat genommen. Auch Fairley hat sich ein ähnliches Verfahren schützen lassen (D.R.P. 97400 und engl. Pat. 1686 [1896]); er erhielt ein Gemisch von Ammonsalpeter mit 30 bis 36 % Natronsalpeter, welches in der Weise getrennt wird, daß man die konzentrierte Lösung der gemischten Nitrate in einem von außen auf -15^0 abgekühlten zylindrischen Kessel einführt; in Lösung bleibt Natriumnitrat, das (nach Zufügen frischen Natronsalpeters) in den Prozeß zurückgeht; das in der Kälte ausgeschiedene Ammonnitrat wird durch Waschen mit kaltem Wasser oder einer kaltgesättigten Ammonsalpeterlösung weiter gereinigt. — Jedenfalls geht die Umsetzung zwischen Natriumnitrat und Ammonbikarbonat nicht im Sinne der obigen Gleichung zu Ende. — Neuerdings hat Walter Feld ein Patent genommen (D.R.P. 177172), wonach man Natronsalpeter (oder andere Alkali- oder Erdalkalinitrate) mit Destillationsgasen der Kohle behandelt (Hochofen-, Generatorgase usw.), welche Ammoniak und Kohlensäure als Verunreinigung in verhältnismäßig großer Verdünnung nebeneinander enthalten. Nach dem Zusatzpatent 178620 wird diesen Gasen vor ihrer Einwirkung auf die Nitratlösungen etwa beigemengter Schwefelwasserstoff entzogen. Die Feldschen Patente sind in den Besitz der Deutschen Gesellschaft für Kohleverwertung übergegangen.

IV. Andere Verfahren.

Wenn man Ammoniumsulfalt mit Kaliumnitrat umsetzt, so scheidet sich zuerst das schwerer lösliche Kaliumsulfat aus, während Ammoniumnitrat in Lösung bleibt; letzteres kann man durch Eindampfen der Lösung bei möglichst niedriger Temperatur (also z. B. unter vermindertem Druck) und Kristallisierenlassen gewinnen. — Setzt man Chlorammonium mit Natriumnitrat um, so erhält man als Abfallsalz Chlornatrium, welches erheblich schwerer löslich ist als Ammonnitrat.

Nach dem englischen Patent 15726 (1890) von Campion und Tenison-Woods werden die Lösungen von 85 Tln. Natronsalpeter (in 100 Tln. Wasser) und von 62 Tln. Chlorammonium (in 100 Tln. Wasser) umgesetzt und das Kochsalz entfernt; oder man setzt zunächst 85 Tle. Natronsalpeter (in 100 Tln. Wasser) mit 60 Tln. Chlorcalcium (in 40 Tln. Wasser) um. Es bildet sich dann Kochsalz und Calciumnitrat, welch letzteres mit Ammonkarbonat (59 Tle. in 150 Tln. Wasser) oder Ammonsulfat (66 Tle. in 155 Tln. Wasser) umgesetzt wird.

Nach dem deutschen Patent 48278 von C. Carez wird Ammonsulfat mit Baryumnitrat umgesetzt. — Nach dem engl. Pat. 8841 (1889) von Burghardt werden äquivalente Mengen der Lösungen von Bleinitrat und Ammonsulfat gemischt, die Flüssigkeit vom schweren Niederschlage getrennt und eingedampft. — Nach dem engl. Pat. 5442 (1890) von Burghardt wird die Bleinitratlösung mit wäßrigem Ammoniak gefällt oder mit Ammoniakgas behandelt; das entstehende Bleihydroxyd wird durch Überführen in Chromgelb verwertet. — Garroway (engl. Pat. 7066 [1897]) will die Fabrikation von Ammonsalpeter mit der von Natronsilikat vereinigen und erhitzt Natronsalpeter mit Kieselsäure unter Zufuhr von Dampf. In einem Kondensator wird zuerst ein Teil der Salpetersäure gewonnen, das übrige Gas aber in Plattentürmen Ammoniakdämpfen entgegengeführt, während das etwa entweichende Ammoniak durch Schwefelsäure zurückgehalten wird. Das zurückbleibende Alkalisikat wird in bekannter Weise aufgearbeitet. — Johnson (schwed. Pat. 8944 [1897]) führt saures Calciumphosphat durch Ammoniumsulfat und Ammoniak in Ammoniumphosphat über und setzt dieses mit Natronsalpeter in Ammonnitrat und Natriumphosphat um; das unreine Ammonnitrat wird durch Waschen mit Alkohol und Ammoniak gereinigt. — Nach dem französ. Patent 116331 von Knab wird Alkalinitrat mit Ammonoxalat behandelt.

Siemens & Halske (D.R.P. 85103) stellen Ammoniumnitrat synthetisch aus Stickstoff und Sauerstoff der Luft durch dunkle elektrische Entladungen bei Gegenwart von Ammoniakgas dar.

R. Nithack (D.R.P. 95532) macht Ammoniumnitrat aus mit Stickstoff gesättigtem Wasser elektrolytisch unter Druck von 50 bis 100 Atm.

W. Ostwald (engl. Pat. 698 [1902]) stellt durch Oxydation von Ammoniak auf katalytischem Wege Ammonnitrat her.

Von besonderer Bedeutung dürfte voraussichtlich die Verarbeitung des synthetischen Kalksalpeters auf Ammonsalpeter werden; ein diesbezügliches Verfahren wurde neuerdings von Escales und Novak ausgearbeitet.

C. Chemische Untersuchung des Ammonsalpeters.

Den Ammonsalpeter erkennt man an der Ammoniakentwicklung beim Erhitzen mit Natronlauge. In einem Porzellantiegel sollen 3 g vorsichtig erhitzt, keinen wägbaren Rückstand hinterlassen, der die Anwesenheit anderer Nitrate anzeigen würde. Freie Säure bestimmt man durch Titrieren mit $^1/_{10}$ normal Alkali. Auf Gegenwart von Kalksalzen prüft man durch Zusatz von Ammonoxalat; auf Sulfate untersucht man durch Zufügen von Chlorbaryum und mehrstündiges Stehenlassen in der Wärme, auf Chloride durch Silbernitrat. Zur Prüfung auf Rhodanverbindungen wird 1 g Ammonsalpeter, in 10 ccm Wasser gelöst, mit Salzsäure angesäuert und mit wenigen Tropfen einer verdünnten Eisenchloridlösung versetzt, wobei keine rote Färbung entstehen soll. Auf Metalle prüft man mit Schwefelwasserstoff in saurer Lösung, bzw. mit Schwefelammon, wobei insbesondere Eisen erkannt wird, das sich übrigens schon durch rötliche Färbung des Salpeters anzeigt. — Die chemische Reinheit des Ammonsalpeters wird am besten durch quantitative Analyse ermittelt, bei welcher die große Hygroskopizität nicht außer acht gelassen werden darf.

1. Ammoniakbestimmung.

Man benutzt zum Übertreiben des durch Kali, Natron, Kalk oder Magnesia in Freiheit gesetzten Ammoniaks einen Destillierkolben (Fig. 10 a), in welchen man die abgewogene lufttrockne Substanz oder die Lösung gibt und den man mit einem Liebigschen Kühler nebst Vorstoß, Saugflaschenvorlage und einem abschließenden Peligot-Rohr oder Will-Varrentrappschen Absorptionsvorlage verbindet. Zweckmäßig nimmt man zur Destillation einen Aufsatz (Fig. 10b), bei welchem durch ein in die Kondensationskugel eingesetztes Hakenrohr ein mechanisches Überspritzen von fixem Alkali sicher vermieden wird. Hat man die zu analysierende Substanz trocken abgewogen, so löst man zunächst in Wasser auf, alsdann läßt man unter Umschwenken der Flüssigkeit so viel starke Natron- oder Kalilauge aus einem Tropftrichter hinzufließen, bis

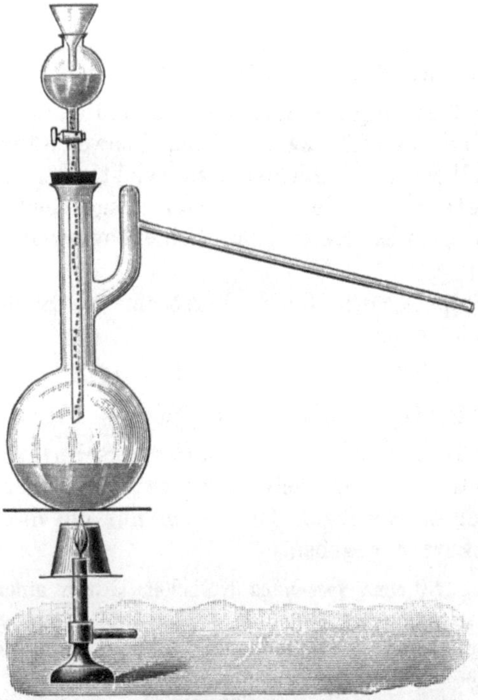

Fig. 10a. Destillierkolben für Ammoniakbestimmung.

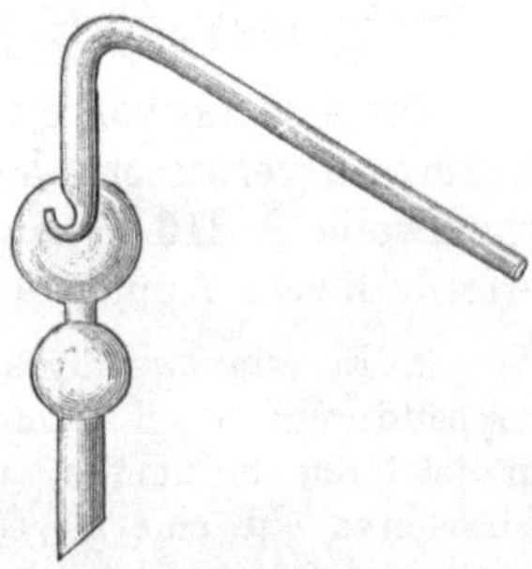

Fig. 10b. Aufsatz mit Hakenrohr.

das in den Kolben gegebene Lackmuspapier deutlich gebläut bleibt. Darauf destilliert man in der Kochhitze alles Ammoniak über, was durchschnittlich für 0·75 g angewandte Substanz $^3/_4$ bis 1 Stunde dauern wird. Zweckmäßig gibt man beim Destillieren zur Verhütung des Stoßens gleich anfangs etwas Zinkspäne in den Destillierkolben, so daß sich fortwährend geringe Mengen Wasserstoff entwickeln. Die Vorlage zur Aufnahme des Ammoniaks ist mit verdünnter $^1/_{10}$ normal Salzsäure gefüllt; das Ende des Vorstoßes taucht nicht in die Flüssigkeit ein, da die Ammoniakdämpfe mit großer Energie von den Mineralsäuren verschluckt werden. Vorteilhaft ist übrigens auch die Anwendung einer Pilotyschen Vorlage.

2. Bestimmung der Salpetersäure.

a) Nach Crum und Lunge (Phil. Mag. **30.** 426 und Berichte **9.** 434) schüttelt man eine Nitratlösung mit konz. Schwefelsäure und metallischem Quecksilber, wobei Stickoxyd entweicht. Lunge hat dann diese Nitrometermethode noch weiter ausgearbeitet. (Näheres hierüber siehe zweites Heft: „Die Schießbaumwolle", S. 213 bis 214.)

b) Reduktion der Salpetersäure durch Ferrosalze zu Stickoxyd nach folgenden Gleichungen:

$$2HNO_3 + 6FeCl_2 + 6HCl = 2NO + 6FeCl_3 + 4H_2O,$$

$$2HNO_3 + 6FeSO_4 + 3H_2SO_4 = 2NO + 3Fe_2(SO_4)_3 + 4H_2O.$$

Diese zuerst von Schlösing angegebene, dann von Schultze-Tiemann verbesserte Methode ist in meinem Buche über Schießbaumwolle S. 216 genauer beschrieben. Hier seien nur die dazu erforderlichen Apparate kurz angegeben.

1. Ein starkwandiges, 150 ccm fassendes Kölbchen durch einen doppeltdurchbohrten Gummistopfen verschließbar. — 2. Zum Einsetzen in letzteren bestimmte, unter einem Winkel von ca. 45° gebogene Glasröhren, die eine als Gasentbindungsröhre, die andere als Einsaugeröhre fungierend; letztere ist unterhalb des Stopfens zu einer nicht zu feinen Spitze ausgezogen oder es ist ein Stückchen Kautschuckschlauch darüber gestreift. Beide Röhren sind durch 5 cm lange Schläuche (welche durch Klemmschrauben verschließbar sind) mit Verlängerungsröhren verbunden. — 3. Ein in 100 ccm eingeteiltes Eudiometerrohr, welches über die an ihrem Ende etwas nach oben umgebogene Entwicklungsröhre zu stehen kommt. — 4. Eine Gaswanne bzw. geräumige starkwandige Kristallisierschale. — 5. Eine gesättigte saure Lösung von Eisenchlorür (aus Eisenpulver oder Draht im Überschuß und Salzsäure hergestellt), ferner konzentrierte Salzsäure. — 6. Ein schmales und hohes Bechergläschen mit 2 bis 3 Marken für

je 25 ccm Ferrolösung bzw. konzentrierte Salzsäure. — 7. Zehnprozentige Natronlauge oder gesättigte Kochsalzlösung.

Das erhaltene Volum (V_1) des Stickoxyds muß auf ein Volum für 760 mm und 0° (V_0) reduziert werden.

$$V_0 = \frac{V_1 (B - f)}{760 (1 + \alpha t)} \quad \text{oder} \quad \frac{V_1 (B - f) \cdot 273}{760 (273 + t)},$$

worin B den Barometerstand, t die Temperatur bei der Ablesung, f die Tension des Wasserdampfes und α den Ausdehnungskoeffizienten für Gase (= 0·00367) bezeichnet. — Da 1 ccm NO bei 0° und 760 mm wiegt 1·3415 mg (oder 0·0013415 g), da ferner zwei Moleküle NO (59·94 Tle.) einem Molekül N_2O_5 (107·82 Tle.) entsprechen, so ergibt sich nach 59·94 . 107·82 = 1·3415 : x der Wert des x zu 2·413 mg. Wenn man also den volumetrischen Wert V_0 des Stickoxyds mit 2·413 multipliziert, so erhält man die dem NO entsprechende Menge N_2O_5 in Milligrammen.

Jannasch bemerkt zu der Schultze-Tiemannschen Methode folgendes: a) Ein nicht unbedeutender Fehler entsteht meist dadurch, daß die letzten Anteile NO hartnäckig von der Flüssigkeit festgehalten werden und nicht entweichen wollen (die Eisenlösung bleibt dunkel). In einem solchen Falle ist die Operation zu unterbrechen, wenn die Gasentwicklung nur noch spärlich vor sich geht, indem man den Quetschhahn abschließt, die Flamme ausdreht und den Kolben sich abkühlen läßt; durch Verminderung des Druckes wird jetzt das noch zurückgehaltene Gas frei und geht nun bei erneutem Kochen der Lösung vollständig über. — b) Da bei Fehlern im Glase oder aus anderen Ursachen eine Zertrümmerung des Siedekolbens nicht ausgeschlossen erscheint, so versäume man niemals, während des Versuches die Schutzbrille zu tragen. — Ferner ist zu beachten, daß durch die Wirkung des heißen Wasserdampfes sehr leicht die Schläuche von den Röhren gleiten, was man ganz sicher dadurch verhütet, daß man die letzteren mit einer Anschwellung (gekröpft) herstellt und außerdem die Schläuche mit Kupferdrahtligaturen befestigt.

c) Statt das durch die Eisenchlorürzersetzung entbundene Stickoxyd zu messen, kann man dasselbe auch nach Schlösing und Reichardt (Zeitschr. f. analyt. Chemie **9.** 24 und Journ. f. prakt. Chemie **62.** 142) mit Hilfe von feuchtem Sauerstoffgas in Salpetersäure verwandeln und letztere titrieren.

Nachstehend geben wir einige Analysen von Ammonsalpeter.[1]

Die Firma Königswarter & Ebell führt in ihren Preislisten zwei Sorten Ammonsalpeter: gewöhnliche Handelsware und reinere Sorten; nachstehende Analysen wurden am 29. Juni 1907 mitgeteilt.

[1] Nach Jurisch, Salpeter und sein Ersatz, S. 120.

A. Gewöhnliche Handelsware (Ammonium nitricum technicum).

Bestandteile	a	b	c	d	e
Gefunden:	in Prozenten				
N_2O_5	65·94	66·30	66·23	66·54	67·58
NH_3	22·32	22·90	22·23	22·30	22·36
Fe_2O_3	0·17	—	0·31	0·14	0·10
Cl	0·75	Spur	0·281	0·43	Spur
SO_3	0·423	0·45	0·40	—	—
MgO	0·27	—	—	—	—
K_2O	—	0·231	—	0·40	—
Wasser	0·51	1·10	0·54	0·33	0·32
Organische Substanz	Spur	Spur	Spur	—	—
Bemerkungen	Spur CaO	H_2O-reich	stark braun gefärbt	—	—
Daraus berechnet:					
$NH_4 \cdot NO_3$	97·80	98·18	98·25	98·70	99·53
$NH_4 \cdot Cl$	0·654	—	0·43	0·183	—
$(NH_4)_2SO_4$	—	0·30	—	—	—
$Fe_2(NO_3)_6$	—	—	—	—	0·30
Fe_2Cl_6	0·22	—	—	0·284	—
$Fe_2(SO_4)_3$	—	—	0·77	—	—
$MgSO_4$	0·80	—	—	—	—
K_2SO_4	—	0·43	—	—	—
KCl	—	—	—	0·63	—
Wasser	0·51	1·10	0·54	0·33	0·32
	99·984	100·01	99·99	100·127	100·15

B. Raffinierter Ammonsalpeter (Ammonium nitricum purum).

Gefunden:	a	b
N_2O_5	67·28 %	67·33 %
NH_3	22·50	22·51
Cl	0·09	0·038
Wasser	0·02	0·05
Daraus berechnet:		
$NH_4 \cdot NO_3$	99·79 %	99·87 %
$NH_4 \cdot Cl$	0·10	0·04
Wasser	0·02	0·05
	99·91 %	99·96 %

Nach Bichel verwenden die Sprengstofffabriken jetzt Ammoniaksalpeter mit 99·5 % Ammonnitrat; der Gehalt an Feuchtigkeit, Chlor, Schwefelsäure und Unlöslichem darf zusammen nicht mehr als 0·5 % betragen. Das Pulverwerk Felixdorf (Mayr und Roth) stellen an Ammonsalpeter für Sprengstoffe die Anforderung, daß er in trocknem Zustande 99·7 % Ammonnitrat enthalte. Der Fabrikchemiker fand die Verunreinigungen innerhalb folgender Grenzen:

Wassergehalt . . .	0·2 bis 1·00 %	,
Chlor	0·005 bis 0·05 %	,
Sulfat	Spuren	,
Vergasungsrückstand .	0·03 bis 0·10 %	,

außerdem meist eine kleine Menge freier Salpetersäure.

Dritter Abschnitt.

Die Eigenschaften des Ammonsalpeters.

a) Physikalische und chemische Eigenschaften. Der Ammonsalpeter, der schon von Glauber dargestellt und als Nitrum flammans beschrieben wurde (De natura salium 1658) hat das Molekulargewicht 80 und besteht zu 21·25 % aus Ammoniak und zu 78·75 % aus Salpetersäure. Das Salz enthält 60 % Sauerstoff, 5 % Wasserstoff und 35 % Stickstoff; von letzterem ist die eine Hälfte Nitrat-, die andere Hälfte Ammoniak-Stickstoff. Das Salz schmeckt kühlend, scharf und bitter; es zieht aus der Luft Feuchtigkeit an und kann daher nur bei Luftabschluß trocken gehalten werden. Das normale Salz wirkt auf die meisten Metalle wie eine Säure; zum Eindampfen von konzentrierten Lösungen muß man daher emaillierte Gefäße verwenden. — Das neutrale Salz NH_4NO_3 kann sowohl Salpetersäure anlagern unter Bildung von sauren Salzen wie auch Ammoniak unter Bildung von basischen Salzen. — Beim Einkochen der wäßrigen Lösungen erhält man den Ammonsalpeter als faserige Kristallmasse; beim langsamen Verdunsten der Lösung kristallisiert das Salz in sechsseitigen rhombischen Säulen mit sechsseitigen Prismen ohne Kristallwasser, isomorph dem Kalisalpeter; bei rascher Abkühlung erhält man lange, elastisch biegsame Fäden. — Das spezifische Gewicht beträgt nach Schiff 1·701, nach Kopp 1·707; in Dammers Handbuch der anorganischen Chemie wird dasselbe zu 1·684 bis 1·791 oder im Mittel zu 1·6973 (bei 23° C) angegeben. Bei gelinder Erwärmung treten (nach C. O. Weber, Journ. Soc. Chem. Ind. 1893. II. S. 117) anscheinend Strukturänderungen ein; bei der Entwässerung steigt nämlich die Temperatur anfangs regelmäßig bis 35·67°, fällt dann wieder auf ein Minimum bei 34·96°, um hierauf abermals zu steigen; bei der Abkühlung ist der Verlauf ähnlich, doch liegen die Temperaturen etwas tiefer, nämlich das Maximum bei 31·05° und das Minimum bei 30·07°. Ähnliche charakteristische Temperaturen liegen für Erwärmung bei etwa 86° und 125°, für Abkühlung bei 82·5° und 124°. Diese kristallographischen Strukturänderungen sind teils von bedeutender Volumvergrößerung begleitet (bei 35° und 125°), teils von Volumverkleinerung (85°). Die mittlere spezifische Wärme wurde von J. Tollinger (Wiener akad. Ber. **61.** 319) zu 0·43 gefunden; im einzelnen zwischen 0° und 31° zu 0·407, zwischen 31° und 82·5° zu 0·355 und zwischen 82·5° und 124° zu 0·426. — Die Übergangswärme beträgt bei 31° = 5·02 Kalorien, bei 82·5° = 5·33 Kalorien und bei 124° = 11·86 Kalorien. — Auch J. Mayr[1] weist darauf hin, daß der Ammonsalpeter bei mäßiger Wärme Strukturveränderungen unterworfen ist, die sich durch abwechselnde Ausdehnungen und Zusammenziehungen bemerkbar machen; Mayr gibt an, daß hierfür drei kritische Temperaturen bestehen, bei 36, 85 und 125° C. Durch die Wärme erfolgt, insbesondere bei Gegenwart von etwas Feuchtigkeit, Ausdehnung, das spez. Gewicht wird geringer, die Brisanz größer; will man solche Strukturveränderungen vermeiden, so empfiehlt es sich, den Ammonsalpeter über den zweiten Punkt (also bei etwa 86°) scharf zu trocknen und dann sorgfältig zu verpacken, da bei Ausschluß von Feuchtigkeit die Ausdehnung nicht erfolgt. — Ammonsalpeter löst sich sehr leicht in Wasser auf und zieht, wie schon bemerkt, aus der Luft Feuchtigkeit an (ist hygroskopisch); nach Kortright (Journ. phys. chem. **3.** 328; Chem. Centralbl. 1899. II. 414) zerfließt das Salz, sobald der Partialdruck von Wasserdampf = 10·8 mm Quecksilber beträgt. Nach Harris löst sich Ammonsalpeter in 0·54 Tln. Wasser von 10°, nach Karsten in 0·502 Tln. von 18°.

Gerlach teilt folgende Tabelle über die spezifischen Gewichte der Lösungen bei 15° C mit (Chem. Centralbl. 1886, 788):

Volumgewicht	Prozentgehalt	Volumgewicht	Prozentgehalt
1·0000	0	1·1790	40
1·0425	10	1·2300	50
1·0860	20	1·2835	60
1·1310	30		

Eine andere Tabelle, die Dammer mitteilt, gibt zugleich die Ausdehnung für je 100 g der Lösung an; die Ausdehnung ist am kleinsten bei einer 7%igen Lösung (in Wasser); die Beobachtungen gelten für 23° C:

[1] Zeitschr. Schieß-Sprengstoffe. 1907. S. 401. — Mitt. Seewesen. 1909. Januarheft.

Spez. Gew. bei 23° C	1·0330	1·0260	1·0559	1·0860	1·1175	1·2876	1·2955
Prozentgehalte	4	7	14	21	28	42	63
Ausdehnung für 100 g Lösung	0·1764	0·1162	0·2417	0·5151	0·8117	1·7182	2·9796

Die älteren Löslichkeitstabellen über Ammonsalpeter in Wasser sind in Comeys Dictionary of solubilitie, S. 243, zusammengestellt; über einige neuere Beobachtungen von Schwarz siehe Ostwalds Lehrbuch der allgem. Chemie, 2. Aufl. $II_{,2}$. S. 425.

W. Müller und P. Kaufmann haben folgende genauere Tabelle über die spezifischen Gewichte der gesättigten Lösungen bei den Temperaturen von 12 bis 40° C ausgearbeitet;[1] sie haben die Löslichkeit ausgedrückt in Molen $NH_4 \cdot NO_3$ auf 100 Mole Wasser.

Temperatur °C	Spezifisches Gewicht	Löslichkeit	Temperatur °C	Spezifisches Gewicht	Löslichkeit
12·2	1·2945	34·50	35·0	1·3394	59·80
20·2	1·3116	43·30	35·1	1·3397	60·00
23·0	1·3159	46·57	35·6	1·3408	60·62
25·05	1·3197	48·19	36·0	1·3412	61·00
27·7	1·3257	51·67	36·6	1·3420	—
28·0	1·3260	51·86	37·5	1·3432	62·90
30·0	1·3299	54·40	38·0	1·3438	63·60
30·2	1·3308	54·61	38·5	1·3440	64·10
31·9	1·3338	57·20	39·0	1·3448	65·09
32·1	1·3344	57·60	39·5	1·3460	65·88
32·7	1·3356	57·90	40·0	1·3464	66·80
34·0	1·3375	58·89			

Die Löslichkeitskurve ist also ganz flach geschwungen mit einem Knick oder einer Spitze bei 32·2° C.

Beim Auflösen in Wasser wird Wärme in bedeutender Menge gebunden (latent), so daß Ammonsalpeter sich zur Erzeugung niedriger Temperaturen eignet; 60 Tle. Salz geben beim Vermischen mit 100 Tln. Wasser eine Temperaturerniedrigung von 27·2° C; bei einer Anfangstemperatur von 0° sinkt die Temperatur indessen nur bis auf — 16·7°, da dies der Gefrierpunkt der wäßrigen Lösung ist. — 1 Tl. Ammonsalpeter löst sich nach Pohl in 2·29 Tln. Weingeist (von 66·8 Gewichtsprozonten) bei 25° C und in 1·1 Tle. kochendem Weingeist.

[1] Zeitschr. phys. Chemie. 1903. 42. 497.

Die Bildungswärme aus den Elementen beträgt nach Berthelot: 87·9 große, bzw. 87900 kleine Kalorien. — Der Ammonsalpeter kann saure und basische Salze bilden.

Saure Salze. $NH_4NO_3 \cdot 2HNO_3$ wird nach Ditte (Ann. chim. phys. (5) **18.** 320) durch Auflösen des geschmolzenen neutralen Salzes in Salpetersäuremonohydrat erhalten; das Salz kristallisiert in verlängerten, ineinander verwachsenen Prismen, welche bei 18° schmelzen und bei 20° unter schwacher Gasentwicklung sich zersetzen. — $NH_4NO_3 \cdot HNO_3$ wird durch längeres Digerieren des vorigen Salzes mit geschmolzenem neutralen Salze erhalten; es bildet viel feinere und weniger verwachsene, bei 0° schmelzende Nadeln.

Basische Salze. Das neutrale Salz NH_4NO_3 absorbiert lebhaft Ammoniak bei allen Temperaturen zwischen — 15° und + 25°, wobei es verflüssigt wird.[1] Die Zusammensetzung der erhaltenen farblosen Flüssigkeit ist abhängig von der Temperatur; über 28° wird sie unter Entwicklung von Ammonik fest. Bei 760 mm Druck absorbieren 100 g Ammonsalpeter:

bei	absorbiertes Ammoniak	Aggregat-zustand	bei	absorbiertes Ammoniak	Aggregat-zustand
– 10°	42·5	flüssig	+ 29 °	20·9	fest
± 0	35·0	„	+ 30·5	17·5	„
+ 12	33·0	„	+ 40·5	6·—	„
+ 18	31·5	„	+ 79	0·5	„
+ 28	23·25	„			

Bei — 10° entspricht die Zusammensetzung der Formel $NH_4NO_3 + 2NH_3$; diese Flüssigkeit gefriert nicht in einer Kältemischung aus Eis und Kochsalz; ihr spez. Gewicht ist 1·5; sie eignet sich vorzüglich zur Darstellung von flüssigem Ammoniak. Bei + 20° entspricht die (feste) Verbindung der Formel $NO_3NH_4 + NH_3$.

b) Verhalten des Ammonsalpeters bei stärkerem Erhitzen. Wenn man Ammonsalpeter stärker erhitzt, so schmilzt derselbe; indessen gestattet das vorher anwesende oder das bei der Zersetzung gebildete Wasser nicht, den Schmelzpunkt genau zu bestimmen; nach Berthelot[2] liegt derselbe bei 152°, nach Pickering[3] bei 165—166°; nach Veley[4] zeigt das Salz bei 150°

[1] E. Divers, Chem. News **27.** 37; F. M. Raoult, Compt. rend. **76.** 1261.
[2] Compt. rend. **82.** 932.
[3] Chem. News **38.** 267.
[4] Chem. Soc. Journ. **43.** 370.

die ersten Zeichen von Schmelzung und wird bei 153° zu einer klaren, durchscheinenden Flüssigkeit; nach Smith[1] sind die betreffenden Temperaturen 145° bzw. 160°. — Die Gasentwicklung (Zersetzung) beginnt nach Pickering bei 185—186°, nach Smith schon bei 170° und ist gegen 210° hinlänglich rasch. Nach Veley ist das Zersetzungsverhältnis abhängig von der angewandten Salzmenge, ferner von dem Betrage freier Salpetersäure; Überschuß von Ammoniak, wie er durch Einleiten desselben oder durch Zusatz basischer Oxyde erzielt werden kann, vermag die Reaktion völlig aufzuhalten, selbst wenn die Temperatur 50 bis 60° über die normale Zersetzungstemperatur steigt. Nach Berthelot nimmt in dem Maße, wie die Temperatur des geschmolzenen Salzes durch Wärmezufuhr erhöht wird, auch die Zersetzung an Lebhaftigkeit zu; letztere beginnt schon unter 210°, erfolgt bei diesem Punkte in dem Maße, um in einigen Minuten eine meßbare Gasmenge zu liefern; bei weiterem Erhitzen — besonders von 230° ab — wird sie lebhafter, ohne daß die Temperatur bei einem bestimmten Punkte zwischen 210° und 300° stehen bliebe; darüber hinaus erfolgt explosionsartige Zersetzung. Beim allmählichen Erhitzen des Ammonsalpeters bis auf 300° bilden sich Wasser und Stickoxydul nach der Gleichung $NH_4NO_3 = 2H_2O + N_2O$, aber auch bei vorsichtigem Erhitzen weniger Stickoxydul als theoretisch berechnet, da ein Teil des Ammonsalpeters unzersetzt sublimiert; besonders ist die Differenz bemerkenswert, wenn man bei möglichst niedriger Temperatur arbeitet und dafür Sorge trägt, daß der in die kälteren Teile des Apparates sublimierte Ammonsalpeter nicht zu dem erhitzten Salz zurückfällt.

Berthelot hat gezeigt, daß man Ammonsalpeter sublimieren kann, ohne denselben in bemerkenswerter Weise zu zerstören, wenn man das geschmolzene Salz zuerst in eine Schale bringt, welche man mit Löschpapier bedeckt, das an seinem herausragenden Ende geleimt ist; über dem Löschpapier befindet sich ein mit Glasscherben angefüllter Kartonzylinder. Man erhitzt nun die Schale auf 190 bis 200°, wobei ein Thermometer schräg in dem Ammonsalpeter steckt; ein beträchtlicher Teil des Salzes sublimiert alsdann in schönen glänzenden Kristallen, welche sich an die Wände der Schale und an die untere Fläche des Papiers ansetzen; ein Teil geht durch das Papier hindurch und kondensiert sich als weißer Rauch, den Berthelot durch Analyse als Ammonsalpeter identifiziert hat. Die Temperatur des Papieres, durch welches die Dämpfe hindurchgehen, kann bis auf 120° und sogar bis 130° steigen, ohne daß das Papier in nennenswerter Weise verändert wird; würde der Ammonsalpeter nicht als solcher, sondern

[1] Journ. Soc. Chem. Ind. 11. 867.

in Form seiner Dissoziationsprodukte (Salpetersäure und Ammoniak) durch das Papier hindurchgehen, so würde letzteres durch die heißen Salpetersäuredämpfe sofort zerstört werden; da dies nicht erfolgt, ist nach Berthelot der Ammonsalpeter ohne Dissoziation sublimierbar.

Über das Verhalten von Ammonsalpeter bei vermindertem Druck siehe „Wiener Monatshefte für Chemie" 1902. **23.** 1033.

Wirft man Ammonsalpeter auf eine rotglühende Platte, so verpufft er mit gelbem Licht und schwachem Geräusch unter Zersetzung in Stickstoff, Stickoxyd und Wasser.

c) Detonation. C. A. Lobry de Bruyn[1] hat Versuche angestellt, ob es möglich ist, Ammonsalpeter für sich allein mittels Knallquecksilber zur Detonation zu bringen. Die Versuche wurden mit kleinen Granaten von 8 cm Kaliber und 7 kg Gewicht ausgeführt, die etwa 200 g Ammonsalpeter enthielten; die Entzündung des Knallquecksilbers erfolgte elektrisch. Mit 1 g Knallquecksilber erzielte man kein Resultat, die Granate platzte nicht; nur ein Teil des Salpeters, der direkt am Zünder war, hatte sich verflüchtigt und die Schraube, in welcher der Zünder befestigt war, hatte sich verschoben. Mit einem Detonator von 3 g Knallquecksilber platzte die Granate unter Bildung einer mächtigen weißen Rauchwolke (aus nicht zersetztem Nitrat bestehend); die Granate war teils in Stücke zerfallen (zusammen 6 kg), teils in Staub zermalmt (2 kg).

Bei einem anderen Versuch wurden 180 g Ammonsalpeter in die Granate gefüllt, ein Detonator von nur 1 g Knallquecksilber angewandt, aber zwischen Detonator und Ammonsalpeter etwa 20 bis 30 g Bellit (Gemenge von Ammonsalpeter und Dinitrobenzol) geschaltet; die Wirkung war eine noch stärkere, nach der Detonation wurden etwa 230 Granatstücke im Gewicht von $2^3/_4$ kg gesammelt, die übrigen $5^1/_4$ kg waren in Staub zermalmt. Daraus geht hervor, daß Ammonnitrat ebenso wie die Glyzerinnitrate und die Zellulosenitrate an sich eine explosible Substanz ist; für die Praxis ist es zweckmäßig, den Ammonsalpeter mit brennbaren Substanzen oder auch explosiblen Substanzen zu mischen, um eine leichtere Detonierbarkeit herbeizuführen. Durch Schlag mit dem Fallhammer ist Ammonsalpeter allein überhaupt nicht zur Detonation zu bringen, die Sensibilität ist also sehr gering. Neuerdings ist es Lheure gelungen, reinen Ammonsalpeter, der zu Patronen gepreßt war, durch eine Trinitrotoluol-Sprengschnur von 7·3 mm Durchmesser, welche durch die Patrone hindurchging, zur vollkommenen Detonation zu bringen.

[1] Rec. trav. chim. Pays-Bas. X (1891). p. 127—131.

d) Zersetzungsprodukte. Nach Berthelot[1] können folgende sieben Zersetzungsarten des Ammonsalpeters vorkommen:

1. Dissoziation, d. i. teilweise Zerlegung des geschmolzenen oder auch gasförmigen Ammonsalpeters in gasförmige Salpetersäure und Ammoniak, $NH_4NO_3 = NH_3 + HNO_3$.

Diese Dissoziation scheint vor jeder anderen Zersetzung und bei einer niedrigeren Temperatur einzutreten; sie entspricht einer Wärmeabsorption für das Molekulargewicht von — 41·3 Kalorien (41 300 kalorien), wenn man vom festen Nitrat ausgeht und von — 37·3 Kalorien (— 37 300 kalorien) für das geschmolzene Salz. Ein Kilo festes Salz absorbiert danach 516 große Kalorien. Die Reaktion ist nicht explosiv und kann nur bei Energiezufuhr durchgeführt werden.

2. Zerlegung in Stickoxydul und Wasser nach der Gleichung $NH_4NO_3 = N_2O + 2H_2O$; bei allmählich fortschreitender, nicht zu starker Erhitzung ist dies die Hauptreaktion.[2]

Hierbei ergeben sich (nach Berthelot) folgende Daten. Die Wärmeentwicklung für das Molekulargewicht beträgt bei konstantem Druck

$Q_{m \cdot p}$ = 29·5 große Kalorien (H_2O flüssig)
bzw. 10·2 „ „ (H_2O dampfförmig)

und bei konstantem Volumen

$Q_{m \cdot v}$ = 30·1 Kalorien (H_2O flüssig)
bzw. 12 „ (H_2O dampfförmig),

für das Kilogramm ergibt sich dann (bei konstantem Volumen)

$Q_{k \cdot v}$ = 151 Kalorien (H_2O dampfförmig).

Das Gasvolumen beträgt für das Molekulargewicht: $22 \cdot 3 \left(1 + \frac{t}{273}\right)$ Liter (H_2O flüssig) bzw. $66 \cdot 9 \left(1 + \frac{t}{273}\right)$ Liter (H_2O gasförmig); für das Kilogramm beträgt das Gasvolumen: $287 \cdot 7 \left(1 + \frac{t}{273}\right)$ Liter (H_2O flüssig), bzw. $836 \cdot 2 \left(1 + \frac{t}{273}\right)$ Liter (H_2O gasförmig). — Die bei konstantem Volumen entwickelte theoretische Temperatur beträgt $\frac{12000}{21 \cdot 6} = 555^0$. — Der permanente Druck bei 0^0 beträgt $\frac{278 \cdot 7}{n - 0 \cdot 45}$ Atmosphären $= \frac{288}{n - 0 \cdot 45}$ Kilogramm; dieser Wert gilt nur dann, wenn n groß genug ist, so daß das Stickoxydul sich nicht verflüssigt; für

[1] Sur la force des matières explosives d'après la thermochimie.

[2] Zur Zeit, als das Stickoxydul (Lachgas) als Betäubungsmittel in der zahnärztlichen Praxis eine Rolle spielte, wurden große Mengen Ammonsalpeter auf Stickoxydul verarbeitet, welch letzteres dann (ähnlich wie flüssige Kohlensäure oder verdichtetes Ammoniak) in stählernen Zylindern komprimiert verschickt wurde.

starke Ladedichten wird der Wert ungenau. — Bei der theoretischen Temperatur von 555° beträgt der Druck (für H_2O gasförmig)

$$\frac{836 \cdot 2 \left(1 + \frac{555}{273}\right)}{n} = \frac{2559}{n} \text{ Atmosphären} = \frac{2642}{n} \text{ Kilogramm.}$$

3. Bei plötzlichem Erhitzen auf hohe Temperatur erfolgt die Zersetzung des Ammonsalpeters in Stickstoff, Sauerstoff und Wasser nach der Gleichung $NH_4 \cdot NO_3 = N_2 + {}^1/_2 O_2 + 2 H_2O$; dies ist die in der Sprengstofftechnik angestrebte Zerfallsgleichung.

Hierfür gibt Berthelot folgende Daten. Für festes Salz ergibt sich eine Wärmeentwicklung für das Molekulargewicht bei konstantem Druck:

$Q_{m \cdot p} = 50 \cdot 1$ Kalorien (H_2O flüssig)
bzw. $= 30 \cdot 7$ „ (H_2O dampfförmig)

und bei konstantem Volumen

$Q_{m \cdot v} = 50 \cdot 9$ Kalorien (H_2O flüssig)
bzw. $= 33 \cdot 7$ „ (H_2O dampfförmig),

für das Kilogramm ergibt sich dann (bei konstantem Volumen)

$Q_{k \cdot v} = 421$ Kalorien (H_2O dampfförmig).

Das Gasvolumen bei der Temperatur t beträgt für das Molekulargewicht: $33 \cdot 5 \left(1 + \frac{t}{273}\right)$ Liter (H_2O flüssig) bzw. $78 \cdot 1 \left(1 + \frac{t}{273}\right)$ Liter (H_2O gasförmig) und für das Kilogramm: $418 \cdot 7 \left(1 + \frac{t}{273}\right)$ Liter (H_2O flüssig), bzw. $976 \left(1 + \frac{t}{273}\right)$ Liter (H_2O gasförmig). — Die bei konstantem Volumen entwickelte theoretische Temperatur beträgt $\frac{32700}{21 \cdot 6} = 1501^{\circ}$ C. — Der permanente Druck bei 0° beträgt für die Ladedichte $\frac{1}{n}$ bei Berücksichtigung des Volumens des flüssigen Wassers (450 ccm für 1 kg): $\frac{418 \cdot 7}{n - 0 \cdot 45}$ Atmosphären $= \frac{432}{n - 0 \cdot 45}$ Kilogramm; für n berechnen sich 787 kg pro Quadratzentimeter. — Bei Zersetzung des Salzes in seinem eigenen Volumen, wobei 1 g einen Raum von 0·585 ccm einnimmt, wird der permanente Druck = 3200 kg. — Bei der durch die Zersetzung entwickelten Temperatur ergibt sich als theoretischer Druck (H_2O gasförmig)

$$\frac{976 \left(1 + \frac{1501}{273}\right)}{n} = \frac{6344}{n} \text{ Atmosphären} = \frac{6555}{n} \text{ kg.}$$

Wenn das Salz in den Raum sich zersetzt, den es in festem Zustand einnimmt, so berechnen sich 11 200 kg. Diese Zahlen stellen das Maximum der Werte dar, welche bei der Zersetzung des Ammonsalpeters sich ergeben können,

4. Zerlegung in Stickoxyd, Stickstoff und Wasser nach der Gleichung $NH_4NO_3 = NO + {}^1/_2 N_2 + 2H_2O$.

Hierfür gibt Berthelot folgende Daten (vom festen Salz ausgehend). Die Wärmeentwicklung beträgt für das Molekulargewicht bei konstantem Druck:

$Q_{m \cdot p} = 28 \cdot 5$ Kalorien (H_2O flüssig)
bzw. $9 \cdot 2$ „ (H_2O dampfförmig);

und bei konstantem Volumen

$Q_{m \cdot v} = 29 \cdot 3$ Kalorien (H_2O flüssig),
bzw. $11 \cdot 2$ „ (H_2O dampfförmig);

für das Kilogramm ergibt sich dann bei konstantem Volumen

$Q_{k \cdot v} = 140$ Kalorien.

Das Gasvolumen beträgt für das Molekulargewicht bei der Temperatur t: $33 \cdot 5 \left(1 + \frac{t}{273}\right)$ für H_2O flüssig, bzw. $78 \cdot 1 \left(1 + \frac{t}{273}\right)$ für H_2O dampfförmig, und für das Kilogramm $418 \cdot 7 \left(1 + \frac{t}{273}\right)$ bzw. $976 \left(1 + \frac{t}{273}\right)$ Liter. Das Volumen ist also das gleiche wie bei der Bildung von Stickstoff, Sauerstoff und Wasser.

Die theoretische Temperatur beträgt für konstantes Volumen $= \frac{11200}{21 \cdot 6} = 518^0$. — Der permanente Druck ist $\frac{432}{n - 0 \cdot 45}$ kg; bei starken Ladedichten wird der Wert ungenau, weil das Stickoxyd sich verflüssigt. — Bei der theoretischen Temperatur von 518^0 ergibt sich für gasförmiges Wasser der Druck zu

$$\frac{976 \left(1 + \frac{518}{273}\right)}{n} \quad \text{oder} \quad \frac{2758}{n} \text{ Atmosphären} = \frac{2840}{n} \text{ kg.}$$

Bei Zersetzung des Salzes in dem Volumen, welches es in festem Zustand einnimmt, beträgt der Druck 4860 kg.

5. Zersetzung in Stickstoff, Salpetrigsäureanhydrid und Wasser nach der Gleichung

$$NH_4NO_3 = {}^2/_3 N_2 + {}^1/_3 N_2O_3 + 2H_2O,$$

oder

$$3NH_4NO_3 = 2N_2 + N_2O_3 + 6H_2O.$$

Die Wärmeentwicklung hierbei beträgt (nach Berthelot) für das Molekulargewicht bei konstantem Druck

$Q_{m \cdot p} = 42 \cdot 5$ Kalorien (H_2O flüssig),
bzw. $23 \cdot 3$ „ (H_2O dampfförmig);

bei konstantem Volumen

$Q_{m \cdot v} = 43 \cdot 1$ Kalorien, bzw. $25 \cdot 1$ Kalorien.

Das Gasvolumen ist $22 \cdot 3 \left(1 + \frac{t}{273}\right)$ bzw. $66 \cdot 9 \left(1 + \frac{t}{273}\right)$ Liter für flüssiges, bzw. dampfförmiges Wasser. — Diese Zersetzungsart kann jedenfalls nur bei einem Teil der Substanz stattfinden; bei Gegenwart von NO und NO_2 kann N_2O_3 nur in dissoziiertem Zustand bestehen; es erscheint daher bei diesen und den folgenden Fällen überflüssig, für Druck und Temperatur nähere Angaben zu machen.

6. Zerlegung in Stickstoff, Stickstoffdioxyd und Wasser nach der Gleichung

$$NH_4NO_3 = {}^3/_4 N_2 + {}^1/_2 NO_2 + 2 H_2O,$$

oder

$$4 NH_4NO_3 = 3 N_2 + 2 NO_2 + 8 H_2O.$$

Nach v. Jüptner ist diese Zersetzungsart eine Begleiterscheinung der eigentlichen Explosionsreaktion; sie tritt bei etwa 400 bis 500° C ein, wenn man z. B. einen Ammonsalpeterkristall in einen rotglühenden Tiegel wirft; das Auftreten dieser Reaktion erkennt man leicht an NO_2-Geruch.

Nach Berthelot beträgt die Wärmeentwicklung für das Molekulargewicht bei konstantem Druck

$$Q_{m \cdot p} = 48 \cdot 8 \text{ Kalorien, bzw. } 29 \cdot 5 \text{ Kalorien}$$

und bei konstantem Volumen

$$Q_{m \cdot v} = 49 \cdot 5 \text{ Kalorien, bzw. } 31 \cdot 4 \text{ Kalorien.}$$

Das Gasvolumen ist dasselbe wie bei der Bildung von Stickoxyd, bzw. Salpetrigsäure-Anhydrid.

7. Zersetzung in gasförmige Salpetersäure, Stickstoff und Wasser nach der Gleichung

$$NH_4NO_3 = {}^2/_5 HNO_3 + {}^4/_5 N_2 + {}^9/_5 H_2O,$$

bzw.

$$5 NH_4NO_3 = 2 HNO_3 + 4 N_2 + 9 H_2O.$$

Die Wärmeentwicklung beträgt (nach Berthelot) für das Molekulargewicht bei konstantem Druck

$$Q_{m \cdot p} = 33 \cdot 4 \text{ Kalorien,}$$

für konstantes Volumen

$$Q_{m \cdot v} = 35 \cdot 1 \text{ Kalorien,}$$

Sapetersäure und Wasser gasförmig angenommen.

Das Gasvolumen beträgt für die Temperatur t: $67 \left(1 + \frac{t}{273}\right)$ Liter. Das Volumen der permanenten Gase beträgt $17 \cdot 8 \left(1 + \frac{t}{273}\right)$ Liter; letzteres ist das geringste von allen; ebenso wäre der permanente Druck der schwächste; dagegen ist die entwickelte Wärmemenge die größte. Diese Zersetzungsart tritt nur nebenbei auf.

Nach Berthelot kann also der Ammonsalpeter bis zu sieben Zersetzungsarten erleiden, die einzeln oder zusammen vorkommen können; diese verschiedenen Arten — oder richtiger ausgedrückt das Vorherrschen einzelner derselben — hängen ab von Zersetzungsgeschwindigkeit und Temperatur; die Zersetzungstemperatur ist wiederum von der Erhitzungsgeschwindigkeit abhängig. — Nach v. Jüptner tritt bei der Explosion von Ammonsalpeter (bzw. eines Ammonsalpeter enthaltenden Sprengpräparates) an freier Luft durch die bei der Ausdehnung der Gase geleistete Arbeit eine starke Abkühlung ein, welche eine vollständige Zersetzung des Ammonsalpeters in Stickstoff, Sauerstoff und Wasser verhindert; demzufolge treten dann verschiedene Reaktionen nebeneinander auf.

Der besseren Übersicht halber geben wir nochmals die von Berthelot angegebenen sieben Zersetzungsarten, wobei zu bemerken ist, daß für den Explosionsvorgang die sub 2., 3. und 4. genannten Reaktionen besonders in Betracht kommen.

Die Umsetzung nach 3. ergibt die höchste Leistung; sie erfolgt bei plötzlicher, sehr intensiver Wärmezufuhr unter hohem Druck und wird gewöhnlich mit Hilfe einer stark geladenen Sprengkapsel ausgelöst; hierbei wird aller Stickstoff als solcher frei. — Die Umsetzung nach 4. pflegt das Ergebnis einer ungenügenden Initiierung mit zu schwacher Sprengkapsel zu sein; hierbei wird von dem vorhandenen Stickstoff nur der Ammoniak-Stickstoff als solcher frei, während der Nitratstickstoff nur bis zu Stickoxyd reduziert wird. — Bei allmählicher Erhitzung ohne wesentliche Druckerhöhung, etwa durch eine Flamme, zerfällt das Ammoniumnitrat gemäß der Gleichung (2), wobei sämtlicher Stickstoff an Sauerstoff gebunden bleibt.

Zersetzungsarten des Ammonsalpeters nach Berthelot.

1. $NH_4 \cdot NO_3 = NH_3 + HNO_3$,
2. $NH_4NO_3 = N_2O + 2H_2O$,
3. $2NH_4NO_3 = 2N_2 + O_2 + 4H_2O$,
4. $2NH_4NO_3 = 2NO + N_2 + 4H_2O$,
5. $2NH_4NO_3 = {}^3/_2 N_2 + NO_2 + 4H_2O$,
6. $3NH_4NO_3 = 2N_2 + N_2O_3 + 6H_2O$,
7. $5NH_4NO_3 = 2HNO_3 + 4N_2 + 9H_2O$.

e) Volumen der Gase. Unter Zugrundelegung des Avogadroschen Gesetzes („das in Gramm ausgedrückte Molekulargewicht irgend eines Gases nimmt bei 0° und 760 mm einen Raum von 22·32 Liter ein") können wir die Gasvolumina berechnen; nach der Hauptzersetzungsgleichung $2NH_4NO_3 = 2N_2 + O_2 + 4H_2O$ ergeben sich für zwei Moleküle Ammonsalpeter ($2 \times 80 = 160$ g) sieben gasförmige Moleküle; das aus einem Kilogramm Ammonsalpeter bei 0° und 760 mm entstehende Gasvolumen beträgt daher $\frac{7 \times 22{\cdot}32}{0{\cdot}160} = 976$ Liter; hierbei ist Wasser dampfförmig angenommen. Berücksichtigt man nur die permanenten Gase (H_2O flüssig), so erhält man aus zwei Molekülen Ammonsalpeter nur drei gasförmige Moleküle; aus einem Kilogramm Ammonsalpeter daher $\frac{3 \times 22{\cdot}32}{0{\cdot}160} = 418{\cdot}5$ Liter Gase (bei 0^0 und 760 mm); bei t^0 dann $418{\cdot}5\,(1 + \alpha t)$, wobei $\alpha = \frac{1}{273}$; für 15^0 gilt dann der Wert $418{\cdot}5\left(1 + \frac{15}{273}\right)$.

f) Die Wärmeentwicklung. Wie in Bd. III, S. 168 entwickelt, ist die bei der Änderung des chemischen Zustandes eines Systems theoretisch frei werdende Wärmemenge gleich dem Überschuß der Bildungswärmen des Endzustandes über die Bildungswärmen des Anfangszustandes $Q = Q_2 - Q_1$, für die Gleichung $2\,NH_4NO_3 = 2\,N_2 + O_2 + 4\,H_2O$ ergibt sich

$$Q = 4 \times 58{\cdot}3 - 2 \times 87{\cdot}9 = 233{\cdot}2 - 175{\cdot}8 = 57{\cdot}4,$$

also für ein Molekül $= 28{\cdot}7$; diese Zahl gilt für konstanten Druck, also $Q_{m\cdot p}$; für konstantes Volumen berechnet sich

$$Q_{m\cdot v} = Q_{m\cdot p} + \left(0{\cdot}57 \times \frac{7}{2}\right) = Q_{m\cdot p} + 2 = 28{\cdot}7 + 2 = 30{\cdot}7 \text{ Kal.}$$

Die Werte $28{\cdot}7$ bzw. $30{\cdot}7$ gelten für gasförmiges Wasser (Berthelot gibt an $30{\cdot}7$ bzw. $33{\cdot}7$ Kal.). Die entsprechenden Werte für Kilogrammgewicht und H_2O-Dampf sind

$$Q_{k\cdot p} = 358{\cdot}8 \text{ Kalorien},$$
$$Q_{k\cdot v} = 383{\cdot}7 \text{ Kalorien}.$$

Bei Berechnung für H_2O flüssig ergeben sich

$$Q_{m\cdot p} = (4 \times 69) - (2 \times 87{\cdot}9) = 276 - 175{\cdot}8 = 100{\cdot}2,$$

für ein Molekül also $50{\cdot}1$ Kalorien,

$$Q_{m\cdot v} = 50{\cdot}1 + \left(0{\cdot}57 \times \frac{3}{2}\right) = 50{\cdot}9 \text{ Kalorien},$$
$$Q_{k\cdot p} = 626{\cdot}2 \text{ Kalorien},$$
$$Q_{k\cdot v} = 636{\cdot}2 \text{ Kalorien}.$$

g) Der Gasdruck (Explosionsdruck). Zur theoretischen Berechnung ist die Kenntnis der Explosionstemperatur sowie des Gasvolumens bei der Explosionstemperatur nötig.

Die Explosionstemperatur ergibt sich, wenn man die frei werdende Explosionswärme durch die mittlere spezifische Wärme der Explosionsgase dividiert. Die spezifischen Wärmen der Gase sind von der Temperatur abhängig und betragen[1] für Wasserdampf: $5{\cdot}61 + 0{\cdot}0033\,t$, für Stickstoff und Sauerstoff: $4{\cdot}80 + 0{\cdot}0006\,t$. Für die Umsetzung $2\,NH_4NO_3 = 2\,N_2 + O_2 + 4\,H_2O$ ergibt sich die spezifische Wärme C der Explosionsgase, wenn man die spezifischen Wärmen C_1, C_2, C_3 der einzelnen Gase berechnet:

$$\begin{array}{lcl} C_1\ (\text{für}\ 2\,N_2) & = & 2 \times 4{\cdot}80 + 2 \times 0{\cdot}0006\,t \\ C_2\ (\text{für}\ O_2) & = & 4{\cdot}80 + 0{\cdot}0006\,t \\ C_3\ (\text{für}\ 4\,H_2O) & = & 4 \times 5{\cdot}61 + 4 \times 0{\cdot}0033\,t \\ \hline C & = & 36{\cdot}84 + 0{\cdot}0150\,t \end{array}$$

Da

$$t = \frac{Q}{C} \quad \text{oder} \quad Q = C.t$$

ist, so ergibt sich

$$Q = 36{\cdot}84\,t + 0{\cdot}015\,t^2 \quad \text{oder} \quad 0{\cdot}015\,t^2 + 36{\cdot}84\,t - Q = 0;$$

daher

$$t = \frac{-\,36{\cdot}84 + \sqrt{36{\cdot}84^2 + 4 \times 0{\cdot}015\,Q}}{2 \times 0{\cdot}015}.$$

Daraus berechnet Heise den Wert von 1134° C, die französische Explosivstoffkommission 1130° C.

Das Gasvolumen bei der Explosionstemperatur ergibt sich nach e); das Volum aus 1 kg Ammonsalpeter bei Temperatur t, H_2O dampfförmig

$$V_{t\cdot k} = 976\,(1 + \alpha t), \quad \text{also bei } 1130^0$$
$$= 976\left(1 + \frac{1130}{273}\right) = 981{\cdot}13 \text{ Liter},$$

allgemein

$$V_{t\cdot k} = \frac{V_0\,(273 + t)}{273}.$$

Der von den Explosionsgasen ausgeübte Gasdruck P ergibt sich aus dem Verhältnis des Explosionsvolumens V_t zu dem Volumen V_0 der ursprünglichen Substanz; die Größe dieses Gasdrucks, der für jeden Sprengstoff charakteristische spezifische Druck f [d. i. der von 1 kg (der Gewichtseinheit) Sprengstoff bei der Explosionstemperatur t in einem Liter (der Raumeinheit) — also bei der Ladedichte 1 — ausgeübte Druck) berechnet sich nach dem Mariotteschen Gesetz, wonach die Volumina umgekehrt proportional den Drucken sind; vgl. Bd. III, S. 171.

Für Ammonsalpeter berechnet sich nach Heise ein spezifischer Druck von 5196 kg; in der Praxis ist der Druck zu erhöhen mit Rücksicht auf das sog. Covolumen α, den nicht mehr

[1] Nach Mallard und Le Chatelier.

zu verkleinernden Inhalt der Gasmoleküle selbst; denn den Explosionsgasen steht nicht der ganze Raum zur Verfügung, in welchem die Explosion vor sich geht, sondern nur ein um das Covolumen verminderter Raum. Besonders ist aber der wirkliche Maximalgasdruck abhängig von der Ladedichte, d. h. von dem Verhältnis von Ladungsgewicht in Gramm zum Explosionsraum in Kubikzentimetern; diesen Quotienten bezeichnet man mit Δ, $P = f \cdot \Delta$, bzw. bei Berücksichtigung des Covolumens α

$$P = \frac{f \cdot \Delta}{1 - \alpha \Delta}$$

Für Ammonnitrat ergeben sich nach Sarrau bei verschiedenen Ladedichten folgende Explosionsdrucke:

Ladedichte Δ	Druck in Kilogramm pro qcm	Ladedichte Δ	Druck in Kilogramm pro qcm
0·1	542	0·6	7 082
0·2	1217	0·7	10 800
0·3	2077	0·8	17 870
0·4	3211	0·9	36 250
0·5	4779	1·0	∞

g) Arbeitsleistung. Wenn man (nach Berthelot) als relatives Maß für die mechanische Arbeitsleistung eines Explosivstoffes das Produkt aus spezifischem Gasvolumen und Temperatursteigerung ($V_0 \cdot t$) annimmt und da $V_0 \cdot t = \frac{V_0 \cdot Q}{c}$ ist und c, sofern es sich um Explosionsgase von annähernd gleicher spezifischer Wärme handelt, außer Betracht bleiben kann, so ergibt sich $V_0 \cdot Q$ als das sog. charakteristische Produkt eines Sprengstoffes. Brunswig gibt für drei hauptsächlich in Betracht kommenden explosiven Zersetzungsarten des Ammonsalpeters folgende Werte:

Zersetzungsart	Q[1] Explosions-wärme in Kalorien	V_0 Gasvolumen in Litern	$V_0 \cdot Q$
$2NH_4 \cdot NO_3 = 2N_2 + 4H_2O + O_2$	421	976	411 000
$2NH_4 \cdot NO_3 = N_2 + 4H_2O + 2NO$	140	976	137 000
$NH_4NO_3 = N_2O + 2H_2O$	151	836	126 000

Ein anderes häufiger benutztes Maß für die theoretische Arbeitsleistung (oder den Energie-Inhalt eines Sprengstoffes

[1] Q bei konstantem Volumen, Wasser dampfförmig.

ergibt sich, wenn man die bei der Explosion freiwerdende Wärmemenge Q mit 425 (dem mechanischen Wärmeäquivalent) multipliziert; Will gibt folgende Zahlen:

Explosivstoff	Explosionswärme[1] in Kalorien	Arbeitsleistung in Meter-Kilogramm
Nitroglyzerin	1580	670·000
Schießwolle mit 13% N	1100	465·000
Pikrinsäure	810	345·000
Ammonsalpeter	630	265·000

h) Detonationsgeschwindigkeit. Für reinen Ammonsalpeter ist der zeitliche Verlauf der Explosion, die für jeden Sprengstoff besonders charakteristische und wichtige — weil die Brisanz bestimmende — Größe nicht gemessen.

Vierter Abschnitt.

Patente für Ammonsalpetersprengstoffe.

In diesem Abschnitt sollen die in der Patentliteratur niedergelegten Verbesserungen an Ammonsalpetersprengstoffen vom Jahre 1884 ab mitgeteilt werden, wobei besonders die deutschen und englischen Patente berücksichtigt sind.

D.R.P. 31411 vom 27. Mai 1884.

Paul André Arthur Marie August Favier in Paris.

Verfahren zur Beseitigung der Hygroskopizität an der Luft leicht zerfließlicher Stoffe zum Zwecke der Herstellung von Schießpulver.[2]

Hygroskopischen Körpern (Ammonsalpeter bzw. Natronsalpeter) wird ein Stoff aus der Reihe der Kohlenwasserstoffe und der Harze zugesetzt, welche einerseits kein Wasser annehmen, andererseits aber auch schon bei ziemlich niedriger Temperatur flüssig werden. — Um jedoch ein solches Gemenge in eine Form zu bringen, welche ihm gestattet, den äußeren Einflüssen zu widerstehen, ist es nötig, dasselbe der Wirkung eines mehr oder minder großen Druckes unter gleichzeitiger Anwendung von Wärme auszusetzen. — Als Zusätze werden Paraffin, Harz und besonders Mononitronaphthalin genannt. Die Mischung

[1] Bezogen auf 1 kg, bei konstantem Volumen und H_2O flüssig.

[2] Favier wollte anscheinend seine Präparate ursprünglich als Treibmittel verwenden.

dieser Substanzen mit dem Salz erfolgt in solchen Verhältnissen, daß der Kohlenstoff und der Wasserstoff des zur Verwendung kommenden Kohlenwasserstoffes in Gestalt von Kohlensäure und Wasserdampf verbrennt. Man nimmt am besten auf 100 Tle. Ammonnitrat 5·75 Tle. Paraffin ($C_{27}H_{56}$), 7·12 Tle. Harz ($C_{20}H_{30}O_2$) oder 9·2 Tle. Mononitronaphtalin ($C_{10}H_7NO_2$). Das Nitrat wird mit dem Kohlenstoff in einen Misch- oder Knetapparat gebracht, der auf die Schmelzungstemperatur des Kohlenwasserstoffes erwärmt ist, also bei dem Mononitronaphtalin auf 43° C. Das gut geknetete Gemenge wird alsdann auf die auf dieselbe Temperatur erwärmte Presse gebracht; man nimmt eine Grusonpresse oder eine solche, wie sie für komprimierte Schießwolle verwendet wird. Die Knetmaschine und die Presse werden am besten durch Dampf- oder Heißwasserzirkulation auf die gewünschte Temperatur gebracht. Bei Ammonsalpetersprengstoffen preßt man das Gemenge bis zur Dichte von mindestens 1·6 und überzieht den gepreßten Körper, wenn er länger aufbewahrt werden soll, ebenfalls mit einer Schutzhülle. Die Gemenge dieser Salze — sowohl des salpetersauren Natrons, als auch des salpetersauren Ammoniaks — mit Kohlenwasserstoffen sind aber zu beständig, als daß sie nach Art der nitrierten Sprengstoffe unter der einfachen Wirkung einer Zündkapsel an freier Luft explodierten. Um unter diesen Umständen die Explosion hervorzurufen, ist es nötig, die Explosion durch eine gewisse Menge von nitriertem Sprengstoff einzuleiten. Um die Menge der letzteren möglichst zu vermindern, vermehrt man so viel als möglich die Berührungspunkte des nitrierten Stoffes mit dem komprimierten, dessen Explosion einzuleiten ist. Zu diesem Zwecke wird der nitrierte Sprengstoff in eine im Innern der komprimierten Körper angebrachte Höhlung gebracht. Alle Sprengstoffe, welche unter der Wirkung einer Zündkapsel heftig explodieren, wie Dynamit, Schießbaumwolle, Pikrinsäure usw., leiten die Explosion der beschriebenen komprimierten Sprengkörper mit Sicherheit ein, wenn man sie mit diesen im Verhältnis von höchstens 20% mischt. Man kann dieses Verhältnis jedoch noch mehr vermindern, wenn man jene Stoffe mit einer gewissen Menge des Gemisches, so wie es aus der Knetmaschine kommt, mischt. In diesem Falle ist es möglich, die Menge des zu verwendenden nitrierten Sprengstoffes auf $^1/_{20}$ der ganzen Masse zu beschränken. Auf diese Weise werden die Gefahren, welche die Anwendung der nitrierten Sprengstoffe mit sich bringt, auf ein Minimum reduziert. Noch weniger Gefahr ist vorhanden, wenn man den nitrierten Sprengstoff, welcher die Explosion einleiten soll, in eine besondere Hülle bringt und diese erst im Moment des Gebrauches in den komprimierten Körper einführt.

Patentanspruch: Verfahren zur Darstellung von Schießpulver aus hygroskopischen Stoffen, wie salpetersaures Ammoniak, salpetersaures Natron in ganzen, nicht hygroskopischen Blöcken, in der Weise, daß man die vorher sorgfältig getrocknete hygroskopische Masse mit Paraffin oder einem andern festen, leicht schmelzbaren Kohlenwasserstoff, namentlich auch Mononitronaphthalin, ohne Lösungsmittel in einer

Knet- oder Mischmaschine innig zusammenknetet und dann in erwärmten Formen einem hohen Druck aussetzt.

Englisches Patent Nr. 2139 vom 16. Februar 1885.
A. Favier in Paris.
Sprengstoffe und Sprengpatronen.

Eine Mischung von Ammonsalpeter mit einem gegen Wasser beständigen Kohlenwasserstoff wird durch Trocknen und Hitze vereinigt und patroniert. Ein Teil des Ammonsalpeters kann durch Natronsalpeter ersetzt sein. — Die Patronen werden mit einem Hohlraum in der Mitte hergestellt; darin bringt man Schießbaumwolle oder Pikrinsäure als Detonator an.

D.R.P. 47595 vom 22. Dezember 1887.
Compagnie Générale des Explosifs Favier in Brüssel.
Sprengpatronen, bestehend aus komprimiertem Mantel und körnigem Inhalt.

Die explodierende Kraft einer Sprengpatrone aus Material von einer gegebenen Sprengkraft entspricht natürlich der die Patrone darstellenden Materialmasse. Enthält daher eine Patrone von gegebenem Volumen mehr oder weniger Sprengmasse, so ist die Sprengkraft derselben im nämlichen Verhältnis höher oder geringer, so daß also mit anderen Worten die Sprengkraft von der Dichtigkeit der dieselbe darstellenden Masse abhängt. Die stärkste Patrone wird daher aus einem durch Maximalkompression gebildeten Vollzylinder hergestellt und könnten Patronen von geringerer Sprengkraft schon dadurch gebildet werden, wenn man zur Herstellung derselben auf ein gleiches Volumen weniger Masse und geringeren Druck benutzte. Nun können aber Vollzylinder, besonders wenn sie aus gewissen Materien gebildet sind, unter der Einwirkung gewöhnlicher Mittel nicht zur Explosion gebracht werden, weshalb hierzu eine andere Anordnung, welche die Regulierung der Kraft mit derselben Leichtigkeit gestattet, gewählt worden ist. Diese Anordnung besteht in der Herstellung von stark komprimierten Hohlzylindern, deren innerer Raum mit derselben Materie in gekörntem Zustand angefüllt wird. Das körnige Material bildet dann den Zünder, welcher unter Einwirkung einer entsprechenden Zündkapsel die zur Explosion der ganzen Patrone erforderliche Molekularerschütterung herbeiführt. Anstatt der körnigen Form könnte man den Zünder auch in Staubform anwenden, obgleich die erstere vorzuziehen ist; anstatt als Zünder dieselbe Masse wie die den Hohlzylinder bildende Substanz anzuwenden, kann auch ein anderer entsprechender Sprengstoff in erforderlicher Form benutzt werden.

Patentanspruch: Zur Regulierung der Sprengkraft die Herstellung der Patrone aus zwei Teilen, einem komprimierten Hohlzylinder und der denselben ausfüllenden körnigen Masse als Zünder, welche entweder aus derselben oder einer anderen Sprengmasse wie der Hohlzylinder bestehen kann.

Englisches Patent Nr. 1868 vom 10. Februar 1885.
R. S. Penniman.

Um Ammonsalpeter als Bestandteil von Sprengstoffen zu verwenden, wird derselbe zum Schutz gegen Feuchtigkeit mit Petroleum oder daraus hergestellten viskosen Stoffen überzogen, die gleichzeitig als verbrennliche Stoffe des Sprengstoffgemisches dienen.

Englisches Patent Nr. 13690 vom 19. November 1885.
Karl Lamm in Stockholm.

Ammonsalpeter wird mit Dinitrobenzol, Trinitronaphtalin, Nitrotoluol oder einem Gemenge derselben gemischt. Die Substanzen werden gemengt und in einem rotierenden Zylinder erhitzt. Der schmelzende Nitrokohlenwasserstoff umhüllt die Nitratteile und bildet nach dem Erkalten eine gegen die Feuchtigkeit schützende Schicht. — Der Sprengstoff aus Ammonsalpeter und Meta-Dinitrobenzol wurde Bellit genannt und in den englischen Patenten 11750/51 vom 15. August 1888 noch weiter beschrieben; auch die Anwendung von Carnauba- oder Palmwachs zum Überziehen des Sprengstoffes wird dort empfohlen.

D.R.P. 39511 vom 20. April 1886.
Dr. Karl Roth in Charlottenburg.
Verfahren zur Darstellung von Sprengstoffkomponenten durch Chlorierung und Nitrierung des Steinkohlenteers, sowie seiner Teilprodukte.

Bei Kohlenwasserstoffen, die neben Nitrogruppen auch Chlor enthalten, sind durch den Einfluß des aciden Substituenten die NO_2-Gruppen gelockert; mit Ammonnitrat verbrennen Nitrobenzol und m-Dinitrobenzol nur schwierig, Chlornitrokörper leicht. Zur Herstellung der letzteren wird entweder a) Chlorbenzol durch Salpeterschwefelsäure nitriert, oder b) Phenol wird mit Chlor behandelt und dann mit Salpetersäure, oder c) Naphtalin wird zuerst mit Natronsalpeter und Schwefelsäure nitriert, dann mit konzentrierter Salzsäure und Kaliumchlorat chloriert, oder d) zu Salpetersäure und Kochsalz wird Naphtalin zugefügt, die erhaltene Masse dann durch Salpeterschwefelsäure nitriert. Die so erhaltenen Produkte werden sodann in Verbindung mit festen Sauerstoffträgern, besonders mit salpetersaurem Kalium, salpetersaurem Natrium oder salpetersaurem Ammonium oder Mischungen dieser Salze, jedoch mit Ausschluß von chlorsaurem Kalium, zur Darstellung von Sprengstoffen angewendet. Durch das gleichzeitige Vorhandensein von Nitrogruppen und Chlor werden die Benzolderivate der explosiven Reaktion durch Sauerstoffträger weit leichter zugänglich gemacht, als dies der Fall ist, wenn nur Nitrogruppen vorhanden sind. Die Gegenwart des aciden Substituenten „Chlor“ übt einen lockernden Einfluß auf die Nitrogruppen aus, so daß neben einer Vermehrung des Gasvolumens eine Verbrennung auch durch solche Sauerstoffträger erfolgt, welche, wie salpetersaure Salze, ihren Sauerstoff in relativ fest gebundener Form enthalten, was bei den nur Nitrogruppen führenden Körpern, wie z. B. Nitrobenzol oder m-Dinitrobenzol, nur schwer bewirkt werden kann.

D.R.P. 43866 vom 2. Februar 1887.
Zusatz-Patent zu Nr. 39511 vom 20. April 1886.
Loewe & Co. in Berlin.
Verfahren zur Herstellung von Sprengstoffen aus den nach dem Verfahren des Patentes Nr. 39511 hergestellten Sprengstoffkomponenten unter Benutzung von Schwefel oder aromatischen Nitrokohlenwasserstoffen.

In die Sprengstoffmischung nach D.R.P. 39 511, bestehend aus Chlornitroprodukt und Sauerstoffträger, wird noch Schwefel in der Menge einiger Prozente eingeführt. Dieser Schwefelzusatz verlangsamt einerseits die Rapidität der Explosion und erhöht deren schiebende und klüftende Wirkung, andererseits braucht man keinen Knallquecksilberdetonator, sondern man kann bei gutem Abschluß (in Granaten, gut besetzten Bohrlöchern) schon mit Pulver zünden. Bei Ammonsalpetersprengstoffen genügt ein Zusatz von 1 bis 2 % Schwefel, um, namentlich beim Schießen in Steinkohle, pulverisierende und zermalmende Wirkungen zu vermeiden und den Stückkohlenfall zu erhöhen. Das Zusetzen des Schwefels wird am zweckmäßigsten so bewirkt, daß man ihn mit den Chlornitroprodukten zusammenschmilzt, indem diese Körper fast alle mehr oder weniger Schwefel lösen und ihn dann beim Erstarren in homogener Form beigemischt enthalten. Wo das Zusammenschmelzen nicht angängig erscheint, setzt man den Schwefel in fein gepulvertem Zustand zu der Sprengstoffmischung.

C. Roth nannte seine Sprengstoffe Roburite; in England erhielt derselbe die Patente Nr. 9166 vom 14. Juli 1886 und 2679 vom 21. Februar 1887.

D.R.P. 39388 vom 13. Januar 1886.
Rudolf Syöberg in Stockholm.
Verfahren zur Herstellung eines Sprengstoffes durch Nitrieren von Molkenniederschlag.

Die aus Kuh- oder Ziegenmilch gewonnene Molke wird mit Essig behandelt; es bildet sich dann ein festkörperiger Niederschlag, welcher aus Milchzucker, Käsestoff und Zieger besteht. Der stark stickstoffhaltige Körper wird durch ein Gemisch von Salpetersäure (mindestens 1·4 spez. Gew.) und Schwefelsäure (mindestens 1·83 spez. Gew.) nitriert, indem man 30 Minuten in den Säuren flüchtig herumrührt. Der Nitrokörper wird dann durch Zusatz von kohlensaurem Ammoniak oder Natron so lange gewaschen, bis er keine saure Reaktion mehr zeigt. Das in mäßig erwärmter Luft getrocknete Produkt ergibt ein fein kristallinisches, in Wasser unlösliches Pulver.

Beispiel für Sprengstoffe. 1) 30 % Nitromolke, 55 % Ammonnitrat oder Ammonoxalat, 10 % Astralöl, 5 % Napthalin. 2) 3 % Nitromolke, 55 % Ammonnitrat oder Ammonoxalat, 27 % chlorsaures Kali, 10 % Astralöl, 5 % Naphtalin. (Das Astralöl wird aus Bergöl durch Abdestillieren der flüchtigsten, unter 60° siedenden Bestandteile gewonnen.)

Englisches Patent Nr. 6664 vom 18. Mai 1886.
H. Schoeneweg.

Di- oder Trinitrobenzol oder Di- oder Trinitronaphtalin werden mit Ammonsalpeter gemischt; dazu gibt man zum Schutz gegen Feuchtigkeit nitriertes Harz, in Alkohol gelöst.

Schoeneweg nannte seinen Sprengstoff Securit; durch die englischen Patente 4713 vom 29. März 1887 und 1591 vom 2. Februar 1888 ließ sich Schoeneweg ein Verfahren schützen, die Wettersicherheit seiner Sprengstoffe durch Zusatz von Ammonoxalat, bzw. eines Gemenges von Ammonoxalat und Kaliumnitrat zu erhöhen.

Englisches Patent Nr. 448 vom 11. Januar 1887.
R. Syöberg.

Pulverisierter Ammonsalpeter wird mit einer Mischung von flüssigem oder von geschmolzenem, festen Kohlenwasserstoff verarbeitet; dazu gibt man etwas Chlorat, nitrierten Milchzucker, sowie weiteres Kohlenwasserstoffgemisch.

Englisches Patent Nr. 10722 vom 24. Juli 1888.
Alfred Nobel.

Drei Teile Ammonsalpeter werden mit einem Teil pikrinsaurem Ammoniak gemischt unter Zusatz von etwas Gummi arabicum oder Dextrin.

Englisches Patent Nr. 13789 vom 24. September 1888.
L. Fränkel.

Gemenge von Ammonsalpeter oder anderen Salpetern mit Naphtalin, Paraffin und Kaliumchlorat.

Englisches Patent Nr. 1988 vom 4. Februar 1889.
Alfred Nobel.

Wasserempfindliche Sprengstoffe wie Ammonsalpetersprengstoffe werden in Hülsen patroniert, die aus Zelluloid oder einer ähnlichen verbrennlichen Masse bestehen.

Englisches Patent Nr. 12249 vom 1. August 1889.
J. C. Butterfield und T. C. Batchelor.

Gemenge von Ammonsalpeter mit Nitrobenzol oder Nitronaphtalin.

Englisches Patent Nr. 12442 vom 6. August 1889.

Karl Lamm.

Die Sprengstoffpatronen werden zum Schutz gegen Wasser äußerlich imprägniert. Durch eine mechanische Vorrichtung gelangen die auf einem rotierenden Rade befindlichen Patronen in ein Bad, welches durch Dampf flüssig gemachte Imprägnationssubstanz enthält. Wenn der Sprengstoff aus dem Bad herauskommt, wird der überschüssige Imprägnationsstoff durch eine Abstreifvorrichtung entfernt.

Englisches Patent Nr. 20104 vom 13. Dezember 1889.

Roburite Explosives Co., C. Roth und W. J. Orsman.

Um Ammonsalpeter unhygroskopisch zu machen, wird derselbe mit Nitrozellulose behandelt, die in nitrierten und chlorierten Teerdestillationsprodukten aufgelöst wurde.

D.R.P. 58682 vom 2. April 1890.

Hans Ritter v. Dahmen.

Verfahren zur Darstellung eines rauchlosen Sprengstoffs aus oxydierten hochsiedenden Grenzkohlenwasserstoffen.

Die hochsiedenden Kohlenwasserstoffe der Steinkohlen- und Braunkohlenteerdestillation sowie die der Petroleumraffinerie vom spez. Gew. 0·86 bis 0·91 und höher werden mit hochgrädiger Salpetersäure behandelt; zur Entfernung überschüssiger Säure bringt man das dickflüssige Oxydationsprodukt in Wasser und trocknet es dann. Hierauf wird die Masse in einem geeigneten Gefäß zum Schmelzen gebracht und dann mit geschmolzenem wasserfreiem Ammonsalpeter im ungefähren Verhältnis 1 : 12 bei ca. 100 bis 130° innigst gemischt und unter fortwährendem Rühren zum Erkalten gebracht.

Beispiel: 100 Tle. Grenzkohlenwasserstoff (vom spez. Gew. 0·910) werden mit 200 Tln. Salpetersäure (spez. Gew. 1·4) gemischt und auf dem Wasserbade auf ca. 62° erwärmt, so lange bis keine roten Dämpfe mehr entweichen. Nach Aufhören der Dämpfe wird die Masse in die 20fache Menge Wasser gegossen (Temp. ca. 40° C) und durch öfteres Auswaschen und Auskochen von der überschüssigen Säure befreit. Man erhält ein hartes Produkt von rotbrauner Farbe, welches beim Verbrennen einen aromatischen, an Benzol erinnernden Geruch verbreitet. Zu einem Teil des unter Erwärmen in einem geeigneten Kessel geschmolzenen Produktes, dessen Verflüssigung bereits bei 42 bis 50° C beginnt, fügt man 12 Tle. Ammonsalpeter zu unter starkem Umrühren, läßt dann das Gemenge auf ca. 70° abkühlen und setzt unter weiterem starken Umrühren 5 % Naphtalin hinzu, um die Hygroskopizität des ebengenannten Salzes herabzumindern. Das ganze Produkt erscheint nach vollständigem Erkalten als ein körniges, ziemlich regelmäßig kristallisiertes Pulver von hellrotbrauner Farbe.

Die deutschen Reichspatente 75270, 82542, 112067, 123614 beziehen sich auf die Herstellung von Sprengstoffen aus Ammonsalpeter und Harzen, wie solche von der Westfälisch-Anhaltischen Sprengstoff-Aktiengesellschaft unter dem Namen Westfalit erzeugt werden.

D.R.P. 75270 vom 14. April 1893.

Verfahren zur Herstellung von Sprengstoffen aus Salpeter und Harzlösungen.

Alkalinitrat, besonders Ammonsalpeter, wird in festem Zustande (gekörnt oder als Pulver) mit der Lösung eines Harzes in einem geeigneten flüssigen Lösungsmittel übergossen und diese Mischung einem Mahlprozesse in der Kugelmühle oder einem Kollergange unterworfen, welche unter Druck arbeiten und das Ammonnitrat zu einem äußerst feinen, unfühlbaren Pulver zerkleinern und innig mit der Harzlösung mischen. Für die Herstellung eines brauchbaren Sprengstoffes ist es hierbei notwendig, daß das Feinmahlen des Ammonsalpeters erst nach dem Übergießen desselben mit der Harzlösung stattfindet. Alsdann zeigt sich nämlich die auch bei anderen Mahlprozessen und insbesondere bei Kugelmühlen zu beobachtende Erscheinung, daß infolge der „Anfeuchtung" des Mahlgutes mit einer dasselbe nicht lösenden Flüssigkeit eine viel weiter gehende Zerkleinerung erreicht werden kann, als wenn man das Mahlgut in trockenem Zustande zerkleinern wollte.

Beispiel: Man begießt 90 Tle. grob gekörnten oder bereits in Zerkleinerungsmaschinen vorbehandelten Ammonsalpeter mit einer Lösung von 6·5 Tln. Harz in 3·5 Tln. Alkohol, Benzin oder dergl. und verarbeitet das Gemisch etwa 1 bis 2 Stunden hindurch in einer Kugelmühle. Der Salpeter wird hierbei vollkommen zerkleinert und gleichzeitig mit der Harzlösung innig gemischt, so daß eine homogene Masse entsteht. Nach dem Mahlen wird das Gemisch behufs Abdampfung des Lösungsmittels erwärmt und kann alsdann nach nochmaliger Zerkleinerung direkt patroniert werden. Als besonders vorteilhaft hat es sich erwiesen, wenn als Lösungsmittel für das Harz Flüssigkeiten verwendet werden, denen Salpetersäureester, und zwar spez. Salpetersäureäthylester, Salpetersäuremethylester und Salpetersäureamylester beigemischt sind. Diese Salpetersäureester wirken schwach nitrierend auf die organische Substanz, so daß die Brisanz erhöht, nicht aber eine zu Schlagwetterentzündung Veranlassung gebende Flammenbildung hervorgerufen wird. Man kann diese Salpetersäureester mit Alkohol, Benzin usw. in dem Verhältnis mischen, daß auf je ca. 90 Tle. der letzteren ca. 10 Tle. der ersteren kommen.

Patentansprüche: 1. Verfahren zur Herstellung von Sprengstoffen aus Salpeter und Lösungen von spröden Harzen, dadurch gekennzeichnet, daß der Salpeter nach seiner Durchtränkung mit der Harzlösung einem Mahlprozeß unterworfen wird, zum Zweck, eine innigere Zerkleinerung des Salpeters und eine damit Hand in Hand gehende entsprechend innige Mischung mit der Harzlösung zu erreichen. 2. Eine Ausführungsform des unter Nr. 1 geschützten Verfahrens, wobei Salpetersäureester (Salpetersäureäthylester, Salpetersäuremethylester und Salpetersäureamylester) als Zusatz zu dem Lösungsmittel für das Harz angewendet werden.

D.R.P. 82542 vom 26. August 1893.

Verfahren zur Herstellung von Sprengstoffen aus Salpeter und Harzen.

Bei der Herstellung von Sprengstoffen aus Ammonsalpeter und Harzen ist man bisher meist in der Weise verfahren, daß man das gepulverte Ammonnitrat mit Lösungen von Harzen oder mit geschmolzenem Paraffin, Wachs oder dergl. zusammenrührte oder knetete, um so einerseits eine innige Mischung beider Komponenten zu erreichen, andererseits aber auch das Ammonnitrat mit einer Hülle der genannten organischen Substanzen zu umgeben und dasselbe an einer teilweisen Verflüchtigung zu verhindern. Diese Art der Herstellung ist insofern nicht empfehlenswert und führt zu einem Sprengstoff von geringer Wirksamkeit, weil der für die Fortpflanzung der Zündung durch die ganze Sprengstoffmasse hindurch in erster Linie maßgebende Körper (Ammonsalpeter) eben infolge seiner Umhüllung durch die organische Substanz an einer wirksamen Übertragung der bei seiner Zersetzung frei werdenden Wärme gehindert wird. Zur Beseitigung dieser Übelstände wird eine innige Mischung der beiden Komponenten, Ammonsalpeter und Harz vorgenommen, aber auch eine für den Wirkungsgrad dieses Sprengstoffes gleichfalls wesentliche Adhäsion der beiden Komponenten aneinander erreicht, ohne daß jedoch eine gänzliche Umhüllung des Ammonsalpeters stattfindet. — Das nach diesem Verfahren erhaltene Produkt stellt sich unter dem Mikroskop als eine Masse von miteinander verkitteten Ammonsalpeter- und Harzteilen dar, jedoch in der Weise, daß das Harz die Partikel des Ammonsalpeters nur zum Teil umgibt, einen anderen, und zwar beträchtlichen Teil der Oberfläche der Salpeterkristalle hingegen frei läßt, so daß hier bei der Explosion eine direkte Entzündung des einen Salpeterteilchens durch das andere herbeigeführt werden kann. Im wesentlichen besteht dieses Verfahren darin, daß man Ammonsalpeter und Harz entweder getrennt für sich pulverisiert und mischt oder aber, daß man beide Bestandteile gemeinsam pulverisiert und dadurch Mischung und Zerkleinerung Hand in Hand gehen läßt. Das auf diese Weise erhaltene innige Gemenge von Ammonsalpeter und Harzen wird alsdann in geeigneten, am zweckmäßigsten geschlossenen Heizvorrichtungen bis zum beginnenden Schmelzen des Harzes erhitzt. Die Harzpartikel haften hierbei an den sie umgebenden Teilen des Ammonsalpeters fest, können dieselben jedoch, da die Masse nicht vollständig in Fluß gerät, nicht allseitig umhüllen, sondern lassen, wie oben erwähnt, einen Teil der Oberfläche der Salpeterpartikel frei. Die Entzündung kann sich daher, wenn sie durch geeignete Mittel

(Stichflammen) eingeleitet wird, schnell durch die ganze Masse fortpflanzen, und da infolge des stellenweisen Adhärierens der organischen Substanzen an den Nitratpartikeln für eine schnelle und wirksame Verbrennung der ersteren Sorge getragen wird, so wird durch das durch letzteren Umstand plötzlich entwickelte große Gasvolumen eine hohe Wirksamkeit erreicht. Das Zusammenfritten der organischen Substanz mit dem Ammonsalpeter hat ferner noch den Vorteil, daß eine Trennung beider Bestandteile vermieden wird, welche dann leicht eintreten könnte, wenn man zum Füllen der Patronen mechanische Schüttelvorrichtungen anwendet, wie sie beispielsweise in der Patentschrift Nr. 71415 beschrieben sind.

Patentanspruch: Verfahren zur Herstellung von Sprengstoffen aus Salpeter und Harzen, darin bestehend, daß das innige Gemenge der pulverisierten Bestandteile nur bis zum beginnenden Schmelzen des Harzes und ohne daß die Masse vollständig in Fluß gerät, erwärmt wird.

D.R.P. 112067 vom 9. August 1896.

Verfahren zur Darstellung eines Sicherheitssprengstoffes aus Ammoniaksalpeter und Harz.

Durch Zusatz geringer Mengen Kaliumnitrat zu den Sprengstoffen nach D.R.P. 82542 wird die Wettersicherheit erhöht, ohne daß die Brisanz beeinträchtigt wird. Der Sprengstoff besteht zweckmäßig aus 100 Tln. Ammonsalpeter, 4·5 Tln. Kalisalpeter und 5·5 Tln. Harz. Von diesem Sprengstoff geben 300 g in einer Versuchsstrecke (mit 9 % Leuchtgas und 4 Liter Kohlenstaub) mit Zündhütchen Nr. 7 zur Detonation gebracht, keine Zündung, während 260 g der Mischung aus 95 Tln. Ammonsalpeter und 5 Tln. Harz zünden; ebenso zünden 300 g Sprengstoff aus 95 Tln. Ammonsalpeter, 5 Tln. Harz, 0·5 Tln. Kalisalpeter und 300 g Sprengstoff aus 80 Tln. Ammonsalpeter, 5 Tln. Harz, 15 Tln. Kalisalpeter.

Zusatzpatent 123614 vom 9. August 1896.

Statt geringer Mengen Kalisalpeter werden geringe Mengen Natron- oder Barytsalpeter verwendet; z. B. besteht die Mischung aus 91 % Ammonsalpeter, 5 % Harz und 4 % Natron- oder Barytsalpeter.

In England nahm die Westfälisch-Anhaltische Sprengstoff-Aktiengesellschaft folgende Patente:

Nr. 15566 vom 16. August 1893,
Nr. 3024 vom 12. Februar 1894,
Nr. 14775 vom 3. August 1895,
Nr. 18034 vom 14. August 1896,
Nr. 2557 vom 30. Januar 1897,

welche sämtlich Mischungen von Ammonsalpeter mit Harzen betreffen und den vorbeschriebenen deutschen Patenten entsprechen.

Englisches Patent Nr. 11713 vom 9. Juli 1891.

M. Reuland.

Der Explosivstoff besteht aus einer Mischung von geschmolzenem Naphtalin mit Ammonsalpeter, der aus Ammonsulfat und Strontiumnitrat hergestellt wird. Ein anderer Sprengstoff ist ein Gemisch von geschmolzenem Naphtalin mit humussaurem Ammoniak, das durch Auslaugen von Torf und Sättigen der Flüssigkeit mit Ammonkarbonat erzeugt wird.

Englisches Patent Nr. 12415 vom 5. Juli 1892.

United States Smokeless Powder Co.

Der Sprengstoff besteht aus einem Gemenge von pikrinsaurem Ammoniak und Ammonnitrat mit oder ohne Zusatz von Nitroglyzerin.

D.R.P. 76510 vom 9. Juni 1893.

Ernst Kubin in Prag.

Herstellung von Sprengstoffen aus Ammoniaksalpeter und den Nitraten der Amido- und Nitroamidoverbindungen des Benzols, Toluols, Xylols und Naphtalins.

Patentanspruch: Verfahren zur Herstellung von Sprengstoffen, darin bestehend, daß man Ammoniaksalpeter (bzw. Kali-, Natron-, Barytsalpeter) mit salpetersauren Salzen der Amido- und Nitroamidoverbindungen des Benzols, Toluols, Xylols und Naphtalins mischt.

Vorstehendes Verfahren soll gegenüber der Anwendung von Nitrokohlenwasserstoffen als verbrennlicher Komponenten den Vorteil haben, daß durch leichten Zerfall und rascher Abgabe des Sauerstoffes eine schnellere Explosion, größere Gasentwicklung im Beginn derselben und daher größere Brisanz der ganzen Mischung herbeigeführt wird.

In England erhielt Kubin das Patent 11502 vom 12. Juni 1893.

Englisches Patent Nr. 23579 vom 7. Dezember 1893.

H. R. v. Dahmen.

Gemisch von Ammonium- und Kaliumsalpeter mit Anthrazen mit oder ohne Zusatz von Kaliumchlorat.

Englisches Patent Nr. 23773 vom 9. September 1893.

C. Pieper.

Bezieht sich auf Sprengstoffe aus Ammonsalpeter und nitriertem oder chloriertem und nitriertem Kohlenwasserstoff. Der eine Bestandteil wird vor dem Mischen gelöst, nach dem Mischen wird das Lösungsmittel verdunstet, und zwar bei einer Temperatur, die niedriger ist als der Schmelzpunkt der angewandten Nitroverbindung.

D.R.P. 86568 vom 16. September 1894.

Vereinigte Köln-Rottweiler Pulverfabriken in Köln a. Rh.

Ammonsalpeter wird mechanisch mit Tier- oder Pflanzenfett verarbeitet, besonders flüssigen Fetten. d. h. Fettölen, wie z. B. Rüböl, Baumwollsaatöl, Leinöl u. a. m., weil sie bei der Verarbeitung mit dem Salpeter sich leicht verteilen; doch können auch die bei Lufttemperatur halb oder ganz festen Fette, wie Palmöl, Schweinefett u. dergl., Verwendung finden, da sie bei der vorgeschriebenen Verarbeitung mit dem Salpeter ohne Zuführung künstlicher Wärme flüssig werden und sich dann ebenfalls leicht verteilen — Bei der Herstellung dieses Gemenges kommt es, wie überhaupt bei der Herstellung von Sprengstoffgemengen, auf eine möglichst feine Zerkleinerung und möglichst innige Mischung der Bestandteile an. Das Fett wird mit dem Ammoniaksalpeter mit der Hand vermengt, in der Mengtrommel innig vermischt und bis zur Mehlfeinheit vorgemahlen. Der aus der Trommel kommende Satz wird darauf im Läuferwerk so lange verarbeitet, bis die denkbar feinste Zerkleinerung und denkbar innigste Mischung der beiden Stoffe erreicht ist. Das Mahlgut bietet alsdann das Aussehen einer trockenen Masse, in welcher das Fett bzw. Fettöl so fein zerteilt ist, daß die Masse staubt. In Ausführung dieses Verfahrens nimmt man z. B. 1 Gewichtsteil Rüböl oder Leinöl auf je 20 Gewichtsteile Ammoniaksalpeter und mengt dieselben in einem geeigneten, z. B. hölzernen Behälter mit der Hand. Das Gemisch wird in die Mengtrommel eingesetzt und etwa 3 Stunden lang gemengt und vorgemahlen. Der aus der Mengtrommel kommende mehlfeine Satz wird alsdann im Läuferwerk so lange geläufert, bis Staubfeinheit erreicht ist. Das Mahlgut wird gekörnt, durch Siebe von etwa 1 bis 1·5 mm Maschenweite durchgelassen, langsam getrocknet und in Patronen mit wasserdichter Umhüllung laboriert. Dem Pulversatz kann nach Bedarf Schwefel zugesetzt werden, und zwar bis zu einem Zwanzigstel seines Gewichtes. Bei der Wahl der Fette, insbesondere der Fettöle, als Zusatzkörper zum Ammoniaksalpeter war der Gedanke maßgebend, daß diese Fettöle als Kohlenstoffträger (als brennbare Bestandteile des Sprengpulvers) bei geeigneter Zündung (durch starke Knallquecksilber-Sprengkapseln) eine vollkommene Zersetzung des Sprengpulvers herbeizuführen geeignet sind, weil sie sich leicht und fein zerteilen und so mit Ammoniaksalpeter außerordentlich innig zu einer homogenen Masse mischen lassen und sich leicht zersetzen und oxydieren. Auch besitzen diese Fette, insbesondere die Fettöle, die Eigenschaft, daß sie alle flüssigen, bzw. sich leicht verflüssigenden Kohlenstoffträger bei einem etwa nicht detonierenden Teil der Ladung leicht zerstäuben, wodurch die Entstehung glimmender Funken vermieden wird, ein Umstand, der für die Verwendung des Sprengpulvers in Schlagwettergruben von Bedeutung ist. — Endlich liefert dieses Gemisch von Fett mit Ammoniaksalpeter bei unvollkommener Detonation keine giftigen Zersetzungsprodukte. — Das Paraffin und ähnliche Kohlenwasserstoffe sind in

Verbindung mit Ammoniaksalpeter angewendet worden, um demselben als Schutzmittel gegen Feuchtigkeitsanziehung zu dienen. Zu diesem Zwecke werden diese Kohlenwasserstoffe in solcher Menge zugesetzt, daß das erzielte Gemisch an sich nicht mehr detonationsfähig ist, sondern nur unter Zusatz von anderen Sauerstoffträgern zur Herstellung von Sprengstoffen Verwendung finden kann. — Im Gegensatz dazu werden die Fettöle nach vorliegender Erfindung in so geringer Menge zugesetzt, daß sie nicht genügen, um eine schützende Umhüllung um die Salpeterpartikelchen bilden zu können. Außerdem aber zeichnen sich die Fettöle auch dadurch vor den Harzen und Petroleumprodukten aus, daß bei gleichem Mischungsverhältnis ein Gemisch mit Fettöl eine niedrigere Detonationstemperatur besitzt und demgemäß eine größere Sicherheit gegen Zündung von Schlagwettern bietet, als ein Gemisch von Harzen oder Petroleumprodukten mit Ammoniaksalpeter.

Nach dem D.R.P. 86568 — engl. Patent 18921 vom 5. Okt. 1894 — wird das Köln-Rottweiler Sicherheitssprengpulver hergestellt.

Statt der Fette verwendet die Firma G. Roth in Wien fettsaure Salze (Seifen).

D.R.P. 94408 vom 13. Juni 1896.[1]
Verfahren zur Herstellung von Sprengstoffen aus Ammoniaksalpeter und Seifen.

Man verwendet statt der Fette die festen und leicht zerreiblichen fettsauren Salze oder Seifen, wie beispielsweise Natronseife, Kalkseife, Zinkseife. Die Verwendung dieser Seifen gewährt den Vorteil, daß die Arbeit des Mischens mit Ammoniumnitrat wesentlich erleichtert und vereinfacht wird. Beim Mischen eines Fettes oder Öles mit Ammoniumnitrat ist ein Vormischen mit der Hand oder mit Knetapparaten erforderlich und das Gemenge zeigt auch dann noch beim Einbringen in die Mischtrommel große Neigung zum Zusammenballen und Anlegen an die Wände der Trommel. Beim Mischen mit festen Seifen entfällt das Vormischen gänzlich; die getrocknete und zerkleinerte Seife kann mit Ammoniumnitrat zusammen direkt in die Mischtrommel eingetragen werden, wo das Mischen sehr rasch und vollständig vonstatten geht. — Ein weiterer großer Vorteil der Mischungen von Ammoniumnitrat mit festen Seifen besteht in ihrer verhältnismäßig leichten Entzündlichkeit. Es ist ein großer Nachteil der sonst so vorzüglichen Sprengstoffe mit Ammoniumnitrat als Basis, daß sie sehr starke Kapseln zur Entzündung brauchen. Es hat sich nun gezeigt, daß besonders jene Mischungen, bei welchen das Ammoniumnitrat mit weichen und zähen Präparaten gemischt ist, bei denen infolgedessen das einzelne Salpeterkorn allseitig umhüllt ist, besonders schwer entzündlich sind. Solche Sprengstoffe erfordern meist Kapseln mit 2 g

[1] Engl. Patent 13270 vom 16. Juni 1896.

Zündsatz und darüber. Bei den mit festen Seifen hergestellten Sprengpräparaten genügt in allen Fällen eine Kapsel von 1 g zur sicheren und vollständigen Entzündung, und auch mit noch kleineren Kapseln werden günstige Sprengresultate erzielt. Zur Herstellung dieser Sprengstoffe werden 100 Tle. Ammoniumnitrat mit bis zu 10 Tln. Seife nach einer der zur Herstellung inniger Mischungen üblichen Methoden gemischt. Durch Zusatz einiger Prozente Kohle kann die Entzündlichkeit noch erhöht werden.

In nachstehendem Verfahren der Firma G. Roth werden statt der fettsauren Salze harzsaure Salze (Harzseifen) verwendet.

D.R.P. 174879 vom 23. Juli 1896.

Verfahren zur Herstellung von Sprengstoffen.

Die Verwendung von harzsauren Salzen zur Herstellung von Sprengstoffen bietet gegenüber der bekannten Verwendung von Harzen sowohl bei der Erzeugung als auch bei der Lagerung und beim Gebrauche der Sprengstoffe wesentliche Vorteile. Als Harz kommt wohl ausschließlich Kolophonium in Betracht, da andere Harze wegen ihres hohen Preises nicht verwendet werden können. Auch die im vorliegenden Falle benutzten harzsauren Salze sind aus Kolophonium hergestellt. Im Gegensatze zu diesem Harz sind die daraus hergestellten Salze nicht klebrig, werden beim Erwärmen nicht weich und haben einen hohen Schmelzpunkt, indem sie erst bei der Zersetzungstemperatur schmelzen. Beim Reiben werden sie nicht merklich elektrisch; da sie auch sehr spröde sind, lassen sie sich leicht zu feinstem Pulver mahlen. Dieses Pulver frittet selbst beim scharfen Trocknen für sich allein oder in Mischung mit Ammoniaksalpeter nicht zu einer harten Masse zusammen. Auch beim langen Lagern findet ein solches Zusammenfritten nicht statt, weshalb die nach dem vorliegenden Verfahren hergestellten Sprengstoffe leicht entzündlich bleiben und an Sprengwirkung nichts einbüßen. Das Harz dagegen ist klebrig, wird schon in mäßiger Wärme weich und hat einen niedrigen Schmelzpunkt; beim Reiben wird es stark elektrisch; es läßt sich schwer zerkleinern und frittet beim Trocknen für sich allein oder in Mischung mit Ammoniaksalpeter zusammen. Beim längeren Lagern werden die damit hergestellten Sprengpatronen hart und schwer entzündlich, weshalb sie sehr starke Detonatoren brauchen. Daraus ergibt sich, daß die Verwendung von harzsauren Salzen an Stelle des Harzes bei der Herstellung von Sprengstoffen einen wesentlichen, technischen Fortschritt bedeutet. Die zu verwendenden harzsauren Salze werden hergestellt, indem man Fichtenharz mit der nötigen Menge Kali- oder Natronlauge kocht und das erhaltene Produkt gut trocknet. Im Bedarfsfalle können diese Salze durch Lösen in heißem Wasser und Aussalzen gereinigt werden. Auch durch Kochen von Fichtenharz mit Kalkmilch erhält man ein verwendbares Produkt. Durch Fällen der Lösungen der harzsauren Alkalien mit einem Metallsalze kann jedes beliebige Metallsalz hergestellt werden.

Alle diese Salze sind spröde, leicht zerreibliche und sehr beständige Körper. Um mit diesen Salzen Sprengstoffe herzustellen, mischt man beispielsweise 95 Tle. Ammonnitrat und 5 Tle. harzsaures Natron, oder 92·5 Tle. Ammonnitrat, 2·0 Tle. Holzkohle und 5·5 Tle. harzsaure Tonerde nach einer der zur Herstellung inniger Mischungen üblichen Methoden. Der Zusatz von 10 Tln. Kohle erhöht die Entzündlichkeit.

Einige Patente betreffen den Zusatz von Chromaten und Bichromaten, sowie von Permanganat und Mangansuperoxyd, von Sulfiten und ähnlichen Salzen, auch von gewissen Aluminiumsalzen, sowie eines Gemisches von Chlorammonium und Salpeter zur Erhöhung der Wettersicherheit[1] und um eine gute Übertragung der Detonation von einer Patrone zur andern zu bewirken.

D.R.P. 89871 vom 17. Februar 1895.[2]

Hans Ritter von Dahmen.

Zur Erzielung einer niedrigen Explosionstemperatur (und damit größerer Wettersicherheit) werden Sprengstoffen aus Ammonsalpeter und Kohlenwasserstoffen Chromate oder Bichromate beigefügt.

Patentanspruch (nach reichsgerichtlicher Entscheidung vom 11. Juli 1900): „Sicherheitssprengstoff, bestehend aus Ammoniaksalpeter, einem Zusatz von Kohlenwasserstoff, einem Zusatz von Kalium-, Natrium- oder Ammonium-Chromat oder -Bichromat im Verhältnis von 92 Tln. Ammonsalpeter, 5·5 Tln. Kohlenwasserstoff, 2·5 Tln. Chromat oder Bichromat."

D.R.P. 96797 vom 27. Juni 1895.

Otto Frank (Roburit-Gesellschaft).

Sprengstoff aus 89 Tln. Ammonsalpeter, 7 Tln. Dinitrobenzol und 4 Tln. Kaliumpermanganat, ist wettersicherer und gibt bessere Übertragung der Detonation als bei Zusatz von chromsaurem Salz. — In England schützt das Patent 15834 vom 22. Aug. 1895 den Zusatz von Permanganaten und Chromaten.

D.R.P. 99450 vom 4. September 1895.

Castroper Sicherheitssprengstoff-Aktiengesellschaft.

Viele Sicherheitssprengstoffe haben den Nachteil, daß die Übertragung der Explosion von einer Patrone auf die andere nur eine beschränkte ist, daß es daher vorkommen kann und auch tatsächlich vorkommt, daß bei stärkeren Sprengladungen die letzte oder die letzten Patronen im Bohrloch nicht explodieren und dann in stark kompri-

[1] Der sehr viel angewandte Zusatz von Kochsalz kommt in der Patentliteratur nicht zum Ausdruck.

[2] Engl. Patente 6327 vom 27. März 1895 und 13922 vom 24. Juni 1896.

miertem Zustand in den Kohlen aufgefunden werden. Durch Substanzen, welche leicht Sauerstoff abgeben, wie Mangansuperoxyd, wird die Umsetzung der Sprengstoffe in ihren gasförmigen Zustand eingeleitet und beschleunigt und dadurch die Übertragung, die Explosionsfähigkeit der einzelnen Patronen sehr erhöht, so daß ein Sitzenbleiben und Nichtexplodieren einzelner Patronen bei stärkeren Sprengladungen ganz unmöglich ist. Der Sprengstoff besteht z. B. aus 90 Tln. Ammonsalpeter, 7 Tln. Anthrazen und 3 Tln. Mangansuperoxyd. — Das engl. Patent 6555 vom 25. März 1896 schützt einen Sprengstoff, bestehend aus 93 Tln. Ammonsalpeter, 5 Tln. salpetersaurem Anilin und 2 Tln. Superoxyd von Mangan, Blei oder Chrom.

D.R.P. 106733 vom 4. Juni 1896.[1]

Dr. Franz Volpert in Dortmund.

Neuerung in der Fabrikation von Sprengstoffen zur Erhöhung ihrer Wettersicherheit.

Patentanspruch: Verwendung der schweflig-, pyroschweflig-, polyschweflig- und polythionsauren Salze, sowie solcher Salze der analogen Säuren des Selens, Tellurs, Phosphors, Siliciums und Antimons einschließlich der Metallsäuren zur Erzielung größerer Schlagwettersicherheit von Sprengstoffen.

D.R.P. 132166 vom 24. Mai 1901.

Verfahren, Sprengstoffe wettersicherer und sprengkräftiger zu machen.

Patentanspruch: Verfahren, Sprengstoffe durch einen Zusatz von Aluminiumverbindungen, welche Nitrogruppen im Molekül enthalten, insbesondere von Aluminiumpikrat und Aluminiumnitrokresylat, wettersicherer und sprengkräftiger zu machen.

D.R.P. 175391 vom 9. Dezember 1902.[2]

C. E. Bichel in Hamburg.

Verfahren zur Herstellung wettersicherer Sprengstoffe.

Zur Herstellung von schlagwettersicheren Sprengstoffen und zur Erhöhung der Schlagwettersicherheit von Sicherheitssprengstoffen hat man Ammoniumsalze, wie Ammoniumoxalat, Ammoniumacetat, Ammoniumsulfat, Ammoniumchlorid und andere mit Erfolg angewendet. Von erheblicher Einwirkung auf die Herabsetzung der entwickelten Wärmemenge ist ein Zusatz von Chlorammonium zu Sprengstoffmischungen, doch auch dieses entwickelt, allein zugesetzt, in den Schwaden freie salzsaure Dämpfe, welche bei Sprengarbeiten unter Tage sich unangenehm bemerkbar machen. Gemäß der vorliegenden Erfindung wurde nun

---

[1] Engl. Pat. Soc. Poudres et Dynamites Nr. 29389 vom 11. Dez. 1897.

[2] Engl. Patente 28245 vom 22. Dez. 1902 und 5791 vom 12. März 1903.

festgestellt, daß man weit mehr als durch Chlorammonium allein die Schlagwettersicherheit von Sprengstoffen dadurch erhöhen kann, daß man denselben Chlorammonium und eine diesem äquivalente Menge von Kali- und (oder) Natronsalpeter zusetzt; außer der Erhöhung der Schlagwettersicherheit wird durch diesen gleichzeitigen Salpeterzusatz auch erreicht, daß in den Schwaden keine freie Salzsäure auftritt.

Einen andern Weg zur Erhöhung der Wettersicherheit schlug die Castroper Fabrik mit nachfolgendem Verfahren ein.

D.R.P. 119466 vom 8. Oktober 1897.

Verfahren, Ammoniaksalpetersprengstoffe wettersicherer und sprengkräftiger zu machen.[1]

Die gut gemahlenen Ammoniaksalpetersprengstoffe werden stark, event. hydraulisch gepreßt und die gepreßten Produkte einer Zerkleinerung und Körnung unterworfen. Hiermit ist gleichzeitig eine Erhöhung der Dichtigkeit und damit auch bessere Leistung und Haltbarkeit der Sprengstoffe verbunden. Voraussetzung ist, daß der schmelzbare organische Bestandteil nicht unter 45° schmilzt und bei der Pressung bzw. der bei derselben stattfindenden Wärmeentwicklung nicht durch Entweichen an die Peripherie des Preßkörpers ein Entmischen und somit eine Ungleichmäßigkeit des Sprengstoffes herbeigeführt wird. — Stärkere und geringere Pressung, gröbere und feinere Körnung geben hierbei Mittel an die Hand, an sich die Höhe der Sicherheit, und zwar für die verschiedenen, zur Herstellung von Sicherheitssprengstoffen benutzten schmelzbaren Kohlenstoffträger zu regeln. Der reine Kohlenwasserstoff erfordert z. B. eine stärkere Pressung als der Nitro- oder Nitrohalogenkohlenwasserstoff. — Von den Ammonsprengstoffen Dahmenit, Roburit und Westfalit enthält Dahmenit Ammoniaksalpeter in Verbindung mit reinem Kohlenwasserstoff und Kaliumbichromat. Roburit enthält Ammoniaksalpeter in Verbindung mit Nitrokohlenwasserstoff und Kaliumpermanganat, Westfalit enthält Ammoniaksalpeter in Verbindung mit Harz und etwas Kalisalpeter. Alle drei Typen zeigen eine ganz erhebliche Zunahme der Wettersicherheit durch die Pressung und Körnung; bei Dahmenit z. B. ist eine solche bis zu 55 % festgestellt worden. Anders genannte und für dieses Verfahren geeignete Ammoniaksprengstoffe, z. B. Sprengstoff Favier, lassen sich samt und sonders als Variationen oder Mischungen vorerwähnter Grundformen bezeichnen, nur daß ihnen die meisten durch Patente geschützten Zusätze, wie Kaliumbichromat, Kaliumpermanganat fehlen. Wenngleich dem Sprengstoff Favier (Ammonsalpeter mit Nitronaphthalin) ein sogen. wettersichernder Zusatz fehlt, läßt sich dessen Sicherheit durch Pressung und Körnung sehr steigern.

[1] Engl. Patent 8044 vom 4. April 1898.

Es seien nun noch einige andere Sprengstoffmischungen mit Ammonsalpeter angegeben.

D.R.P. 90851 vom 1. September 1896.[1]
Louis Roux in Paris.
Sprengstoff aus Trinitrokresolammonium und Ammoniaksalpeter.

Kresol $\left(C_6H_4<\begin{matrix}OH\\CH_3\end{matrix}\right)$ wird nitriert, man erhält dabei Trinitrokresol mit Beimengungen von etwa 10 % Dinitrokresol und 2 bis 3 % Trinitrophenol (Pikrinsäure); das Gemisch wird mit Ammoniak behandelt und so das technische Ammoniumnitrokresylat hergestellt. Letzteres gibt mit Ammonsalpeter und einer schwachen Beimischung von Kaliumchlorat den Sprengstoff Velterine A oder 1. Um die größte Explosivkraft zu erzielen, wird vorzugsweise das Verhältnis von 22 % Kresylat auf 78 % Nitrat gewählt. Wenn man aber die Temperatur der Explosionsgase erniedrigen will, um für Minen, die zu schlagenden Wettern neigen, geeignete Explosivstoffe zu erzielen, deren Entzündung keine 1800° übersteigende Temperatur ergibt, muß man das Verhältnis des Kresylats auf $4^1/_2$ % vermindern und das des Nitrats auf $95^1/_2$ % erhöhen. Zu diesem Gemisch werden 5 % Kaliumchlorat in Wasser gelöst zugegeben, indem man die Bestandteile zerkleinert und ohne Gefahr in einem Mahlgange vereinigt, wobei sie immer feucht gehalten werden. Dies ist auch zugleich das einzige Mittel, um das Chlorat gleichmäßig in der ganzen Masse zu verteilen. Dies ist eine absolute Bedingung für die Erzielung der Gefahrlosigkeit in Anwesenheit dieses Salzes. Wenn die Stoffe in geeigneter Weise gemischt sind, wird die Masse getrocknet und in undurchlässige Kartuschen gefüllt, in denen sie so fest eingelegt wird, daß sie ungefähr eine Dichtigkeit von 1·2 besitzt. Hierdurch wird ein Explosivstoff erhalten, der dieselbe Kraft wie Dynamit Nr. 1 besitzt und dabei ein Sicherheitsexplosivstoff ist.

Englisches Patent Nr. 11842 vom 1. Juni 1896.
G. G. André und C. H. Curtis.

Der Sprengstoff besteht aus 92·5 Tln. Ammonsalpeter, 4 Tln. Holzmehl und 3·5 Tln. Stärke.

Englisches Patent Nr. 13269 vom 16. Juni 1896.
L. Kelbetz (G. Roth).

Ammonsalpeter wird mit oxalsauren Salzen aromatischer Amine (Anilin, Toluidin) gemischt, event. eine kleine Menge Holzkohle hinzugefügt.

Englisches Patent Nr. 18708 vom 14. August 1896.
Aktiengesellschaft Dynamit Nobel.

Der Sprengstoff besteht aus Ammonsalpeter mit Zusatz von Kaliumpermanganat und 1 bis 3 % Nitroglyzerin.

---

[1] Engl. Patent 4672 vom 26. Februar 1897.

Englisches Patent Nr. 29598 vom 23. Dezember 1896.
Roburit-Gesellschaft.

Fein gepulverte Zellulose wird mit einem gleichen Gewicht geschmolzenem chlorirtem Dinitrobenzol zusammengebracht; das kalt gewordene Gemenge wird mit dem 3- bis 5fachen seines Gewichts an Ammonsalpeter gemahlen.

Englisches Patent Nr. 4062 vom 15. Februar 1897.
v. Romocki.

Der Sprengstoff besteht aus einem Gemenge von Ammonsalpeter, Trinitrotoluol, Mangandioxyd und Harz.

Englisches Patent Nr. 23340 vom 11. Oktober 1897.
G. Beneké.

Der Sprengstoff ist ein Gemenge von Ammonsalpeter, Harz und den Karbonaten oder Bikarbonaten von Natrium oder Kalium, welch letztere vorher mit geschmolzenem Harz getränkt werden.

D.R.P. 104505 vom 28. Januar 1898.
Arthur R. von Stubenrauch.
Verfahren zur Herstellung wasserdichter Sprengstoffe.

Teer, Teeröl usw. oder Nitroderivate dieser Stoffe werden mit 5 bis 6 % Chlorschwefel vermischt und so lange gerührt, bis eine klebende, gummiartige Masse entstanden ist. Zu derselben werden dann 75 bis 80 % eines fein pulverisierten festen Sauerstoffträgers zugegeben und das Ganze zu einer plastischen Masse verarbeitet, bzw. geknetet und hieraus Patronen hergestellt.

Englisches Patent Nr. 6228 vom 14. März 1898.
P. Cornet.

Der Sprengstoff ist eine Mischung von verschiedenen Nitraten (Ammonium-, Natrium-, Kalium- oder Barium-) mit nitriertem Naphtalin, Sägespänen von Quebrachoholz und Harz, das in Alkohol gelöst ist. Das Patronenpapier ist durch Teer wasserdicht gemacht.

Englisches Patent Nr. 27316 vom 27. Dezember 1898.
L. Davies.

Sprengstoffe aus 80 bis 90 Tln. Ammonsalpeter mit 10 bis 20 Tln. Lignit oder ähnlicher Naturkohle oder 1 Tl. Paraffinwachs.

Englisches Patent Nr. 4507 vom 1. März 1899.
G. Beneké.

Gemenge von Ammonsalpeter mit Substanzen, welche man aus Pech oder Harz durch Oxydation mit Chlorat oder Permanganat erhält.

Englisches Patent Nr. 5760 vom 16. März 1899.
Roburit-Gesellschaft.

Gemenge aus Ammonsalpeter, Kohle und einem nitrierten Kohlenwasserstoff.

Bei den aus Ammonsalpeter und nitriertem Kohlenwasserstoff bestehenden Sprengstoffen wird vielfach Trinitrotoluol angewandt. Nachfolgendes Verfahren, bei welchem die Umhüllung des Ammonsalpeters mit verkleistertem Mehl von Bedeutung ist, wird für die Fabrikation der viel gebrauchten Sprengstoffe Donarit und Ammonkarbonit angewandt.

D.R.P. 129481 vom 29. Oktober 1899.[1]
Sprengstoff-Aktiengesellschaft Karbonit in Hamburg.

Das neue Verfahren zur Herstellung eines Trinitrotoluol und Getreidemehl enthaltenden Ammoniaksalpetersprengstoffes besteht im wesentlichen darin, daß alle drei Komponenten in einer einzigen Operation gemahlen, auf das innigste gemischt und durch den Kleber des Getreidemehls in der Wärme und bei Gegenwart von Wasser so miteinander verkleistert werden, daß das verkleisterte Mehl das Bindemittel zwischen dem Ammoniaksalpeter einerseits und dem Trinitrotoluol anderseits bildet. Die Herstellung des Sprengstoffes geschieht in der Weise, daß die feingemahlenen Komponenten zunächst in der üblichen Weise mechanisch untereinander gemischt werden. Sodann wird die Mischung auf einem Apparat, welcher gestattet, die Masse während des weiteren Mahlens zugleich zu mischen und steigernd zu erwärmen (z. B. einem heizbaren Kollergang oder einem Trockenapparat mit Laufwalze), mit der zum Verkleistern erforderlichen Menge Wasser überbraust und unter Erwärmen und fortwährendem mechanischen Umschaufeln bis zur vollständigen Trockne gemahlen. — Einen vorzüglichen und gegen schlagende Wetter und Kohlenstaub relativ sicheren Sprengstoff erhält man, wenn man nach obigem Verfahren 8 Tle. Trinitrotoluol und 86 Tle. Ammoniaksalpeter mit 6 Tln. Getreidemehl, dem ca. 7 Tle. Wasser hinzugefügt werden, verkleistert. — Durch das neue Verfahren wird erstens erreicht, daß der fertige Sprengstoff nicht ein einfaches, mechanisches Gemenge darstellt, sondern daß jedes kleinste Teilchen des feinstgemahlenen Sprengstoffes alle drei Komponenten in dem richtigen Mischungsverhältnis fest miteinander verbunden enthält. Es wird durch die Verkleisterung des Mehls ein ähnlicher technischer Effekt erzielt, wie er bei anderen Sprengstoffen durch Zusatz von geschmolzenen organischen Komponenten zum Ammoniaksalpeter zu erreichen versucht worden ist, nur in vollkommener Weise, weil der Mehlkleister beim Trocknen amorph erstarrt und die Komponenten fest und sehr innig miteinander verbindet, während fast alle organischen

[1] Engl. Patent 22712 vom 14. November 1899.

Körper kristallinisch erstarren und dadurch statt einer festen Verbinbindung der einzelnen Sprengstoffkomponenten eine lose Nebeneinanderlagerung derselben stattfindet, wie dies auch das Mikroskop zeigt. Zweitens wird bei dem neuen Verfahren der Sprengstoff wesentlich verdichtet, was ganz besonders wichtig und bedeutungsvoll ist. Während der Sprengstoff beim rein mechanischen Mischen der Komponenten ein kubisches Gewicht von 0·8 haben würde, wird das Gewicht durch das neue Verfahren des Mischens, Mahlens und Verkleisterns in einer Operation auf 1·0 erhöht.

D.R.P. 148203 vom 1. September 1901.
Rheinische Dynamitfabrik.

Ammonsalpeter in Gemisch mit Rhodanammonium oder Rhodanammoniakmetallen (z. B. 15 Tle. Kupferammoniakrhodanat und 85 Tle. Ammonsalpeter[1]).

Englisches Patent Nr. 21377 vom 7. Dezember 1899.[2]
R. Escales in München.

Zusatz von pulverisiertem Aluminium zu allen in der Sprengtechnik angewandten Substanzen.

Der Zusatz von Aluminium zu Sprengstoffen ist von großer Bedeutung geworden und hat insbesondere ein Gemenge von Ammonsalpeter, Aluminium mit Kohle bzw. Trinitrotoluol unter dem Namen Ammonal sowohl für den Bergbau als für die Kriegstechnik (Granatfüllung in Österreich) weitgehende Anwendung gefunden. Die Firma G. Roth in Wien bzw. Hans Ritter von Dahmen hat hierauf in den meisten Staaten Patente erhalten.

D.R.P. 172327 vom 28. Juni 1900.[3]
G. Roth in Wien.

Das Ammoniumnitrat besitzt eine außerordentlich niedrige Explosionstemperatur bei verhältnismäßig großer Kraftleistung. Allein läßt sich Ammoniumnitrat selbst unter Anwendung stärkster knall-

---

[1] Bei Versuchen mit 15 g Sprengstoff (aus 91 % Ammonsalpeter, 5 % Trinitrotoluol und 4 % Zusatz bestehend) erhielt ich im Trauzlschen Bleiblock je nach Wahl des Zusatzes folgende Ausbauchungen:

4 %	Zusatz	Braunstein	480 ccm
4 %	„	Kaliumpermanganat . . .	530 „
4 %	„	Kupferrhodanammoniak .	580 „
4 %	„	Kaliumbichromat	585 „
4 %	„	Kupfernitratammoniak . .	665 „

E.

[2] Belgisches Patent 146559 vom 7. September 1899. In Deutschland wurde die am 7. Juli 1899 eingereichte Patentanmeldung im November 1903 endgültig zurückgewiesen.

[3] Engl. Patent 16277 vom 13. September 1900.

saurer Präparate nicht vollkommen in seinen gasförmigen Zustand überführen, jedoch ist seine mutmaßliche Kraftäußerung rechnerisch auf etwa 800 ccm bei einer Ladung von 20 g im Trauzl-Zylinder festgestellt. Es wurde nun gefunden, daß bei der Explosion von Ammonsalpeter in Verbindung mit Aluminium eine ungeheure Ausdehnung der Explosionsgase erzielt wird, welche bis jetzt noch ungeahnte mechanische Wirkungen hervorzubringen in der Lage sind. Das salpetersaure Ammon in Verbindung mit Aluminium nach der Zersetzungsgleichung

$$3(NH_4 \cdot NO_3) + 2\,Al = 3\,N_2 + 6(H_2O) + Al_2O_3$$

ergibt bei der Explosion im Trauzl-Zylinder bei 20 g Ladung eine Ausbauchung von 2000 ccm. Betrachtet man nun diesen Sprengstoff näher, so wird man finden, daß er, abgesehen von der außerordentlich hohen Kraftleistung, noch andere Eigenschaften besitzt, welche besonders hervorgehoben zu werden verdienen. Die Gasbildung der Nachschwaden entspricht, das Aluminiumoxyd als festen Körper abgerechnet: Wasserdampf 50 %, Stickstoff 50 %, eine gewiß ideale Zusammensetzung für Schwaden. Seine einfache Herstellung, innige mechanische Vermengung der beiden Komponenten, sowie seine Verwendung vollzieht sich bei höchster Sicherheit. Was die Lagerungsfähigkeit anbelangt, so ist Aluminium gegen die Einwirkung von salpetersaurem Ammon fast gänzlich unempfindlich. Eine dünne Oxydschicht, welche sich allenfalls bildet, schützt das Metall vor weiterem Umsichgreifen der Oxydation und verleiht ihm eine außerordentliche Haltbarkeit. Es ist anzunehmen, daß bei der hohen Temperatur, welche bei der Explosion entsteht, durch Anwesenheit von kohlenstoffhaltigen Körpern eine eventuelle Oxydschicht im Momente der Explosion zu metallischem Aluminium reduziert wird, und es ist deshalb auch folgende Mischung empfehlenswert:

$$4(NH_4 \cdot NO_3) + Al_2 + C = 4\,N_2 + 8(H_2O) + Al_2O_3 + CO.$$

Auch diese Zusammensetzung ergibt im Trauzl-Zylinder bei 20 g Ladung eine Ausbauchung von 2000 ccm. Ammonnitrat mit Kohle allein ergibt im Trauzl-Zylinder nur 800 ccm Ausbauchung. Ein sehr gutes Resultat ergibt ferner die aus folgenden Gewichtsmengen zusammengesetzte Mischung: Ammonnitrat 72 %, Aluminiumpulver 23·5 %, Rotkohle 4·5 %. Die Umsetzung in gasförmigen Zustand erfolgt durch Knallquecksilberpräparate, ähnlich wie bei allen salpetersauren Ammonsprengstoffen.

Patentanspruch: Sprengstoff, bestehend aus salpetersaurem Ammon und Aluminium mit oder ohne Beimengung eines Kohlenstoffträgers. (Sprengstoff Ammonal.)

Englisches Patent Nr. 3301 vom 10. Februar 1904.

G. Roth.

Sprengstoff aus 65 Tln. Ammonsalpeter, 23 Tln. Aluminium, 10 Tln. Dinitrotoluol und 2 Tln. Kohle.

Englisches Patent Nr. 4699 vom 25. Februar 1904.[1]
G. Roth in Wien.

Der Sprengstoff (abgeändertes Ammonal) besteht aus 47 % Ammonsalpeter, 1 % Kohle, 30 % Di- oder Trinitrotoluol, 22 % Aluminium. Um die Detonationsfähigkeit dieser Sprengstoffe zu erhöhen, wird der durch einen Druck von 100000 bis 500000 kg pro Kubikzentimeter zu Zylindern gepreßte Sprengstoff (Dichte 1·9) zunächst in einem Vorwärmeapparat einer Temperatur ausgesetzt, die wenige Grade unter dem Schmelzpunkt des schmelzbaren Bestandteiles liegt; bei Trinitrotoluol erwärmt man auf 67 Grad. Hierauf taucht man in ein Bad desselben schmelzbaren Bestandteiles und kühlt alsdann vermittels eines Luftstrombades ab; infolge dieser Abkühlung tritt eine schnelle Zusammenziehung des geschmolzenen Nitrokörpers ein und es bilden sich infolgedessen im Innern des Zylinders Hohlräume, welche ausgezeichnet die Explosionswelle fortzuleiten geeignet sind.

Englisches Patent Nr. 16514 vom 14. August 1905.
William Macnab & Ammonal Explosives Ltd.

Sprengstoffe mit Aluminium sind wenig wettersicher. Durch Zusatz einer geringen Menge Kaliumbichromat wird die Wettersicherheit erhöht. Beispiel: 85½ % Ammonsalpeter, 2½ % Holzkohle, 8 % Aluminium, 4 % Kaliumbichromat.

Französisches Patent 353864 vom 10. Juli 1905.
G. Roth in Wien.

Sprengstoffe aus Ammonsalpeter, Nitrokörpern und Aluminium können, wenn sie in Hohlgeschossen eingeschlossen sind, statt durch Knallquecksilber schon durch Schwarzpulver zur Detonation gebracht werden, das aus 5·5 Tln. Kalisalpeter, 2·5 Tln. Kohle, 1 Tl. Schwefel und 4·5 Tln. Bleisuperoxyd besteht.[2]

Österreichisches Patent 25504 vom 4. Februar 1904.[3]
G. Roth in Wien.

Man setzt dem Ammonsalpeter statt des Aluminiums Silicium oder besser ein Gemenge von Aluminium und Silicium zu. Beispiele: 1. Ammonsalpeter 77 %, Holzkohle 2·5 %, Dinitrotoluol 10·5 %, Silicium (kristall.) 10 %. 2. Ammoniumnitrat 85 %, Silicium (kristall.) 10 %, Aluminium 5 %. Nach dem Zusatzpatent 26851 vom 9. Februar 1904 wird an Stelle von reinem Silicium dessen Verbindung mit Eisen (Ferrosilicium) oder ein Gemisch von beiden zu-

---

[1] Österreich. Patent 5851.

[2] Nach dem engl. Patent 20755 vom 16. Oktober 1904 wird eine Mischung aus Kupferammoniumnitrat, Kaliumnitrat und Aluminium als Detonator verwendet.

[3] Engl. Patent 3301 vom 10. Februar 1904.

gesetzt. Beispiel: 85 % Ammonsalpeter, 10 % Ferrosilicium und 5 % Aluminium.

D.R.P. 172869 vom 19. November 1902.
Verfahren zur Erhöhung der Kraftäußerung von Sprengstoffen und Zündsätzen.

Leicht oxydierbare Metalle werden in Form von Metallwollen den Sprengstoffen zugefügt.

Englisches Patent Nr. 11440 vom 19. Mai 1903.
Roburit-Co.

Sprengstoff aus 93 Tln. Ammonsalpeter und 7 Tln. Aluminium, oder aus 50 Tln. Ammonsalpeter, 40 Tln. Kali- oder Natronsalpeter und 10 Tln. Aluminium.

Englisches Patent Nr. 14480 vom 27. Juni 1904.
N. Ceipek.

85 Tle. Ammonsalpeter werden mit 15 Tln. salpetersaurem Anilin gemischt; zu 90 bis 85 Tln. dieser Mischung setzt man 10 bis 15 Tle. gepulverten Aluminiums hinzu.

D.R.P. 198704 vom 13. November 1906.
Dr. Conrad Claeszen in Berlin.

Nach Angabe dieses Patentes wird das metallische Aluminium in Berührung mit dem hygroskopischen Ammonsalpeter teilweise oxydiert und verliert beim Lagern an Wirkungsfähigkeit. Es wird daher statt Aluminium eine Zinkaluminiumlegierung angewandt mit einem Zinkgehalt von 5 bis 10 %. Die hergestellten Sprengstoffe enthalten 60 bis 70 % Ammonsalpeter, 1 bis 15 % Trinitrotoluol oder Bi- oder Trinitronaphtalin, 0 bis 10 % Ammoniumoxalat oder ähnliche Salze, 0 bis 10 % Schwefel oder schwefelsaure Salze, 1 bis 10 % Zinkaluminiumlegierung.

Englisches Patent Nr. 7583 vom 24. April 1900.
H. E. Stuerke.

Der Sprengstoff besteht aus Ammonsalpeter, Nitrokörper oder organischem Nitrat, einem anorganischen Oxydationsmittel, Zellulose irgendwelcher Form und Teer oder Pech; event. noch einem kohlensauren oder oxalsauren Salz.

D.R.P. 159419 vom 28. August 1900.
Norbert Ceipek in Wien.

Patentanspruch: Verfahren zur Herstellung eines aus einem oder mehreren Erregern (Nitrobenzol, Dinitrobenzol, Naphtalin, Kaliumbichromat usw.) bestehenden Sicherheitssprengstoffes, dadurch gekennzeichnet, daß diesem letzteren Trinitrophenol als solches, und zwar in einer bis zu etwa 9 % betragenden Menge zugesetzt wird. — Als Beispiel wird angegeben: eine Mischung von 80 % Ammonsalpeter, 11 % Anilinnitrat und 9 % Trinitrophenol. Der trocken feingepulverte Ammonsalpeter und das Anilinnitrat werden in einer Holztrommel mittels frei rollender Kugeln zu einem innigen Gemenge verarbeitet und diesem dann das Trinitrophenol gleichfalls in der Trommel zugemischt. Die so erhaltene Mischung wird durch Ausbreiten auf Trockenhürden von anhaftender Feuchtigkeit möglichst befreit und wie die bisherigen Ammoniumnitratsprengstoffe in Papierhülsen gefüllt bzw. zu Patronen geformt. — In England wurden auf diesen als Titanit bezeichneten Sprengstoff die Patente 21627 vom 29. November 1900 und 28256 vom 23. Dezember 1904 erteilt.[1]

D.R.P. 183799 vom 7. Oktober 1902.
Sprengstoffwerke Glückauf in Hamburg.

Der Sprengstoff besteht aus 82·7 % Ammoniaksalpeter, 1 % Dinitrobenzol, 11·5 % Curcuma, 4·8 % Kupferoxalat.

Die Glückauf-Werke, bzw. Gustav Reschke haben noch folgende Patente genommen:

Englisches Patent Nr. 21189 vom 29. September 1902.

Sprengstoffe aus 82·7 Tln. Ammonsalpeter, 1 Tl. Dinitrobenzol, 11·5 Tln. Curcuma und 4·8 Tln. Kupferoxalat.

Englisches Patent Nr. 25780 vom 11. Dezember 1905.

Sprengstoffe aus 82·9 % Ammoniumnitrat, 12·3 % Curcuma, 4·8 % Kupferoxalat, oder 89·1 % Ammoniumnitrat, 6·1 % Naphtalin, 4·8 % Kupferoxalat, oder 88·4 % Ammoniumnitrat, 5·8 % Kolophonium, 1 % Dinitrobenzol und 4·8 % Kupferoxalat.

Französisches Patent 360049 vom 12. Dezember 1905.

Die Erfindung beruht auf der Beobachtung, daß es möglich ist, auch nitroglyzerinfreien Ammoniaksalpetersprengstoffen ohne Schädigung ihrer Explosionsfähigkeit einen derartigen Prozentsatz an Kohlenstoffträgern zuzusetzen, daß ihre Explosionsgase nur Kohlenoxyd und freien Wasserstoff enthalten, wenn man die bisher übliche Mahldauer beträchtlich verlängert und gleichzeitig die zu mahlenden Mengen bedeutend verringert. — Es lassen sich auf diese Weise z. B. Mischungen aus 40·8 % Curcuma und 59·2 % Ammoniumnitrat, oder aus 35 % Zucker und 65 % Ammoniumnitrat, oder aus 1 % Dinitrobenzol, 10 % Naphtalin

[1] Nach dem engl. Patent 7838 vom 3. April 1907 zeigen die Sprengstoffe mit 1 bis 6 % Curcumakohle große Wettersicherheit, während bei Zusatz von 12 % Curcumakohle die größte Sprengkraft erreicht wird.

und 87 % Ammoniumnitrat herstellen, während man bisher nicht mehr als 14 bis 15 % Curcuma oder Zucker bzw. 7 % Naphtalin anwenden konnte. — Diese Sprengstoffe sollen sich durch Wettersicherheit neben beträchtlicher Sprengkraft auszeichnen, während ihr Fabrikationspreis infolge des verminderten Verbrauchs an Ammoniumnitrat verhältnismäßig gering sein soll

Französisches Patent 366729 vom 31. Mai 1906.

Herstellung von Sicherheitssprengstoffen, welche sich von den bekannten besonders durch die günstige Beschaffenheit ihrer Explosionsgase unterscheiden sollen. Beispiele:

I. 87 % Ammoniumnitrat, 7 % Fenchel, 6 % Holzmehl.

II. 86·7 % Ammoniumnitrat, 1 % Dinitrobenzol, 6·6 % Fenchel, 5·7 % Holzmehl.

III. 81·8 % Ammoniumnitrat, 6·6 % Fenchel, 5·6 % Holzmehl, 1 % Dinitrobenzol, 5 % Kupferoxalat.

Zusatz. Nebst Fenchel setzt man andere Pflanzenfasern zu, z. B. von Anis, Kümmel. Koriander, Petersilie.

I. 86 % Ammonsalpeter + 14 % Anis.

II. 85·5 % Ammonsalpeter + 13·5 % Kümmel + 1 % Dinitrobenzol.

III. 70·4 % Ammonsalpeter + 10 % Kalisalpeter + 7·2 % Kümmel + 6·4 % Holzmehl + 1 % Dinitrobenzol + 5 % Kupferoxalat.

Englisches Patent Nr. 12716 vom 31. Mai 1906.

Betrifft Zusatz von Fenchel. Beispiele: I. 81·5 % Ammoniumnitrat, 13·5 % Fenchel, 5 % Kupferoxalat.

II. 81·8 % Ammoniumnitrat, 6·6 % Fenchel, 5·6 % Holzbrei, 1 % Dinitrobenzol, 5·0 % Kupferoxalat.

Ein Teil des Ammoniumnitrats kann ferner durch Kaliumnitrat ersetzt werden.

Französisches Patent 369720 (engl. Patent 20309 [1906]).

Man setzt dem Ammonsalpeter ätherische Öle zu, die zweckmäßig in fetten Ölen oder in Kohlenwasserstoffen gelöst werden. Z. B.:

I. 92·8 % Ammonsalpeter + 4·2 % Fenchelöl + 3 % Olivenöl.

II. 90·5 % Ammonsalpeter + 9·5 % Senföl + 1 % Dinitrobenzol.

III. 88·1 % Ammonsalpeter + 2·2 % Senföl + 4 % Rüböl + 1·5 % Holzmehl + 4 % Kupferoxalat.

Englisches Patent Nr 9043 vom 18. April 1902.

R. Escales.

Den Ammonsalpetersprengstoffen wird statt des Aluminiums ein Gemisch der sogenannten seltenen Erdmetalle, die aus den Rückständen der Fabrikation des Thoriumnitrates erhalten werden können, zugesetzt.

Englisches Patent Nr. 11325 vom 16. Mai 1902.
F. Schachtebeck.

Den Ammonsalpetersprengstoffen wird eine Gallerte aus Leim oder Dextrin sowie Glyzerin in Wasser zugesetzt.

Ein weiteres Pat. 22645 betrifft den Zusatz von Nitroglyzerin zu vorstehendem Gemisch.

Englisches Patent Nr. 7442 vom 26. Februar 1904.
Miners' Safety Explosive Co., und W. Levett.

Man bereitet zwei Mischungen: a) 95·5 Tle. Ammonsalpeter und 4·5 Tle. Trinitronaphthalin und b) 80 Tle. Natronsalpeter und 20 Tle. Dinitronaphtalin. Die Bestandteile werden auf 180° F erhitzt und nach dem Erkalten gemengt. Der fertige Sprengstoff besteht zum Beispiel aus 63 Tln. Ammonsalpeter, 107 Tln. Natronsalpeter, 27 Tln. Dinitronaphtalin und 3 Tln. Trinitronaphtalin.

Französisches Patent 350371 vom 5. Dezember 1004.
Charles Girard in Paris.

Werden äquimolekulare Mengen zweier Metallnitrate oder eines Metallnitrats und eines organischen Nitrats zusammengeschmolzen, so erhält man Produkte, deren Schmelzpunkt bedeutend niedriger liegt als der der einzelnen Komponenten. So zeigt z. B. das aus molekularen Mengen Ammoniumnitrat (Schmelzp. 152°) und Guanidinnitrat (Schmelzp. 205°) erhältliche Produkt einen Schmelzpunkt von nur 140°. — Gleichzeitig wird auch die Stabilität und die hygrometrische Beschaffenheit der so behandelten Nitrate in beträchtlichem Maße verändert. — Diese Tatsachen lassen sich mit Vorteil in der Explosivstoffindustrie benutzen. Schmilzt man z. B. Ammoniumnitrat als Basis mit einem organischen Nitrat in dem angegebenen Verhältnis zusammen, so erhält man Produkte, welche entsprechend dem angewendeten Nitrat eine mehr oder weniger hohe Explosivkraft besitzen. Ein kräftiger Sprengstoff wird z. B. aus 80 Tln. Ammoniumnitrat und 88 Tln. Guanidinnitrat erhalten.

Derartige Sprengstoffe, deren Eigenschaften sich entsprechend den in die Mischung eingeführten Nitraten ändern lassen, eignen sich besonders zur Füllung von Hohlgeschossen u. dgl. — Die Explosivkraft dieser Sprengstoffe läßt sich eventuell, d. h. falls der Schmelzpunkt der Mischung der Nitrate ein entsprechend niedriger ist, durch Einführung von Nitroestern, Kohlenwasserstoffen oder deren Derivaten noch beträchtlich erhöhen.

Französisches Patent 356845 vom 10. Juli 1905.
Christian Emil Bichel in Hamburg.
Verfahren zur Herstellung eines wettersicheren Sprengstoffes.

Zur Herstellung eines „Permonit" genannten Sprengstoffes, der alle Bedingungen, die an einen guten Sicherheitssprengstoff gestellt werden, erfüllen soll, vermischt man Ammoniumnitrat mit Kaliumperchlorat und Kochsalz in solchem Verhältnis, daß die Menge des ersten dieser Körper die der beiden anderen um das Anderthalbfache übersteigt und fügt dann zu dieser Mischung Trinitro- oder Dinitroglyzerin, in dem etwa gleiche Mengen Tinitrotoluol gelöst sind, und außerdem Stärke, Holzmehl oder Getreidemehl zwecks besserer Absorption des Nitroglyzerins hinzu. Als vorteilhafte Mischung wird empfohlen: 4 bis 10 % Trinitro- oder Dinitroglyzerin, 6 bis 10 % Trinitrotoluol und 70 bis 80 % der oben erwähnten Mischung aus Ammoniumnitrat, Kaliumperchlorat und Kochsalz.

Englisches Patent Nr. 14545 vom 14. Juli 1905.
Marquis Roberto Imperiali in Neapel.
Verfahren zur Herstellung von Sprengstoffen mit hoher Sprengkraft.

Zur Herstellung der Sprengstoffe werden 74 Gewichtsteile Ammoniumnitrat, 6 Gewichtsteile Antimonsulfid und 20 Gewichtsteile Dinitrobenzol bzw. Dinitrotoluol oder Dinitronaphtalin in vollkommen trockenem und fein gepulvertem Zustand innig vermischt. Hierauf erwärmt man das Gemenge eine Zeitlang auf 100°, wodurch das Dinitrobenzol schmilzt und die einzelnen Sprengstoffpartikelchen mit einer für Feuchtigkeit undurchdringlichen Schicht überzieht, und unterwirft dann die Masse einem solchen Druck, daß das spez. Gewicht der erhaltenen Preßkuchen etwa 1·7 beträgt. (Sprengstoff Stibiovirit.)

Englisches Patent Nr. 18275 vom 9. September 1905.
Castroper Sicherheitssprengstoff-Aktiengesellschaft in Dortmund.

Werden Metallsalze, insbesondere Alkali- und Erdalkalisalze organischer Säuren durch Erhitzen zersetzt, so bildet sich neben Kohlensäure und Wasser das entsprechende Metallkarbonat. Metallkarbonate andererseits geben beim Erhitzen mit Ammonsalzen, wie z. B. Salmiak, das entsprechende Metallchlorid neben Kohlensäure und Ammoniak, welch letzteres bei Anwesenheit von genügend Sauerstoff zu Wasser und Stickstoff verbrennt. — Es ist nun gefunden worden, daß Sprengstoffe von hoher Wettersicherheit erhalten werden, wenn man die vorstehend angegebene Reaktion bei der Temperatur von explodierenden Sprengstoffen vor sich gehen läßt, und es besteht das vorliegende Verfahren demgemäß darin, daß man Sprengstoffmischungen bekannter Art ein Gemisch aus zwei oder mehreren der oben genannten Stoffe (organische Metallsalze und Ammoniumsalze) zusetzt. Hierbei kann ein Teil der Salze organischer Säuren durch eine diesem Teil äquivalente Menge eines oder verschiedener Sauerstoffträger (Nitrate, Chlorate, Perchlorate, Chromate usw.) ersetzt werden. — Als empfehlenswert wird z. B. folgende Mischung angeführt: 73 Tle. Ammoniumnitrat, 10 Tle. Curcuma, 7 Tle. Trinitrotoluol und 10 Tle. einer Mischung aus 3·92 Tln. Salmiak und 6·8 Tln. Kaliumoxalat.

Englisches Patent Nr. 21529 vom 23. Oktober 1905.

Modesto Abelli in Turin.

Betrifft Gemenge von Ammonsalpeter mit Nitroguanidin oder Guanidinnitrat. Beispiele:

I. Nitroguanidin 60 oder 30 %, Kalium- oder Ammoniumnitrat 20 oder 30 %, Pikrinsäure 20 %, Ammoniumnitrat 20 oder 40 %, Dinitrotoluol 20 oder 10 %.

II. Nitroguanidin 15 %, Guanidinnitrat 10 %, Kalium- oder Bariumnitrat 20 %, Ammoniumnitrat 35 %, Aluminium 15 %, Nitronaphtalin 5 %.

Englisches Patent Nr. 4114 vom 16. Februar 1906.

Everard Steele.

Ein gegen Feuchtigkeit unempfindlicher Sprengstoff wird erhalten durch Mischen von 75 bis 90 % Ammonsalpeter mit 25 bis 10 % nitriertem oder dinitriertem Harz oder mit einem nitriertem Gemisch aus Harz und Zerealien oder Stärkemehl, wobei die Menge des Mehls 5 bis 50 % betragen kann. Eventuell wird dem Gemisch auch Aluminium in Mengen bis zu 5 % zugesetzt. Das Gemenge wird sodann gekörnt und während dieser Operation mit zerstäubtem Methylalkohol behandelt, wodurch sich eine wasserundurchlässige Schicht auf den einzelnen Körnern bildet.

Englisches Patent Nr. 2286 vom 29. Januar 1907.

Nicolay Wessel in Christiania.

Sprengstoffe aus Ammonsalpeter und Metall detonieren schwer, wenn sie komprimiert sind. Man hat Ammonkarbonat zugesetzt und dieses nach der Kompression durch Erhitzen entfernt, wodurch der Sprengstoff porös wurde und der Übertragung der Explosionswelle weniger Widerstand entgegensetzte. Doch war dies Verfahren technisch nicht durchführbar. Es wird daher dem Gemisch vor der Kompression eine geeignete Menge Nitrozellulose zugesetzt.

Beispiel: 50 bis 80 % Ammonsalpeter, 6 bis 20 % Ferrosilicium, 5 bis 25 % Nitrozellulose, 0·10 % Kohlenstoff oder organische Substanz, 0 bis 8 % Ammoniumoxalat oder Ammoniumchlorid.

Die Sprengkörper werden zum Schutz gegen Feuchtigkeit mit paraffiniertem Papier umhüllt.

Fin Sparre in Wilmington hat für die Dupont Powder Co. eine Reihe von Patenten betreffs Ammonsalpetersprengstoffen in den Vereinigten Staaten genommen.

Amerikanisches Patent 819985 vom 17. März 1905 betrifft Sprengstoffe aus Ammonsalpeter und Aluminium, welchen vor der Kompression nichtgelatinierte Nitrozellulose oder Nitrostärke zugesetzt wird, um die Detonationsfähigkeit der Mischung zu erhöhen und außerdem ein flüssiger Kohlenwasserstoff von möglichst niedrigem

Erstarrungspunkt und hohem Siedepunkt, um die pulverigen Stoffe bei der Kompression miteinander zu verbinden, und die Sprengkraft der Mischung zu erhöhen. Die fertigen Patronen werden mit Paraffin überzogen. Beispiele: a) für Granatfüllung: 50 bis 70 % Ammonsalpeter, 10 bis 20 % Aluminium. 10 bis 25 % Nitrozellulose, 0 bis 10 % Kerosen. b) für Bergbau: 50 bis 80 % Ammonsalpeter, 5 bis 25 % Ferrosilicium, 5 bis 25 % Nitrozellulose, 0 bis 10 % Kerosen.

Nach dem Patent 812959 vom 6. Mai 1905 wird noch Nitroglyzerin zugesetzt. Der Sprengstoff besteht z. B. aus 68 % Ammonsalpeter, 13 % Ferrosilicium, 5 % Kerosen, 2 % Holzkohle und 12 % Nitroglyzerin.

Nach dem Patent 850268 vom 8. Februar 1906 wird statt Nitrocellulose ein Gemenge von Trinitrotoluol und Nitrocellulose genommen. Der Sprengstoff besteht z. B. aus 74 % Ammonsalpeter, 12 % Ferrosilicium, 6 % Trinitrotoluol, 6 % Nitrozellulose, 2 % Kerosen.

In dem Patent 850502 vom 8. Februar 1906 sind Sprengstoffe folgender Zusammensetzung beschrieben: Ammonsalpeter 25 bis 75 %, Natron- und Kalisalpeter 10 bis 50 %, Ferrosilicium 5 bis 20 %, Nitrozellulose 5 bis 20 %, Schwefel 2 bis 8 %, Holzkohle 0 bis 8 %, Kerosen 0 bis 8 %.

Nach dem Patent 850266 vom 24. Oktober 1905 werden Ammonsalpetersprengstoffe aus 85 % Ammonsalpeter und 15 % einer wasserdichtmachenden Masse hergestellt. Letztere wird bereitet, indem man 15 % Schießbaumwolle in der Lösung von nicht über 25 % eines festen Nitrokörpers (Dinitrobenzol, Di- oder Trinitrotoluol) in 60 bis 95 % einer flüssigen Nitroverbindung (Nitrobenzol oder Nitrotoluol) auflöst.

Nach dem Patent 850267 vom 28. Dezember 1905 besteht der Sprengstoff aus 68 % Ammonsalpeter, 12 % der vorstehend genannten Masse, 10 % ungelatinierter Nitrozellulose und 10 % Aluminium.

Nach dem Patent 850325 vom 31. Mai 1906 besteht die dem Ammonsalpeter zuzufügende Masse, welche 15 bis 20 % des Sprengstoffes ausmacht, aus 80 % Mononitrotoluol, 10 % Trinitrotoluol und 10 % Schießbaumwolle. Die Sprengstoffe haben die Zusammensetzung 85 % Ammonsalpeter und 15 % der genannten Masse oder 75 % Ammonsalpeter, 20 % der Masse und 5 % Nitroglyzerin.

Nach dem Patent 850326 werden 50 Tle. Ammonsalpeter bei 90° C mit einem geschmolzenen Gemenge aus 8 Tln. Dinitrobenzol und 2 Tln. Mononitrobenzol vermischt und dieser Masse dann ein zweites pulverförmiges Gemisch aus 20 Tln. Kalisalpeter, 10 Tln. Ferrosilicium und 10 Tln. Nitrozellulose einverleibt.

Englisches Patent Nr. 7490 vom 22. März 1904.

C. J. Rusher und G. W. Baudinet.

Die Ammonsalpetersprengstoffe sollen freies Ammoniak enthalten; man gibt daher in der Wärme (bei 90° C) Ammoniumkarbonat hinzu;

z. B. 0·5 bis 2·5 % Ammoniumkarbonat zu 5 Tln. Ammoniumnitrat; dann gibt man 1 Tl. geschmolzenes Dinitrobenzol hinzu.

Englisches Patent Nr. 3005 vom 17. Februar 1906.
H. C. L. Bloxam und South African Manganite Explosives Syndicate.

Statt wie bisher den Ammonsalpeter in festem Zustand in das geschmolzene Dinitrobenzol einzutragen, schmilzt man zunächst den Ammonsalpeter — dem event. vorher oder nachher Ammoniumkarbonat oder Ammoniak in Lösung zugesetzt wird (engl. Patent 7490 [1904]) — und läßt entweder das geschmolzene Dinitrobenzol in die Ammonsalpeterschmelze oder das geschmolzene Ammoniak auf das feste Dinitrobenzol laufen. In beiden Fällen werden die Bestandteile gut miteinander vermischt, worauf die Masse nach dem Festwerden in üblicher Weise gemahlen und patroniert wird. — Diese so erhaltenen Sprengstoffe sollen sich durch höheres spez. Gewicht und größere Explosivkraft auszeichnen. Z. B. 83 Ammonsalpeter + 0·5 bis 2·5 Ammonkarbonat + 17 Dinitrobenzol.

Nach dem engl. Patent 26823 vom 4. Dezember 1907 wird geschmolzenes Ammoniumnitrat nach dem Erstarren zu einem feinen Pulver vermahlen und in einer dampfbeheizten Pfanne auf eine Temperatur, die dem Schmelzpunkt des Dinitrobenzols nahe kommt, erhitzt, worauf man das Dinitrobenzol hinzufügt und mit dem Ammoniumnitrat verarbeitet. Man steigert dabei die Temperatur so lange, bis der Schmelzpunkt des Dinitrobenzols etwas überschritten ist, gießt hierauf die Masse aus und körnt und patroniert sie in üblicher Weise.

Englisches Patent Nr. 10424 vom 3. Mai 1906.
Dr. Franz Volpert.

Den Ammonsalpetersprengstoffen wird zur Erhöhung der Wettersicherheit ein Gemisch von Chlorammonium mit einer äquivalenten Menge eines sauerstoffreichen Salzes zugesetzt.

Französisches Patent 375509 vom 4. Mai 1907.
Alfred Ermel.

Den aus Ammoniumnitrat und Nitrokohlenwasserstoffen bestehenden Sprengstoffen, welche in komprimiertem Zustand schwer detonieren, wird Bleinitrat und gleichzeitig Glyzerin oder ein flüssiger bzw. flüssig gemachter Kohlenwasserstoff oder Nitrokohlenwasserstoff zugesetzt.

Englisches Patent Nr. 19993 vom 7. September 1907.
Viktor Ansay und Constant Nameche.

Sprengstoff aus 90 % Ammonsalpeter und 10 % nitriertem Harz, erhalten durch Nitrierung des bei der Teerdestillation verbleibenden Rückstandes mit Salpeterschwefelsäure.

Auf die anfangs als Vigorit, später als Monachit bezeichneten Sprengstoffe beziehen sich folgende zwei Patente:

Englisches Patent Nr. 19565 vom 31. August 1907.
Gustav Schultz in München.
Herstellung von aromatischen Nitrokörpern aus Solventnaphta.

Zwecks Herstellung eines Gemisches fester und flüssiger aromatischer Nitrokörper aus der sogenannten Solventnaphta wird diese nach geeigneter Reinigung mittels Alkalien und Säuren (Schwefelsäure) wiederholt mit einem Gemisch aus Salpetersäure und Schwefelsäure behandelt. Man nitriert zunächst in der Kälte und erwärmt sodann das Gemisch, bis die Nitrierung beendet ist. Das erhaltene Gemisch aus festen und flüssigen Nitrokörpern wird hierauf durch Auswaschen mit Wasser gereinigt und zwecks Trennung der festen von den flüssigen Bestandteilen einer Pressung unterworfen. — Anstatt Solventnaphta direkt zu nitrieren, kann man dieselbe auch zunächst durch fraktionierte Destillation in mehrere, beispielsweise drei Fraktionen zerlegen und letztere für sich nitrieren, um hauptsächlich feste und ölige Nitroprodukte zu erhalten. Hierbei geben die bei 120 bis 140° und 160 bis 180° siedenden Fraktionen im wesentlichen feste Körper, die bei 140 bis 155° siedende Fraktion dagegen vorzugsweise ölige Produkte.

Englisches Patent Nr. 5687 vom 18. März 1905.
Gustav Schultz und Fritz Gehre in München.
Verfahren zur Herstellung eines neuen Sicherheitssprengstoffes.

Zur Herstellung dieses Sprengstoffes werden die durch Nitrierung von Solventnaphta erhältlichen festen Nitroprodukte, welche hauptsächlich aus den Trinitroprodukten des Mesitylens und Pseudokumols bestehen, mit Sauerstoffträgern und event. mit fein gepulverten Metallen wie Eisen oder Kupfer vermischt. Als Beispiel wird folgende Mischung angegeben: 76 Tle. Ammoniumnitrat, 10 Tle. Kaliumnitrat, 10 Tle. Nitroprodukt, 2 Tle. Harz und 2 Tle. Kaliumperchlorat.

In dem amerik. Patent 894707 vom 25. Januar 1906 wird als vorteilhafte Mischung angegeben 88 % Ammonsalpeter und 12 Gew.-Tle. Bi- oder Trinitromesitylen bzw. Bi- oder Trinitropseudokumol.

Französisches Patent 391106 vom 19. August 1907.
Société Anonyme d'Explosives et de Produits Chimiques.

Gemenge von Ammonsalpeter mit Hexanitrooxanilid; letzteres wird gewonnen, indem man Oxalsäure mit Anilin kondensiert und dann mit Salpeterschwefelsäure nitriert.

In dem franz. Patent 391107 derselben Fabrik wird Ammonsalpeter mit Pentanitrodimethylmetaphenylendiamin gemischt; letzteres wird erhalten durch Nitrierung des alkylierten aromatischen Diamins.

D.R.P. 205488 vom 17. Januar 1908.
Vereinigte Köln-Rottweiler Pulverfabriken in Köln a. Rh.
Verfahren zur Herstellung brisanter wettersicherer Sprengstoffe. (Pastanil.)

Die Erfindung beruht auf der Beobachtung, daß die festen, stabilen Verbindungen, welche Anilin mit verschiedenen anorganischen Salzen, wie Chloriden, Nitraten, Sulfaten der Erdalkalien und der Schwermetalle eingeht, vorzüglich geeignet sind, die Wettersicherheit von Sprengstoffgemischen zu erhöhen. Mehr oder weniger zeigen sich alle Metallsalzanilinverbindungen für den genannten Zweck in gleicher Weise geeignet, und man ist mit ihrer Hilfe in der Lage, ohne Verwendung anderer Kohlenstoffverbindungen direkt durch Vermischen mit Ammoniaksalpeter brauchbare Sprengstoffe zu erhalten. Beispielsweise werden folgende Mischungen empfohlen: I. 90 % Ammoniaksalpeter, 10 % Chlorcalciumanilin. Die Sprengkraft beträgt 290 ccm bei einer Wettersicherheit von 580 g in 8 bis 9 %igem Schlagwettergemisch. II. 95 % Ammoniaksalpeter, 5 % Kupfersulfatanilin. Dieser Sprengstoff ergibt eine Ausbauchung von 302 ccm bei einer Schlagwettersicherheit bis zu 600 g. III. 90 % Ammoniaksalpeter, 10 % Kupferoxalatanilin. Normalausbauchung 310 ccm, sicher bis 610 g. IV. 95 % Ammoniaksalpeter, 5 % Kupferoxalatanilin. Ausbauchung 290 ccm, sicher bis 650 g. V. 92·5 % Ammoniaksalpeter, 2·5 % Zucker, 5 % Kupfersulfatanilin. Ausbauchung 320 ccm, sicher bis 600 g. Die Sprengstoffe bilden ein trockenes Pulver von hoher Ladedichte und vorzüglicher Detonations- und Lagerfähigkeit.

Englisches Patent Nr. 24240 vom 30. April 1906.
Dr. Conrad Claessen in Berlin.

Die Erfindung betrifft ein Verfahren zur Herstellung von Sicherheitssprengstoffen auf der Basis von Ammoniumnitrat, welches dadurch gekennzeichnet ist, daß bekannten Ammoniumnitratsprengstoffen Chromalaun oder Chromammoniakalaun zugesetzt wird. Für bergbauliche Zwecke wird besonders folgende Mischung empfohlen: 66·0 % Ammoniumnitrat, 14·5 % Kaliumnitrat, 9,0 % Schießbaumwolle, 0·5 % Vaseline, 10·0 % Chromammoniakalaun. (Sprengstoff Chromammonit.)

Amerikanisches Patent 901504 vom 10. August 1906.
Plumer Wheeler in Chester.

Die Erfindung beruht auf der Beobachtung, daß die Empfindlichkeit der aus Ammoniumnitrat und Kohlenstoffträgern hergestellten Sprengstoffe, die häufig zu wünschen übrig läßt, dadurch wesentlich gesteigert werden kann, daß man bei der Mischung der einzelnen Bestandteile eine Temperatur anwendet, welche die Verflüssigungstemperatur der Kohlenstoffträger übersteigt, die aber nicht hoch genug ist, um das Ammoniumnitrat zu verflüssigen. Zur Herstellung der den Gegenstand der Erfindung bildenden Sprengstoffe wird demgemäß der Kohlenstoffträger, z. B. Dinitronaphtol oder Trinitrotoluol, zum Schmelzen gebracht und dem Ammoniumnitrat hinzugefügt. Hierauf werden die Bestandteile gut durchgemischt und zwar bei Einhaltung einer Temperatur, welche dem Schmelzpunkt des Ammoniumnitrats möglichst nahe kommt. Besonders gute Resultate sollen beispielsweise durch Vermischen von 7 Tln. Dinitronaphtol und 5 Tln. Trinitrotoluol mit 88 Tln. Ammoniumnitrat bei einer Temperatur von 280 bis 290° F erhalten werden.

Französisches Patent 93381 vom 19. Mai 1908.
R. Escales und M. Novak in München.

Patronen und Sprengstoffladungen werden aus Ammonsalpetersprengstoffen in der Weise hergestellt, daß man den gepulverten und vollständig getrockneten Sprengstoff mit einer Lösung von Kollodiumwolle (oder auch Nitrokohlenwasserstoff) in Aceton (oder anderem flüchtigen Lösungsmittel) behandelt und die so erhaltene plastische Masse, bevor dieselbe vollständig trocken ist, durch Pressen in Form von Patronen oder Ladungen bringt. Nach vollständiger Verdunstung des Lösungsmittels erhält man harte Körper, welche noch äußerlich paraffiniert werden können.

Deutsche Patentanmeldung E 12787 vom 14. August 1907.
R. Escales und M. Novak in München.

Um eine bessere Detonation, größere Sprengkraft und besonders bessere Übertragung der Detonation von einer Patrone zur anderen herbeizuführen, werden geringe Mengen roter Phosphor zugesetzt.

Patentanspruch: Verfahren zur Herstellung roten Phosphor enthaltender Ammonsalpetersprengstoffe, dadurch gekennzeichnet, daß der rote Phosphor mit einer Zellulose-Esterlösung in einem flüchtigen Lösungsmittel verarbeitet und hierauf nach gründlichem Durchmischen der Masse das Lösungsmittel entfernt wird.

Die deutschen Patente, welche sich auf die Patronierung von Ammonsalpetersprengstoffen beziehen, sind folgende:

D.R.P. 47595 vom 22. Dezember 1887.
Companie Générale des Explosives Favier in Brüssel.
Sprengpatronen, bestehend aus komprimiertem Mantel und körnigem Inhalt.

Die Sprengkraft einer Patrone ist abhängig von der Dichte der Sprengmasse. Die stärkste Patrone wird aus einem durch hohe Kompression gebildeten Vollzylinder hergestellt. Nun können aber Vollzylinder, besonders wenn sie aus gewissen Materien gebildet sind, unter der Einwirkung gewöhnlicher Mittel nicht zur Explosion gebracht werden, weshalb hierzu eine andere Anordnung gewählt worden ist, bestehend in der Herstellung von stark komprimierten Hohlzylindern, deren innerer Raum mit derselben Materie in gekörntem Zustande angefüllt wird; das körnige Material bildet dann den Zünder, welcher unter Einwirkung einer entsprechenden Zündkapsel die zur Explosion der ganzen Patrone erforderliche Molekularerschütterung herbeiführt.

D.R.P. 71415 vom 18. Februar 1893.

Westfälisch-Anhaltische Sprengstoff-Aktiengesellschaft. Vorrichtung zum Füllen von Sprengstoffpatronen.

Für den Gebrauch von Sprengkörpern in Bergwerken, Steinbrüchen oder zu sonstigen industriellen Zwecken ist es erwünscht, daß die Patronen den Sprengstoff stets in einem ganz bestimmten Zustande der Dichtigkeit enthalten, da sonst entweder eine zu starke oder aber eine zu schwache Wirkung eintreten könnte. — Den Gegenstand der vorliegenden Erfindung bildet nun eine Vorrichtung, welche den Zweck hat, unabhängig von der Geschicklichkeit und der Vertrautheit des Arbeiters mit der Sprengstofftechnik Patronen mit Sprengstoff von durchweg gleichem und event. beliebig regelbarem Dichtigkeitsgrade herzustellen. Mittels dieser Vorrichtung wird den Patronenhülsen während oder nach dem Füllen mit einer bestimmten Quantität Sprengstoff mittels einer selbsttätig wirkenden Schüttelvorrichtung eine auf- und abgehende stoßweise Bewegung erteilt, welche je nach der Hubhöhe und der Anzahl der Stöße ein mehr oder minder starkes Zusammensinken des Sprengstoffpulvers bis auf einen bestimmten Raumteil zur Folge hat. Beispielsweise wird dies dadurch bewirkt, daß man eine größere Anzahl von Patronenhülsen nebeneinander in einen Rahmen einsetzt und unterhalb des letzteren eine Daumenscheibe anordnet, welche durch Maschinenkraft oder Handbetrieb während oder nach jeder Füllung eine gewisse Anzahl von Umdrehungen erhält, den Tragrahmen für die Patronenhülsen bis auf eine der größten Höhe der Daumen entsprechende Strecke allmählich emporhebt und ihn plötzlich wieder auf seine Unterlage zurückfallen läßt. Durch die vibrierende Bewegung, welche den Sprengstoffpartikelchen durch den Anschlag des Rahmens auf seiner Unterlage erteilt wird, können alsdann die einzelnen Massenteilchen, der Schwerkraft folgend, sich gegenseitig so lagern, daß das Gesamtvolumen der Sprengladung um einen gewissen, der Anzahl und Stärke der Stöße entsprechenden Betrag vermindert wird. — In der

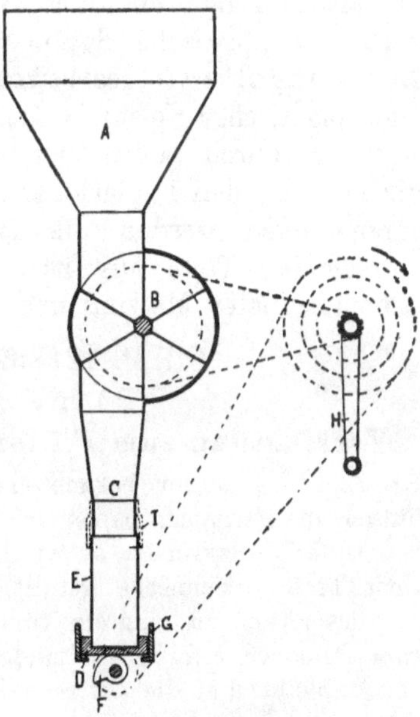

Fig. 11. Vorrichtung zum Füllen von Sprengpatronen.

vorstehenden Fig. 11 ist eine solche Vorrichtung dargestellt. Mit *A* ist der Aufgabetrichter bezeichnet, in dessen Auflauf eine Meßtrommel *B* eingeschaltet ist, die bei jeder Umdrehung der Handkurbel *H* $^1/_6$ Umlauf vollendet, so daß ein dem Rauminhalt der Meßkammern entsprechendes Volumen des Sprengmaterials in die unter der Auslauföffnung *C* auf einem vertikal beweglichen Rahmen *D* ruhenden Patronenhülsen *E* fällt. Unterhalb des Patronenrahmens *D* ist eine mit einem oder mehreren Daumen versehene Scheibe *F* angeordnet, welche beim jedesmaligen Umdrehen der Handkurbel *H* und jeder Sechstelstellung der Meßtrommel *B* eine dem jeweilig gewählten Übersetzungsverhältnis entsprechende Anzahl von Umdrehungen macht und den Patronenrahmen *D* mit den Patronenhülsen *E* in den Führungen *G* emporhebt und wieder fallen läßt. In der Zeichnung ist nur eine Meßtrommel mit einer Patronenhülse *E* angestellt; bei der praktischen Ausführung wird man indessen mehrere Meßtrommeln auf einer und derselben Achse und eine dementsprechende Anzahl von Patronenhülsen (in der Zeichnung hintereinanderliegend zu denken) anwenden.

Bei der Zentrifugal-Patroniermaschine von Ceipek (D.R.P. 117111) ist das Prinzip der sogenannten „Stopfmaschine“ für staubförmige und der „Wurstmaschine“ (mit Schneckengang) für plastische Sprengstoffe verlassen und wird dafür mit Zentrifugalkraft gearbeitet. Der Sprengstoff (in staubförmiger oder plastischer Form) kommt in einen Füllraum und wird durch Rotation durch außen angebrachte Röhren oder Mundstücke in die zu füllenden Papierhülsen geschleudert. Bei Ammonsalpetersprengstoffen werden die mit dem Sprengstoff in Berührung kommenden Teile aus Ebonit (Hartgummi) gefertigt, weil der Ammonsalpeter Messing und Eisen angreift.

D.R.P. 121839 vom 19. Mai 1900.
Ph. Neuss in Barmen.
Vorrichtung zum Füllen von Sprengpatronenhülsen

Bei den bisher bekannten Maschinen zum Füllen von Patronenhülsen aus Pergamentpapier mit Sprengstoff wird ein auf einem Gestell befestigter Füllzylinder, an welchen die Hülsen befestigt werden, mittels einer Transportschnecke gefüllt. Dieses Verfahren hat die Nachteile, daß das Füllen zu langsam vor sich geht, zur Bedienung der Maschine zwei Personen erforderlich sind, an den Flächen der Schnecke Material haften bleibt und die auftretende Reibung zu Explosionen Veranlassung geben kann.

Außer solchen Schneckenpressen werden auch Kolbenpressen verwendet, die mittels eines Handhebels betrieben werden und deren Bedienung sowohl an die Kraft als auch an die Geschicklichkeit der Arbeiter große Anforderungen stellt. Auch müssen gleichfalls meist mehrere Personen diese Pressen bedienen. — Gemäß vorliegender Erfindung findet die Füllung mittels eines durch Druckluft getriebenen

Kolbens schnell und in gefahrloser Weise statt, während zur Bedienung der Maschine nur eine ungeschulte Person erforderlich ist, an deren Kräfte keine besonderen Anforderungen gestellt werden.

Patentanspruch: Vorrichtung zum Füllen von Sprengpatronenhülsen, gekennzeichnet durch einen auf einem Gestell montierten, umklappbaren Füllzylinder, in welchem ein durch Druckluft bewegter Kolben die Preßwirkung auf die direkt in den Zylinder eingetragene Ladung ausübt, während die Rückbewegung von Hand erfolgt.

D.R.P. 144280 vom 13. Februar 1901.

John Christian Schrader in Dover (New Jersey).

Maschine zur Herstellung von Sprengstoffpatronen.

Patentanspruch: Maschine zur Herstellung von Sprengstoffpatronen, bei welchen der aus einem Einwurftrichter einer Förderschnecke zugeführte Sprengstoff in Form eines Stranges durch ein Mundstück ausgepreßt wird, gekennzeichnet durch die Verbindung einer auswechselbaren Förderschnecke mit einem auswechselbaren Mundstück, so daß durch Anwendung einer Förderschnecke von geeigneter Steigerung und eines Mundstücks von geeigneter Weite mit ein und derselben Maschine verschieden kalibrige Sprengstoffpatronen in der gleichen Zeiteinheit hergestellt werden können.

Das D.R.P. 149258 des gleichen Erfinders hat folgenden Patentanspruch:

Maschine zur Herstellung von Sprengstoffpatronen, bei welcher die Zuführung des Sprengstoffes aus dem Einwurftrichter zu der den Sprengstoff in Form eines Stranges durch ein Mundstück auspressenden Druck- oder Förderschnecke durch eine sich selbsttätig regelnde Rühr- und Speisevorrichtung erfolgt, dadurch gekennzeichnet, daß die eine kontinuierliche Beschickung des Einwurftrichters ermöglichende Rühr- und Speisevorrichtung in diesem derart verschiebbar angeordnet ist, daß sie unabhängig von ihrer Drehvorrichtung und von der Beschickung des Einwurftrichters ihre Druckwirkung durch entsprechendes Hochgehen oder Senken selbsttätig regelt, bzw. nach oben hin ausweicht, sobald der Sprengstoff der Drehung der Rühr- und Speisevorrichtung einen gefahrbringenden Widerstand darbietet.

Das D.R.P. 193869 vom 22. August 1906 von Paul Sichtermann betrifft eine Preßvorrichtung zum Einpressen von Sprengstoffen in Patronenfüllapparate auf maschinellem Wege.

Folgende Patente betreffen die Umhüllung der Patronen:

D.R.P. 83313 vom 27. Januar 1895.

Josef Kolonits in Köln a. Rh.

Patronenhülse für hygroskopische Sicherheitssprengstoffe.

Man stellt wasserdichte Hülsen für Sprengstoffe vielfach in der Weise her, daß man die in Papier eingewickelte Patrone in ein geeignetes Bad, z. B. von Paraffin, Wachs, Harz, Pech u. dgl. eintaucht, wodurch das Ganze mit einer wasserdichten Schicht überzogen wird, oder dadurch, daß das zum Einwickeln der Patrone bestimmte Papier vorher durch Eintauchen in das genannte Bad wasserdicht gemacht wird. Durch diese Imprägnation entsteht aber beim Abfeuern des Schusses leicht eine Stichflamme, wodurch die Wettersicherheit leidet. Metallhülsen zeigen diesen Übelstand nicht, sind jedoch zu schwer. Es wird daher als Hülse ein geeignetes Papier mit einer äußeren Auflage von ganz dünner Metallfolie verwendet.

Das D.R.P. 84514 vom 4. Mai 1895 der Aktiengesellschaft Dynamit Nobel betrifft Umhüllung der Patronen mit Asbest.

Nach den D.R.P. 91731 und 92173 von Eugen Mutzka besteht der wasserdichte und schlagwettersichere Überzug für Sprengpatronen aus Chromleim oder Gerbsäureleim mit oder ohne Zusatz von Glyzerin und Permanentweiß, oder aus der Verbindung von Formaldehyd oder anderen Aldehyden mit Leim oder Gelatine.

Nach dem D.R.G.M. 349094 der Westfälisch-Anhaltischen Sprengstoff-Aktiengesellschaft werden Ammonsalpetersprengstoffe durch besondere Beutel vor Feuchtigkeit geschützt. Der die Patrone umkleidende Beutel ist quer zur Längsrichtung mit zwei einander sich nähernden Perforierungen und der durch diese Perforierungen gebildete, bzw. von denselben umgrenzte Streifen mit einem Abreißzipfel versehen. — Für den Gebrauch der Patronen erfaßt man den Abreißzipfel und reißt den von den Perforierungen umgrenzten Streifen ab, worauf man die verbliebenen, einfache Hülsen bildenden Beutelteile über die Enden der Patronen abstreift.

Nach dem französischen Patent 350099 vom 4. August 1905 verwendet die Société générale pour la fabrication de la Dynamite in Paris zum Patronieren von Sicherheitssprengstoffen Papier- oder Gewebehüllen, welche mit die Entzündlichkeit herabsetzenden Mitteln imprägniert sind; ein solches Mittel ist z. B. eine Lösung von 10 l Wasser mit 1 kg Ammoniumphosphat und 100 g Borsäure. Man kann dieses Mittel entweder schon dem Papierbrei, aus dem die Hülsen hergestellt werden, zusetzen oder man hängt die fertigen Papierblätter, nachdem diese gut getrocknet sind, eine Zeitlang in eine Lösung dieser Mittel.

Auf die Zündung von Ammonsalpetersprengstoffen beziehen sich folgende Patente:

D.R.P. 108708 vom 7. Mai 1898.

Westfälisch-Anhaltische Sprengstoff-Aktiengesellschaft.

Die gebräuchlichen Sprengkapseln aus Kupfer usw. ragen nur wenig in die Sprengladung der Patrone hinein, was zur Folge hat, daß die tatsächliche Wirkung einer Detonation bei weitem hinter der möglichen zurückbleibt. Um eine möglichst vollkommene Wirkung einer Sprengpatrone zu erzielen, sollte letztere ihrer ganzen Länge nach gleichmäßig zur Detonation gebracht werden, was möglich ist, wenn man der Sprengkapsel eine solche Länge gibt, daß die Sprengpatrone in ihrer ganzen Länge von derselben durchdrungen wird. Bei Sprengkapseln aus undurchsichtigem Material bereitet aber die Füllung derselben Schwierigkeiten, wenn man sehr lange Kapseln hat. Deshalb werden lange Sprengkapseln von geringem Durchmesser aus durchsichtigem, bzw. durchscheinendem Material hergestellt, und zwar aus Leimgelatine, Nitrozellulose oder Celluloid.

Englisches Patent Nr. 27459 vom 16. Dezember 1904.

Louis Lheure in Paris.

Verbesserungen in der Herstellung von Sprengstoffen.

Gegenstand der Erfindung ist eine Anordnung, welche ermöglicht, das Ammoniumnitrat selbst zur vollkommenen Detonation zu bringen und somit als Sprengstoff zu verwenden. — Diese Anordnung besteht darin, daß man in die Ammoniumnitratladung der ganzen oder teilweisen Länge nach einen Zünder von genügend großem Durchmesser einführt, der seinerseits direkt durch ein in die Ladung eingesetztes Knallquecksilberzündhütchen oder indirekt durch eine Zündschnur von kleinerem Durchmesser, deren Zündung außerhalb des Bohrlochs erfolgt, entzündet wird. Das Ammoniumnitrat wird hierbei am besten in Form komprimierter Patronen verwendet, welche mit einer zentralen oder seitlichen Bohrung zwecks Aufnahme des Zünders versehen sind.

D.R.P. 180419 vom 18. Dezember 1904.[1]

Louis Lheure in Paris.

Neuerung betreffend die Zündung von Sprengstoffen.

Die Erfindung betrifft eine Zünderanordnung in Sprengladungen, welche bezweckt, diese Ladungen in den Bohrlöchern in gefahrloser Weise zur vollkommenen Entzündung zu bringen und dadurch die Sprengwirkung zu erhöhen. Diese Anordnung besteht im wesentlichen darin, daß man in den, event. komprimierten Ladungen, ihrer ganzen oder teilweisen Länge nach Zündröhren oder Zündfäden einführt, die entweder direkt durch ein Knallquecksilberzündhütchen oder indirekt durch eine zweite, außerhalb des Bohrlochs zu entzündende Zündröhre oder dergl. zur Explosion gebracht werden.

---

[1] Engl. Patent 27460 vom 16. Dezember 1904.

Fünfter Abschnitt.

Die Fabrikation der Ammonsalpetersprengstoffe.

Nachstehend geben wir die Bedingungen, wie sie vor einigen Jahren einer neuzuerrichtenden Fabrik bei Erteilung der Konzession zur Herstellung reiner Ammonsalpetersprengstoffe (also ohne Nitroglyzerin) auferlegt wurden.

A. Anlage der Fabrik.

1. Die Sprengstoffabteilung ist mit einer mindestens 2·5 m hohen und dichten Umzäunung und einer Mauer zu umgeben, welche ein unbeabsichtigtes Betreten des Grundstückes ausschließt und ein Übersteigen nach Möglichkeit erschwert. — Die Wälle, welche um die Sprengstoff enthaltenden Baulichkeiten aufzuführen sind, müssen mit dem äußeren Fuße wenigstens 3 m von dem Zaun bzw. der Mauer entfernt bleiben. Die Verkehrswege sind in genügender Breite, eben und mit Wasserabzug anzulegen und ordnungsgemäß, sauber und frei von Graswuchs zu erhalten. An den Zufahrtsstraßen und Zugängen zur Sprengstoffabteilung sind Warnungstafeln deutlich sichtbar anzubringen, auf welchen das unbefugte Betreten des Grundstückes verboten wird.

2. Die Lagerung und das Trocknen des Ammonsalpeters muß in einem besonderen Bau erfolgen. Die Trockenvorrichtungen sind durch Dampf oder Wasser zu heizen. Sämtliche Räume, in denen mit dem Ammonsalpeter gearbeitet wird, müssen unmittelbar ins Freie führende Ausgänge erhalten. Zum Löschen eines etwa entstehenden Brandes ist Wasserleitung vorzusehen.

3. Das Vermengen des Ammonsalpeters mit den Zusatzstoffen sowie alle ferneren Arbeiten mit dem Gemenge dürfen nur innerhalb der unter 1 beschriebenen Sprengstoffabteilung und zwar, den Arbeiten entsprechend in besonderen Räumen, vorgenommen werden. Das Gesamtgewicht des Sprengstoffes, das sich gleichzeitig auf dem Fabrikgrundstück in der Fabrikation (d. h. vom Beginn des Mengens bis zum Schließen der Sprengstoffkisten) und als fertig verpackte Ware befindet, darf zusammen in keinem Falle 500 kg überschreiten. (Siehe auch Ziffer 9.)

4. Zu den Mühlen oder Trommeln, in denen das Mengen der Stoffe vorgenommen werden soll, sind Materialien zu verwenden, bei denen ein Funkenreißen oder das Entstehen elektrischer Funken gänzlich ausgeschlossen ist. Keine Mengvorrichtung darf mit mehr als 50 kg Gemenge beschickt werden; die Vorrichtung ist in einem besonderen, nach dem Ausblasesystem zu errichtenden Bau mit leichter Vorderwand und leichtem Dach, umgeben von Schutzwällen, unterzubringen. Die Ausblaserichtung ist nach Westen zu wählen. Der mechanische

Antrieb der Vorrichtungen muß außerhalb der Mischräume liegen. Es ist gestattet, mehrere solcher Räume nebeneinander zu legen; zwischen denselben sind dann aber mindestens drei Steine starke Scheidewände in Zementmörtel oder aus Zementbeton aufzuführen, welche um 0·5 m vor die Vorderwand und über das Dach ragen.

5. Für die einstweilige Aufnahme des fertigen Gemenges ist ein Absatzmagazin zu schaffen. Dasselbe darf nie mehr als 50 kg Sprengstoff, und zwar in einzelnen Behältern zu je 10 kg, enthalten. Für die Bauart des Magazins gilt das unter 4 Gesagte. Unter den dort angegebenen Bedingungen soll es auch gestattet sein, mehrere solcher Magazine nebeneinander zu legen. Die Absatzmagazine sind nicht als betretbare Räume, sondern gewissermaßen nur verschließbare umwallte Schränke anzulegen.

6. Jede Patronenstopfmaschine ist in einem besonderen Raume aufzustellen; in einem solchen dürfen sich gleichzeitig nicht mehr als 10 kg Sprengstoff befinden. Mehr Arbeiter darin zu beschäftigen, als zur Bedienung der Maschine erforderlich sind, ist nicht gestattet. Wird von der Hand gestopft, so darf sich in jeder Patronenbude nur ein Arbeiter aufhalten. Für die Bauausführung der Räume gilt das unter 4 Gesagte mit der Einschränkung, daß die Stärke der Mauer zwischen zwei Räumen nur 50 cm beträgt, und daß die Ausblaserichtung auch nach Osten gewählt werden darf.

7. Werden die gestopften Patronen nicht sofort zur Paraffinierung abgeholt, so sind sie in Absatzmagazinen, wie unter 5 angegeben, in Höchstmengen von 50 kg einstweilen aufzuheben.

8. Die Paraffinierräume für Patronen und für Pakete sowie der Packraum sind ebenfalls in mit Schutzwällen umgebenen Gebäuden unterzubringen. In jedem derselben dürfen sich gleichzeitig auch nicht mehr als 50 kg Sprengstoff befinden.

9. Der in Kisten verpackte, versandfertige Sprengstoff darf, sofern sein Versand oder seine Überführung in das Lager aus Zweckmäßigkeitsgründen nicht gleich erfolgen kann, in einer Gesamtmenge von höchstens 250 kg angesammelt werden. Seine Aufbewahrung hat in Absatzmagazinen, nach Bauart wie unter 5 angegeben zu erfolgen; in jedem derselben dürfen nicht mehr als 50 kg Sprengstoff untergebracht werden.

10. Für die in der Sprengstofffabrik beschäftigten Arbeiter sind, getrennt nach Geschlechtern einzurichtende Wasch- und Umkleideräume zu schaffen. Auch ist für einen Aufenthaltsraum sowie für einen Baderaum Sorge zu tragen; letzterer muß einen heizbaren Vorraum mit Sitzgelegenheit haben. Das Gebäude zur Aufnahme der vorgenannten Räume und Einrichtungen wird zweckmäßig östlich von dem Ammonsalpeterlager und zwar innerhalb der Umzäunung liegen.

11. Sämtliche Sprengstoff enthaltende Gebäude sind mit Erdwällen, und zwar von $^1/_2$ m Kronenbreite und mindestens einfacher Böschungsanlage $^1/_2$ m höher als die First der Gebäude, zu umgeben. Die Um-

wallungen sind so anzulegen, daß Vorübergehende in jedem Falle gegen direkte Schußwirkungen gedeckt sind.

Alles Holzwerk muß mit Wasserglas oder sonstigen geeigneten Mitteln gegen die Einwirkung von Feuer widerstandsfähig gemacht werden. Die Innenwände sind glatt zu hobeln und die Fugen zu dichten. Der Fußboden ist aus Holz mit Linoleumbelag herzustellen. Die Türen müssen nach außen aufschlagen und so angelegt sein, daß sie auf kürzestem Wege zur nächsten Deckung führen. Die nach der Sonnenseite belegenen Fensterscheiben der Gebäude mit Explosionsgefahr sind derart zu blenden, daß direkte Sonnenstrahlen nicht in das Innere des Gebäudes dringen können. Sämtliche Fensterscheiben sind innen mit Drahtnetzen zu versehen. Tür- und Fensterbeschläge sind aus Messing zu fertigen; die Schlösser müssen leicht gehen und gut sperren. In jedem Raume muß an einer Tür ein Schild mit Angabe der zugelassenen Sprengstoffmenge angebracht sein. Die Dächer sind weiß, die Wände ebenso oder mit heller Farbe zu streichen. Die Beleuchtung der Räume, in denen Sprengstoffe verarbeitet werden, muß von außen erfolgen.

12. Gebäude, in denen Sprengstoffe hergestellt und aufbewahrt werden, sind durch eine hinreichende Anzahl Blitzableiter gegen Blitzgefahr zu schützen. Der Winkel des angenommenen Schutzkegels soll gegen die Vertikale nicht mehr als 45° betragen. Die Erdleitung muß mit dem Grundwasser zweifellos in gut leitender Verbindung stehen. Alle größeren Metallmassen der Leitungen, Maschinen und Apparate, welche sich in der Nähe der Blitzableiter befinden, sind mit diesen oder mit dem Grundwasser direkt in leitende Verbindung zu bringen.

Die Blitzableiter sind nach jedem stärkeren Gewitter, mindestens aber halbjährlich einmal, durch Messung der Widerstände der Erd- und Metalleitung auf die Zuverlässigkeit des Anschlusses des Leiters an das Grundwasser oder einen mit diesem zweifellos in sicherer Verbindung stehenden guten elektrischen Leiter zu untersuchen. Ergibt sich hierbei ein größerer Gesamtwiderstand als 15 Ohm, so ist die Ursache zu ermitteln und nötigenfalls durch Verlegung der Leitung Abhilfe zu schaffen. Über das Ergebnis der Untersuchungen sind Aufzeichnungen zu machen Ein Meßapparat ist auf der Fabrik bereit zu halten, und es ist mit dessen Handhabung ein Beamter vertraut zu machen.

B. Betrieb der Fabrik.

13. Fremden Personen darf der Zutritt zu dem Fabrikgrundstück nur mit besonderer Erlaubnis und nach Eintragung ihres Namens in ein zu diesem Zwecke geführtes Register gestattet werden.

14. Alle maschinellen Einrichtungen und Apparate sind beständig im betriebssicheren Zustande zu erhalten.

15. Sprengstoffe dürfen nur unter der Aufsicht eines Betriebsleiters hergestellt werden, der Zeugnisse über die erforderlichen chemischen Kenntnisse und über eine wenigstens einjährige Beschäftigung in einer Sprengstoffabrik besitzt.

16. Bei der Herstellung und Verpackung der Sprengstoffe dürfen jugendliche Arbeiter nicht angestellt werden. Es sind nur nüchterne und zuverlässige Arbeiter zu beschäftigen. Insbesondere gelten auch für die Einstellung von Arbeitern die Bestimmungen unter I B 19 bis 21 der Allgemeinen Unfallverhütungsvorschriften der Berufsgenossenschaften der chemischen Industrie. Die Sprengstoffarbeiter haben vor Beginn der Arbeit besondere Anzüge ohne Taschen anzulegen und vor dem Verlassen der Fabrik unter Aufsicht wieder abzulegen. In der Fabrik darf keine Fußbekleidung, die mit Eisen beschlagen ist, getragen werden. Für gute Aufbewahrung der eigenen Kleider der Sprengstoffarbeiter ist Sorge zu tragen. Das Einnehmen von Mahlzeiten darf in Räumen mit Explosionsgefahr nicht geduldet werden; desgleichen dürfen Arbeiter solche Räume nicht betreten, sofern sie nicht mit Verrichtungen in diesen Räumen beauftragt sind. Feuerzeug darf von den Arbeitern nicht auf das Fabrikgrundstück gebracht werden; soweit solches gebraucht wird, ist es von der Fabrik zu stellen. Das Rauchen ist nur in dem für die Arbeitspausen bestimmten Aufenthalts- bzw. Speiseraum gestattet. Es sind Vorschriften für das Verhalten der Arbeiter zu erlassen; dieselben sind den Arbeitern beim Eintritt in die Arbeit in einem Druckexemplar zu übergeben. Die Arbeiter der gefährlichen Betriebe sind mit besonderen Instruktionen zu versehen.

17. Das Arbeiten mit Werkzeugen an den Mühlen, Patronenmaschinen usw. ist den Arbeitern strengstens untersagt. Insbesondere ist den Patronenmachern verboten, das Einstellen ihrer Maschinen selbst vorzunehmen, an denselben zu hämmern oder zu schlagen. Das Einstellen darf nur durch den damit beauftragten Meister ausgeführt werden. Das Auswechseln der Hülsen, wenn die Patronenmaschine auf andere Durchmesser eingestellt werden soll, darf ebenfalls nur von dem betreffenden Meister vorgenommen und die Patronenmaschine darf von dem Arbeiter erst benutzt werden, nachdem sich der Meister von dem ordnungsmäßigen Gange der Maschine überzeugt hat. Werkzeuge, welche zum Einstellen der Maschinen, zum Reinigen usw. derselben dienen, dürfen niemals innerhalb des Patronenhauses aufbewahrt werden.

18. In den Fabrikations- und Laderäumen muß die größte Sauberkeit herrschen. Etwa verschütteter Sprengstoff ist sofort zu sammeln und zu vernichten. Die Heizkörper in diesen Räumen sind von Staub frei zu halten.

19. Die Unfallverhütungsvorschriften der Berufsgenossenschaft der chemischen Industrie sind, soweit sie in Frage kommen, aufs gewissenhafteste zu befolgen.

Bestimmte Vorschriften wie für Herstellung nitroglyzerinhaltiger Sprengstoffe bestehen bei Ammonsalpetersprengstoffen nicht, vielmehr werden sich die Bedingungen je nach den lokalen Verhältnissen und den herzustellenden Sprengstoffen richten. Nachstehend geben wir den Situationsplan der bekanntlich durch eine Explosion zerstörten Roburitfabrik in Witten.

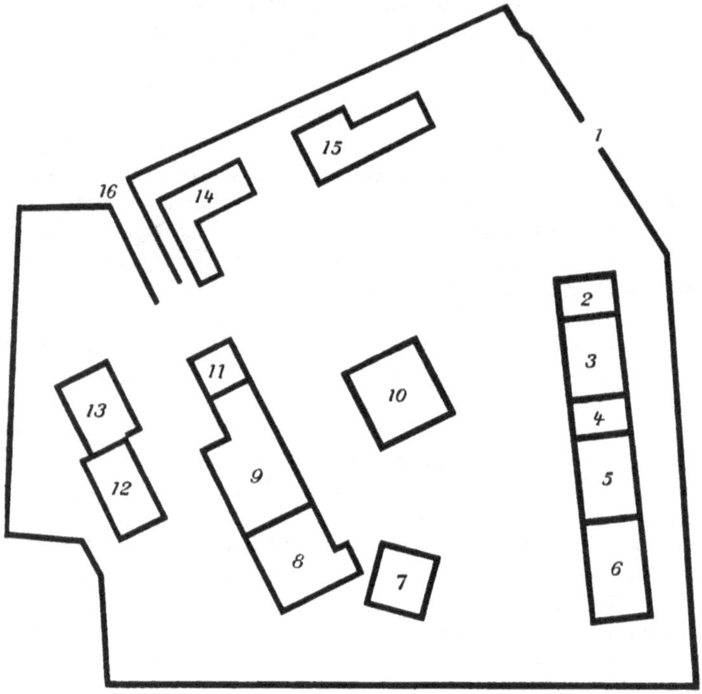

Fig. 12. Situationsplan der Roburitfabrik bei Witten.

1. Einfahrt.
2. Portierraum.
3. Arbeiteraufenthaltsraum.
4. Verladeraum.
5. Schmiede.
6. Lager für Eisenteile usw.
7. Lager für Trinitrotoluol und Ammonsalpeter.
8. Mahl- und Wägeraum.
9. Mischraum.
10. Kessel- und Maschinenhaus.
11. Packraum.
12. Patronierraum.
13. Zeresinierraum.
14. Laboratorium.
15. Desgl.
16. Ausfahrt.

Die Ammonsalpetersprengstoffe sind entweder pulverförmig oder kornförmig oder größere feste Körper oder endlich plastisch. Je nach der äußeren Beschaffenheit ist auch die Fabrikation eine verschiedene.

Zur Herstellung der feinpulverigen Sprengstoffe werden zunächst die einzelnen Bestandteile gut getrocknet, dann in Kollergängen oder anderen geeigneten Maschinen fein gemahlen, zunächst mit der Hand, dann in Trommeln innig miteinander vermengt, nochmals bei 60° getrocknet, gesiebt und in Papierhülsen patroniert; die fertigen Patronen werden zum Schutz gegen Feuchtigkeit entweder mit Stanniol beklebt oder mit Paraffin oder Ceresin imprägniert, indem man sie in ein geschmolzenes Bad dieser Substanzen eintaucht.

Will man körnerförmige Sprengstoffe herstellen, so wird die Mischung der einzelnen Bestandteile in Kollergängen oder hydraulischen Pressen verdichtet, der entstandene Kuchen vermittelst Körnmaschinen zerkleinert, endlich die Körner nach Durchsieben durch feinmaschige Siebe patroniert.

Zur Herstellung fester Körper wendet man vielfach das Pressen mit geschmolzenem Bindemittel (Nitrokohlenwasserstoff) an oder man preßt Gemenge, die durch ein flüchtiges Lösungsmittel formbar gemacht sind und entfernt das Lösungsmittel durch Trocknen, worauf man dann starre Körper erhält.

Zum Mischen und Sieben pulverförmiger und körniger Substanzen eignen sich Trommelmischmaschinen mit unten angeordneter Siebmaschine, wie solche in nebenstehender Ausführung von der Firma Karl Seemann in Berlin geliefert werden.

Fig. 13. Trommelmischmaschine von Karl Seemann in Berlin.

Die Trommel wird während des Mischprozesses mittels Deckels dicht geschlossen, um ein staubfreies Arbeiten zu ermöglichen. Die Bedienung der Maschine erfolgt derart, daß man das Material in der Trommel mischt, dann letztere mittels Schieber feststellt, den Schieber der Trommel öffnet und nun das Mischgut in die Siebmaschine fallen läßt, welch letztere etwa vorhandene Fremdkörper heraussiebt. Von der Siebmaschine kann das Material in Fässer, Säcke oder sonstige Behälter aufgefangen werden.

Zur Herstellung von Patronen aus pulverförmigem Sprengstoff verwendet man vielfach automatische Füllmaschinen, wie solche in nachstehender Ausführung von den Firmen Fritz Kilian in Berlin und Karl Seemann in Berlin geliefert werden. Mit dieser Maschine können Patronen in der Höhe von 50 bis 200 mm gefüllt werden, und zwar beträgt die Leistungsfähigkeit nach Angaben der Firmen ca. 6000 Füllungen in 10 Stunden; beim Betrieb der Maschine findet weder eine Reibung noch eine gefahrbringende Schlag- oder Stoßwirkung statt. Macht sich ein Fremdkörper in dem abzufüllenden Sprengstoff bemerkbar, so rückt die Maschine selbsttätig aus.

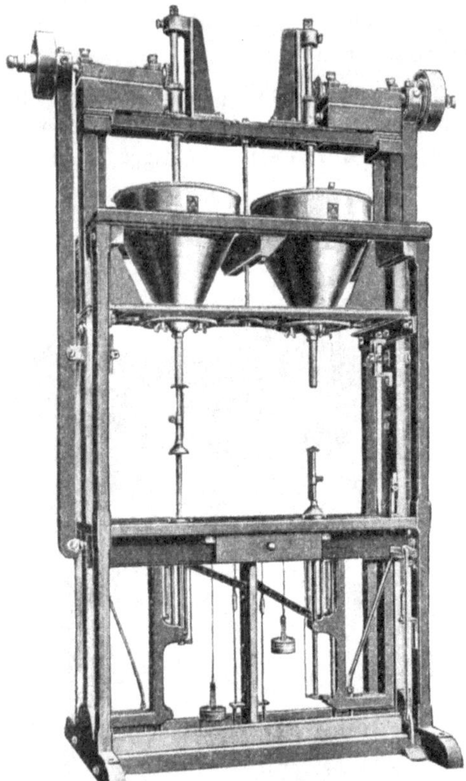

Fig. 14. Automatische Füllmaschine für Sprengstoffpatronen von Fritz Kilian in Berlin.

Vielfach verwendet man auch schraubenförmige Patroniermaschinen; eine solche ist in dem Buche von Guttmann (Schieß- und Sprengmittel, S. 173) abgebildet.

Zur Herstellung von gepreßten Patronen erwähnen wir eine automatische Patronenpresse des Mägdesprunger Eisenhüttenwerkes, welche nebenstehend abgebildet ist. Hierbei kommt das fertig gemischte Pulver zunächst in einen Messingtrichter und füllt dann die Löcher eines mittels Exzenter bewegten Füllschiebers; letzterer entleert das nunmehr genau abgemessene Pulver in die leeren Stahlmatrizen, geht dann wieder zurück und füllt sich wieder. Während dieser Zeit heben und senken sich die oberen sowie die unteren Druckstempel und pressen das lose Pulver zu kleinen Walzen je nach gewünschter Größe, welche in der Mitte gleich mit einem Loch zur Aufnahme der Zündschnur versehen sind. Diese kleinen Walzen werden von den unteren Stempeln herausgestoßen und vom Füllschieber weitergeschoben.

Die Presse leistet bei sechs Stempeln 24 bis 96 Patronen in der Minute.

Fig. 15. Automatische Patronenpresse des Mägdesprunger Eisenhüttenwerkes.

Über die Herstellung der Sprengpatronen des französischen Sprengpulvers P finden sich in der Literatur[1] folgende Angaben:

Als Rohmaterialien werden Ammonsalpeter und Kollodiumwolle verwendet; erstere wird durch Siebe von 3 mm Maschenweite gesiebt und enthält 2 bis 3 % Feuchtigkeit; die Kollodiumwolle wird bis auf etwa 12 % Feuchtigkeit getrocknet; das Gemenge der beiden Materialien wird auf Kollergängen bei 6 % Feuchtigkeit gemahlen; die Läufer wiegen 500 kg und machen 10 Umdrehungen pro Minute. Die Beschickung ist 10 kg und die Bearbeitung dauert eine Stunde einschließlich Beschickung und Entladung. Am Schlusse der Operation werden die Läufer mit der Hand einmal herumgedreht, wodurch eine Art Kuchen entsteht; derselbe wird zu Körnern von etwa 3 mm Durchmesser auf drei Ledersieben ohne Körnscheibe durchgearbeitet, sodann wird die Masse 24 Stunden lang getrocknet, hierauf abermals in einem Körnapparate aus drei Ledersieben, jedoch unter Anwendung einer

---

[1] Guttmann, Schieß- und Sprengmittel, S. 169.

Körnscheibe, zu Körnern verarbeitet. Man macht zwei Scheidungen der Körner; solche zwischen 3 und 0·65 mm werden drei Stunden lang getrocknet und in dicht geschlossenen Gefäßen zur Presse gebracht. Ihr wirkliches, spezifisches Gewicht ist 1·47 und ihre volumetrische Dichte 0·50. Die Körner unter 0·65 mm werden als Zündmischung, wie später erwähnt, verwendet. Die getrockneten Körner zwischen 3 und 0·65 mm werden zu Patronen mit zentralen Zündkanälen gepreßt. Man macht zwei Gattungen von Patronen von folgenden Verhältnissen:

Gewicht der Patronen	Zylinder		Höhe	Durchmesser	Durchmesser des Zündkanals	Gewicht der pulverförmigen Füllung des Zündkanals
	Anzahl für eine Patrone	Gewicht				
g		g	mm	mm	mm	g
100	3	28·0	53·0	30·2	13	16
50	2	21·5	39·5	30·2	13	7

Das wirkliche spezifische Gewicht der gepreßten Zylinder ist 0·906 und das mittlere spezifische Gewicht der Patronen 0·878. Die Zylinder werden zusammen zu einer Patrone in Papier gewickelt und sowohl seitlich wie an einem Ende mit Leim verschlossen. Hierauf werden die Patronen in geschmolzenes Paraffin getaucht, die pulverförmige Masse in den Zündkanal eingeschüttet und durch Aufstoßen auf einen Tisch verdichtet; das andere Ende der Patrone wird dann geschlossen und gleichfalls in Paraffin getaucht. Hierauf werden die Patronen noch zweimal mit Paraffin überzogen. Je 14 kg dieser Patronen kommen in eine Kiste aus Zinkblech, welche mit leicht schmelzbarem Lote verlötet wird. Bei der Verwendung dieser Patronen wird das eine Ende geöffnet und ein Zündhütchen von $2^1/_2$ g Knallquecksilberfüllung in die pulverförmige Seele eingeführt. Zündhütchen mit geringerer Ladung bringen die Detonation nicht sicher zustande.

Zur Herstellung des aus 80 Tln. Ammonsalpeter, 12 Tln. Trinitrotoluol, 4 Tln. Mehl und 4 Tln. gelatiniertem Sprengöl (3·8 Nitroglyzerin und 0·2 Kollodiumwolle) bestehenden Donarits werden die Materialien (fein gepulverter Ammonsalpeter, Trinitrotoluol und Mehl) auf tellerförmige, durch Dampf auf 80 bis 90° C erwärmte Mischpfannen gebracht und zur Verkleisterung des Mehls Wasser zugesetzt. Durch ein mit Schaufeln und Walzen versehenes Rührwerk wird die Mischung bewirkt und diese Bearbeitung fortgesetzt, bis ein völlig trockenes Pulver resultiert. Dem in dieser Weise erhaltenen Pulver wird das Nitroglyzerin in einer besonderen Mischmaschine beigemengt. Das Nitroglyzerin fließt in feinen Strahlen in den Mischkasten, in welchem durch eine Schaufelwelle das Pulver in fortwährender Bewegung gehalten wird. Die Aufsaugung des Nitroglyzerins und die gleichmäßige Durchmischung zur homogenen Masse erfolgen in vollkommener Weise. Der fertige Sprengstoff stellt ein wenig gefärbtes, beim Zusammendrücken etwas plastisches Pulver dar.

Über Patronierung und Verpackung der österreichischen Ammonsalpetersprengstoffe Dynammon, Wetterdynammon und Ammonal gelten folgende Vorschriften:

a) Dynammon, bestehend aus: 87 bis 88 Tln. Ammonsalpeter und 12 bis 13 Tln. gedämpfte Kohle. Farbe: schokoladebraun; Laborierdichte ca. 0,9. Die Patronierung erfolgt in Hülsen aus 0·1 mm starkem Patronenpapier mit umbörtelten Rändern; jede Patrone wird mit 0·05 mm starkem Stanniolblatt umwickelt. Patronen werden angefertigt: in Kaliber 23 mm im Gewicht von 50 (± 2) g; 28, 30 und 35 mm im Gewicht von 100 (± 3) g; 40 und 50 mm im Gewicht von 200 (± 6) g. Die über die Stirnenden der Patronen ragenden Papierenden sollen bei 23 mm Kaliber höchstens 20 mm, bei 30 mm Kaliber höchstens 30 mm, bei 35 mm Kaliber höchstens 40 mm, bei 40 mm Kaliber höchstens 45 mm und bei 50 mm Kaliber höchstens 50 mm lang sein. Die Verpackung erfolgt zunächst in Pappkartons und dann in Kisten. In die Pappkartons wird zunächst auf den Boden schwaches Packpapier eingelegt. dann wird 1 kg (bei 40 und 50 mm aber 2 kg) patronierter Sprengstoff eingeschlichtet, oben wird schwaches Packpapier und fünf Bindfadenstücke aufgelegt; der Karton wird mit dünnem, blau gedrucktem Etikettenpapier umhüllt und in heißes Paraffin getaucht. Dann werden 20 kg Dynammon (also 20, bzw. 10 Kartons) in verzinkten Kisten aus weichem 10 mm starkem Holz eingelegt; Deckel und Boden der Kisten werden mit je acht Schloßnägeln befestigt; die zwei Seitenwände werden mit gelben Etiketten mit Blaudruck überklebt.

b) Wetterdynammon, bestehend aus 64 Tln. Ammonsalpeter, 2 Tln. Kalisalpeter, 4 Tln. gedämpfte Kohle. Farbe: Kakaobraun; Laborierdichte ca. 0·85. Patronierung wie bei Dynammon, Patrone jedoch ohne Stanniolumhüllung. Patrone in Kaliber 30 und 35 mm im Gewicht von 100 (± 3) g, in 50 mm im Gewicht von 200 (± 6) g. Die Verpackung erfolgt wie beim Dynammon. Die geschlossenen Kartons werden mit braunem Papier umwickelt, verklebt, mit Bindfaden kreuzweise gebunden, getrocknet, paraffiniert, mit bedrucktem Etikettenpapier umwickelt, verklebt und schließlich in Paraffin getaucht.

c) Ammonal, bestehend aus Ammonsalpeter, Trinitrotoluol, Kohle und Aluminium, wird nur in Patronen mit gepreßtem oder lockerem Satze in Verkehr zu bringen sein. Die gepreßten Patronen sind in Paraffinpapier zu wickeln, die Patronen mit lockerem Satz haben gedrehte oder geklebte Hülsen aus geleimtem Papier und Überhüllen aus Stanniol zu erhalten. Jeder Patrone ist das Gewicht, Kaliber und der Name „Ammonal" aufzudrucken. Zum Transporte werden die Patronen in Pappkartons à 2 kg Inhalt zu verpacken und die Kartons zu paraphieren sein. Die Patronen dürfen in den Kartons nicht schlottern. Für den Bahntransport sind je 20 kg Ammonal (10 Kartons) in festgefügte Kisten zu packen, welche aus mindestens 1 cm starkem Holze erzeugt sein müssen und deren Deckel durch Holzstifte befestigt werden. Die Kisten müssen die Kartons dicht umschließen.

Neuerdings bemüht man sich vielfach, plastische Ammonsalpetersprengstoffe herzustellen. Die Vereinigten Köln-Rottweiler Pulverfabriken verwenden hierzu ein Gemenge von Glyzerin, Mononitrotoluol und Nitrosemizellulose; letztere wird nach dem D.R.P. 198284 in folgender Weise hergestellt:

Man trägt 100 g Zellulose, beispielsweise Papierzellulose, in ein Gemisch von 500 g $85^1/_2\,^0/_0$iger Schwefelsäure mit 3·5 bis 4 $^0/_0$ konzentrierter Salpetersäure ein, dem man zweckmäßig etwa 2 bis $2^1/_2\,^0/_0$ Wasser zugesetzt hat. Die Säure wird auch möglichst 2 bis 3^0 C gehalten. Das Einkneten der Zellulose muß eventuell unter Zuhilfenahme von maschinellen Einrichtungen so schnell als möglich geschehen, und gießt man sofort, nachdem alle Zellulose eingeknetet ist, 100 bis 120 g konzentrierte Salpetersäure von 48^0 Bé zu. Man rührt dabei die Salpetersäure langsam ein, bis eine teigig bröckelige Masse entsteht Während der ganzen Operation wird möglichst energisch mit Eiswasser gekühlt. Nach etwa 15 Minuten ist der Nitrierprozeß vollendet und man gibt das Nitriergut in Wasser und wäscht es beispielsweise in einer Zentrifuge in der üblichen Weise säurefrei.

Die Dynamit-Aktiengesellschaft vorm. Alfred Nobel & Co. verwendet zur Herstellung plastischer Ammonsalpetersprengstoffe das Dinitromonochlorhydrin $C_3H_5Cl(ONO_2)_2$; letztere Verbindung ist also ähnlich wie das gewöhnliche Nitroglyzerin [Glyzerintrinitrat $C_3H_5(ONO_2)_3$] zusammengesetzt, unterscheidet sich aber von letzterem durch seine große Unempfindlichkeit gegen Stoß, Schlag nnd Reibung; nach Roewer[1] detoniert Trinitroglyzerin unter einem Fallhammer von 2 kg bei einer Fallhöhe von 3 bis 5 cm, Dinitromonochlorhydrin ist dagegen bei einer Fallhöhe von 2 m noch nicht zur Detonation zu bringen; auch bei Anwendung schwererer Fallhämmer (bis zu 20 kg) detonierte es nicht. Die deutsche Eisenbahnverwaltung hat diesem Verhalten Rechnung getragen und können nach der neuen Verkehrsordnung nitrierte Chlorhydrine für sich in Mengen bis zu 200 kg als Stückgut befördert werden, während bekanntlich freies Trinitroglyzerin überhaupt nicht mit der Eisenbahn verschickt werden darf und Sprengstoffe auf Basis von Trinitroglyzerin (sog. Dynamite) wohl verschickt werden dürfen, aber nicht als Stückgut, sondern nur in Wagenladungen; für Stückgutverkehr sind lediglich geringe

[1] Zeitschr. Schieß-Sprengstoffe 1906, S. 229.

Beimengungen von Nitroglyzerin (höchstens 4 bis 5 %) gestattet und enthalten viele Ammonsalpetersprengstoffe (wie Donarit, Ammonkarbonit u. a.) etwa 4 % (gelatiniertes) Trinitroglyzerin, wodurch die Ammonsalpetersprengstoffe empfindlicher gegen Zündung werden (vgl. Bd. III, S. 282).

Das Ideal der Sprenstofferzeuger und -verbraucher wäre ein Sprengstoff, der die hohe Handhabungssicherheit des Ammonsalpeters mit der Kraftkonzentration und der plastischen (gelatinösen) Beschaffenheit der Nitroglyzerinsprengstoffe (Gelatinedynamit) vereinigte; der Gedanke, Ammonsalpeter in eine Nitroglyzeringelatine einzukneten, ist aus dem Grunde nicht praktisch, weil bei der zur Herbeiführung der gelatinösen Beschaffenheit notwendigen Menge Nitroglyzeringelatine der gewünschte Vorteil der Handhabungssicherheit und Unempfindlichkeit gegen Schlag und Stoß nicht zu erzielen ist. — Daher hat die Dynamit-Aktiengesellschaft vorm. Alfred Nobel & Co. derartige Einheitssprengstoffe mit Benutzung des Dinitromonochlorhydrins konstruiert; die neuen Sprengstoffe enthalten also Ammonsalpeter, daneben höchstens 4 bis 5 % Trinitroglyzerin, als neuen Bestandteil aber noch etwa 15 bis 20 % Dinitromonochlorhydrin; die geringe Beimengung von Trinitroglyzerin verfolgt auch hier den Zweck, eine gute Detonations- und Übertragungsfähigkeit zu bewirken; das Dinitromonochlorhydrin, das an sich so gut wie ungefrierbar ist und auch das Trinitroglyzerin flüssig erhält, ermöglicht die Erzeugung von sehr kräftigen und plastischen (gelatinösen) Sprengstoffen, die so unempfindlich sind, daß sie vom Reichseisenbahnamt zum Transport als Stückgut zugelassen wurden.

Nach der Verordnung sind zugelassen:

Gelatine-Astralit, ein gelatiniertes oder pulverförmiges Gemenge von Ammoniaksalpeter, Kali- oder Natronsalpeter oder einem Gemische von beiden, höchstens 50 % Dinitromonochlorhydrin, höchstens 5 % Trinitroglyzerin, höchstens 2 % Kollodiumwolle, Kohlenwasserstoffen, Pflanzenmehlen und Nitroverbindungen der aromatischen Reihe (wie Nitrotoluol, Dinitrotoluol und Nitronaphtalin). Die Dynamit-Aktiengesellschaft vorm. Nobel bringt diesen Sprengstoff für Gesteinssprengungen in den Handel, seine Kraftwirkung soll annähernd die gleiche wie beim Gelatinedynamit sein. Gelatineastralit ist handhabungs- und transportsicher, aber nicht zündungssicher gegen schlagende Wetter und Kohlenstaub; durch Zusatz von Kochsalz und Ammonoxalat wird die Wettersicherheit erreicht.

Gelatine-Wetterastralit, Zusammensetzung wie Gelatineastralit, jedoch noch mit Zusatz von neutralen Salzen (wie Chlorkalium, Chlornatrium und Oxalaten). Die Dynamit-Aktiengesellschaft vorm. Nobel stellt zwei Gelatine-Wetterastralite her:

Gelatine-Wetterastralit I von folgender Zusammensetzung: 40 $^0/_0$ Ammonsalpeter, 7·5 $^0/_0$ Natronsalpeter, 16 $^0/_0$ Dinitrochlorhydrin, 4 $^0/_0$ Nitroglyzerin, 0·5 $^0/_0$ Kollodiumwolle, 0·5 $^0/_0$ Holzmehl, 8 $^0/_0$ Kartoffelmehl, 2 $^0/_0$ Rüböl, 1 $^0/_0$ Nitrotoluol, 2 $^0/_0$ Dinitrotoluol, 14 $^0/_0$ Kochsalz, 2·5 $^0/_0$ Ammonoxalat. Dieser Sprengstoff erwies sich auf der Versuchsstrecke Gelsenkirchen mit 700 g sicher sowohl gegen schlagende Wetter als Kohlenstaub.

Gelatine-Wetterastralit II von der Zusammensetzung: 40 $^0/_0$ Ammonsalpeter, 7 $^0/_0$ Natronsalpeter, 20 $^0/_0$ Nitrochlorin (Gemenge von Dinitrochlorhydrin und Nitroglyzerin), 0·5 $^0/_0$ Kollodiumwolle, 8·5 $^0/_0$ Kohlehydrate, 2·5 $^0/_0$ flüssige Kohlenstoffträger, 15 $^0/_0$ Nitrotoluole, 16·5 $^0/_0$ Kochsalz. Dieser Sprengstoff wurde auf der Versuchsstrecke Neunkirchen geprüft und erwies sich bis 535 g sicher gegen Schlagwetter, bis 650 g sicher gegen Kohlenstaub.

In Frankreich hat man im Jahre 1903 Versuche angestellt,[1] ob es zweckmäßig ist, die Ammonsalpetersprengstoffe statt mit paraffiniertem Papier mit dünner Metallfolie zu umwickeln. Es wurden besonders Zinnfolien von 0·02 mm und 0·03 mm Dicke versucht; letztere ist gut verwendbar, während man bei der ersteren sehr vorsichtig sein muß, um ein Zerreißen zu vermeiden. Nebenstehende Figur zeigt, in welcher Form die Zinnfolien für Patronen von 50 bzw. von 100 g geschnitten wurden. Die Folien wurden mit einer Auflösung von Bleiweiß in Öl zusammengeklebt.

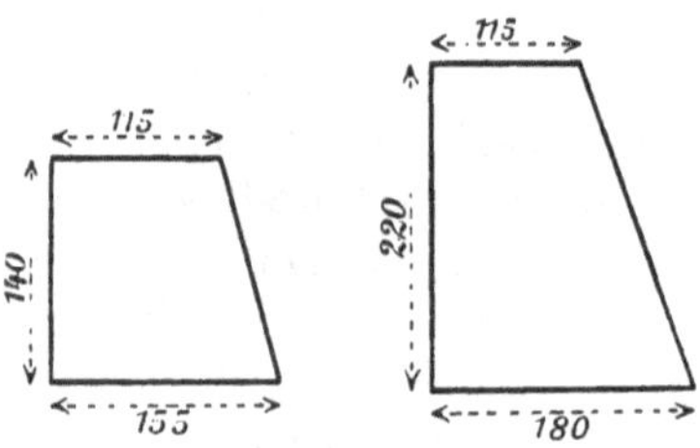

Fig. 16a. Zinnfolie für Patronen von 50 g.

Fig. 16b. Zinnfolie für Patronen von 100 g.

Zu den Versuchen nahm man den Ammonsalpetersprengstoff P Nr. 2, bestehend aus 90·5 $^0/_0$ Ammonsalpeter und 9·5 $^0/_0$ Kollodiumwolle, und prüfte, wie sich der Sprengstoff mit Metallumhüllung verhält gegen Feuchtigkeitsaufnahme, gegen Stoß und bei Detonationsübertragung; endlich wurde noch der Kostenpreis von Metallfolie gegenüber paraffiniertem Papier festgestellt.

a) Prüfung auf Hygroskopizität. Es wurden einerseits Patronen mit Metallumhüllung, anderseits solche mit paraffiniertem Papier in eine Kiste gebracht, welche zur Hälfte mit feuchtem Sägemehl gefüllt war; in bestimmten Zeiträumen wurde dann die Gewichtszunahme ermittelt. Nebenstehende Tabelle gibt die Resultate, die mit Patronen von 100 g erhalten wurden.

b) Widerstandsfähigkeit gegen Stoß. Man füllte eine Holzkiste mit 28 Patronen, die mit paraffiniertem Papier umwickelt waren,

[1] Mém. Poudr. Salp. XII, 10.

Umhüllung mit	Gewicht der Patronen g	Feuchtigkeitszunahme in Prozenten nach											
		10 Tagen	20 Tagen	30 Tagen	40 Tagen	49 Tagen	59 Tagen	71 Tagen	79 Tagen	90 Tagen	102 Tagen	111 Tagen	120 Tagen
Paraffiniertem Papier	105·025	0·205	0·601	1·059	1·445	1·690	2·333	3·177	3·597	4·623	5·763	6·598	7·576
	103·770	0·188	0·468	0·784	1·086	1·385	1·699	2·355	2·746	3·577	4·615	5·411	6·299
	104·495	0·167	0·303	0·666	0·877	1·102	1·274	1·596	1·849	2·305	2·856	3·297	3·786
	Mittel	0·19	0·49	0·84	1·14	1·39	1·77	2·38	2·73	3·50	4·31	5·10	5·89
Zinnfolie von 0·03 mm	109·440	0 100	0·236	0·429	0·721	1·059	1·425	1·818	2·060	2·416	2·869	3·138	3·490
	110·250	0·090	0·335	0·680	0·965	1·306	1·586	2·243	2·435	2·916	3·437	3·800	4·294
	109·865	0·030	0·250	0·391	0·778	1·147	1·547	2·108	2·416	2·985	3·531	3·909	4·318
	Mittel	0·07	0·27	0·50	0·82	1·17	1·52	2·05	2·30	2·77	3·28	3·58	4·03
Zinnfolie von 0·02 mm	108·255	1·110	2·620	4·672	Nach 30 Tagen wurden die Versuche eingestellt, da die Zinnfolien durchlöchert waren.								
	107·135	1·020	2·690	4·793									
	108·440	1·060	2·890	5·062									
	Mittel	1·05	2·73	4·84									

eine andere Holzkiste mit 14 Patronen mit Zinnfolie von 0·03 mm Dicke, außerdem mit 14 Patronen, die außer der Metallumhüllung noch eine Umhüllung aus Pergamentpapier hatten. Man ließ die beiden Kisten ungefähr 20 mal aus einer Höhe von 0·4 m auf die Erde fallen und prüfte dann den Zustand der Patronen. Die 28 Patronen mit paraffiniertem Papier sowie die 14 Patronen mit Zinnfolie und Pergamentpapier waren intakt; dagegen waren die mit Zinnfolie allein umwickelten Patronen in schlechtem Zustande, von 14 Patronen waren fünf zerbrochen und bei sieben war die Umhüllung zerrissen.

c) Detonationsübertragung. Man legte je zwei Patronen von Sprengstoff P Nr. 2 in eine Reihe und zündete die erste mit einer Sprengkapsel von 1·5 g Knallquecksilber. Die Entfernung der zweiten Patrone von der ersten wurde verändert, um zu sehen, auf welche Entfernung die Detonationsübertragung an freier Luft stattfindet. Die Resultate finden sich in nachstehender Tabelle; es geht daraus hervor, daß der Abstand, auf welchen hin die Detonation übertragen wird, bei Zinnfolie von 0·03 mm Dicke um etwa ein Drittel geringer ist als bei paraffiniertem Papier.

Umhüllung mit	Gewicht jeder Patrone g	Entfernung der beiden Patronen voneinander cm	Zahl der Versuche		
			mit Übertragung der Detonation	ohne Übertragung der Detonation	zusammen
Zinnfolie von 0·03 mm	100	2	3	1	4
Zinnfolie von 0·02 mm	100	2	4	0	4
paraffiniertem Papier	100	2	4	0	4
Zinnfolie von 0·03 mm	50	2	2	2	4
Zinnfolie von 0·02 mm	50	2	4	0	4
paraffiniertem Papier	50	2	4	0	4
Zinnfolie von 0·03 mm	50	2·5	1	3	4
Zinnfolie von 0·02 mm	50	2·5	2	2	4
paraffiniertem Papier	50	2·5	4	0	4
Zinnfolie von 0·03 mm	50	3	0	4	4
Zinnfolie von 0·02 mm	50	3	0	4	4
paraffiniertem Papier	50	3	2	2	4
Zinnfolie von 0·03 mm	100	20	0	1	1
	100	15	3	1	4
	100	18	1	4	5
Zinnfolie von 0·02 mm	100	20	0	1	1
	100	15	1	3	4
	100	13	2	1	3
	100	10	2	0	2
paraffiniertem Papier	100	25	1	0	1
	100	25	3	0	3
	100	28	1	1	2
	100	30	0	1	1

d) Kostenpreis. Für 1 kg Sprengstoff, der zu $^2/_3$ in Patronen von 100 g und zu $^1/_3$ in Patronen von 50 g gepackt ist, kostet die Umhüllung mit Zinnfolie von 0·03 mm etwa 30 Pfg., die Umhüllung mit paraffiniertem Papier dagegen nur 7 Pfg.

Nachstehend geben wir eine Übersicht über die zurzeit in Deutschland hergestellten Ammonsalpetersprengstoffe:

Ammonsalpetersprengstoffe, welche in Deutschland in unbeschränkten Mengen als Stückgut befördert werden dürfen.[1]

Ammoncahücit mit oder ohne Beifügung von Ziffern und Buchstaben (Gemenge von mindestens 65 % Ammoniaksalpeter, höchstens 10 % Kali-, Natron- oder Barytsalpeter oder Mischungen davon, höchstens 15 % Trinitrotoluol oder Trinitronaphtalin, die teilweise oder ganz durch Mono- und Dinitrotoluol, Mono- und Dinitrobenzol oder Dinitronaphtalin ersetzt werden dürfen, ferner von Mehl oder höchstens 2 % Ruß.

Ammonfördit (Gemenge von Ammoniaksalpeter mit Zusätzen von Diphenylamin, Pflanzenmehlen, Glyzerin, Chlorkalium und höchstens 4 % mit Kollodiumwolle gelatiniertem Nitroglyzerin.

Ammonkarbonit (Gemenge von Ammoniaksalpeter, Pflanzenmehlen, höchstens 10 % Kalisalpeter und höchstens 4 % mit Kollodiumwolle gelatiniertem Nitroglyzerin, auch mit Zusatz von Ruß).

Ammonkarbonit Ia (Gemenge von Ammoniaksalpeter, höchstens 2 % Kalisalpeter, höchstens 4 % mit Kollodiumwolle gelatiniertem Nitroglyzerin, höchstens 6 % Trinitrotoluol, Mehl, Kohle und mindestens 15 % Alkalichloriden).

Ammon-Nobelit (Gemenge von Ammoniaksalpeter, Pflanzenmehlen, Alkalichloriden, Alkalioxalaten und höchstens 4 % mit Kollodiumwolle gelatiniertem Nitroglyzerin).

Ammon-Nobelit I (Gemenge von Ammoniaksalpeter, Magnesit, Alkalichloriden, höchstens 10 % Kalisalpeter, höchstens 12 % Tinitrotoluol und 0·5 % Kaliumpermanganat).

Ammon-Tremonit oder Gesteins-Tremonit mit oder ohne die angehängten Zahlen I, II, III usw. (Gemenge von mindestens 51 % Ammoniaksalpeter, höchstens 5 % gelatiniertem Dinitroglyzerin und höchstens 5 % Kali- oder Natron- oder Barytsalpeter oder einem Gemenge dieser Salpeterarten, ferner von flüssigen oder festen aroma-

[1] Der Eingang der Bestimmung lautet: Ammoniaksalpetersprengstoffe (vorwiegender Bestandteil Ammoniaksalpeter), und zwar, sofern sie 48 Stunden bei 75° gelagert keine Stickoxyde abspalten, auch vor und nach der Lagerung bei Stoß, Reibung oder Entzündung sich nicht gefährlicher erweisen als Donarit von folgender Zusammensetzung: 80 % Ammoniaksalpeter, 12 % Trinitrotoluol, 4 % Roggenmehl und 4 % Nitroglyzerin.

tischen Nitrokörpern, nämlich Nitrobenzol, Nitronaphtalin, Nitrotoluol — davon höchstens 20 % Dinitrotoluol oder Mono- und Dinitrotoluol oder höchstens 13 % Dinitrotoluol —, ferner von Mehlen aus Pflanzen oder Pflanzenteilen oder Mineralkohle, sowie von Alkalichloriden, Karbonaten, Phosphaten, Oxalaten und Sulfaten der Alkalien und von höchstens 3 % Alkalichromaten. Enthalten die Gemenge kein Trinitrotoluol, so darf der Gehalt an Kali- oder Natron- oder Barytsalpeter oder einem Gemenge dieser Salpeterarten höher sein, jedoch 15 % der Gesamtmenge nicht übersteigen).

Anagon-Sprengpulver (Gemenge von neutral reagierenden Salpeterarten und Aluminiumpulver mit Holzkohle und Alizarin oder mit verharztem Leinöl).

Neu-Anagon (Gemenge von mindestens 70 % Ammoniaksalpeter, gepulverter Zinkaluminiumlegierung und Holzkohle).

Anilit (Gemenge von mindestens 70 % Ammoniaksalpeter. Kupfersulfatanilin und höchstens 5 % Zucker).

Astralit I und II (Gemenge von Ammoniaksalpeter, Holzkohle, Pflanzenmehlen, Paraffinöl, höchstens 15 % Trinitrotoluol oder Mononitronaphtalin und höchstens 4 % mit Kollodiumwolle gelatiniertem Nitroglyzerin).

Wetter-Astralit (Astralit, worin ein Teil des Ammoniaksalpeters durch Kochsalz ersetzt ist).

Gelatine-Astralit, einem gelatinierten oder pulverförmigen Gemenge von Ammoniaksalpeter, Kali- oder Natronsalpeter oder einem Gemische von beiden, höchstens 50 % Dinitrochlorhydrin, höchstens 5 % Trinitroglyzerin, höchstens 2 % Kollodiumwolle, Kohlenwasserstoffen, Pflanzenmehlen und Nitroverbindungen der aromatischen Reihe (wie Nitrotoluol, Dinitrotoluol und Nitronaphtalin).

Gelatine-Wetterastralit, einem gelatinierten und pulverförmigen Gemenge von Ammoniaksalpeter, Kali- oder Natronsalpeter oder einem Gemische von beiden, höchstens 50 % Dinitrochlorhydrin, höchstens 5 % Trinitroglyzerin, höchstens 2 % Kollodiumwolle, Kohlenwasserstoffen, Pflanzenmehlen, fettem Öle, Nitroverbindungen der aromatischen Reihe (wie Nitrotoluol, Dinitrotoluol und Nitronaphtalin) und neutralen Salzen wie Chlorkalium, Chlornatrium und Oxalaten).

Bautzener Sicherheitspulver (Gemenge von mindestens 70 % Ammoniaksalpeter, Barytsalpeter und höchstens 5 % Trinitrotoluol).

Bavarit I und II (Gemenge von 90 % Ammoniaksalpeter und nitriertem Naphtalin, auch mit Zusatz von Holzkohle).

Chromammonit (Gemenge von mehr als 50 % Ammoniaksalpeter und anderen Salpeterarten, höchstens 19·5 % Trinitrotoluol, Chromammoniakalaun oder Chromalaun und Vaseline).

Dahmenit (Gemenge von Ammoniaksalpeter, Naphtalin und höchstens 15 % Kalisalpeter).

Dahmenit A (Gemenge von Ammoniaksalpeter, Naphtalin und höchstens 3 % Kaliumbichromat).

Gesteins- auch Neu-Dahmenit (Gemenge von Ammoniaksalpeter, Kohlenwasserstoffen $\frac{\text{oder}}{\text{und}}$ Nitrokohlenwasserstoffen, nämlich Nitronaphtalin, Dinitrobenzol, Nitrotoluolen, davon höchstens 17 $^0/_0$ Trinitrotoluol, ferner von Kali- oder Natronsalpeter, höchstens 3 $^0/_0$ Alkalichromaten, ferner von Alkalichloriden, Alkalikarbonaten, Alkaliphosphaten, Alkalioxalaten und Alkalisulfaten, ferner von Blutlaugensalz, Melasse oder Leimgelatine (pflanzlichen oder tierischen Ursprungs), auch mit Zusatz von Mehlen aus Pflanzen, Pflanzenteilen oder Mineralkohle).

Donarit (Gemenge von Ammoniaksalpeter, Pflanzenmehlen, höchstens 12 $^0/_0$ Trinitrotoluol und höchstens 4 $^0/_0$ mit Kollodiumwolle gelatiniertem Nitroglyzerin).

Dorfit (Gemenge von Ammoniaksalpeter, Kochsalz, Mehl, höchstens 17 $^0/_0$ Trinitrotoluol und höchstens 5 $^0/_0$ Kalisalpeter).

Alldorfit (Gemenge von Ammoniaksalpeter, Mehl und höchstens 17 $^0/_0$ Trinitrotoluol).

Faviersche Sprengstoffe (Gemenge von Ammoniaksalpeter und Mono- oder Dinitronaphtalin).

Fulmenit (Gemenge von Ammoniaksalpeter, Pflanzenmehlen, Holzkohle, Paraffinöl, höchstens 6 $^0/_0$ Tinitrotoluol und höchstens 4 $^0/_0$ Schießwolle).

Fulmenit I (Gemenge von Ammoniaksalpeter, Paraffinöl, höchstens 3 $^0/_0$ Kohle, höchstens 15 $^0/_0$ Trinitrotoluol und höchstens 0.5 $^0/_0$ Schießwolle).

Wetter-Fulmenit (Fulmenit, worin ein Teil des Ammoniaksalpeters durch Kochsalz ersetzt ist).

Wetter-Fulmenit I (Fulmenit I, worin ein Teil des Ammoniaksalpeters durch Alkalichloride ersetzt ist).

Glückauf (Gemenge von Ammoniaksalpeter mit Pflanzenmehlen oder Zucker, Stärke, Harzen, fetten Ölen oder mit mehreren dieser Stoffe und mit Kupferoxalat, auch mit Zusatz von höchstens 15 $^0/_0$ Kalisalpeter, Natronsalpeter, Dinitrobenzol).

Luxit I (Gemenge von Ammoniaksalpeter, höchstens 17 $^0/_0$ Trinitrotoluol und höchstens 5 $^0/_0$ Holzmehl.

Minolite und Minolite I (Gemenge von Ammoniaksalpeter und Trinitronaphtalin mit oder ohne Dinitrotoluol).

Monachit I (Gemenge von Ammoniaksalpeter, höchstens 15 $^0/_0$ Trinitrooxylol, höchstens 4 $^0/_0$ gelatiniertem Nitroglyzerin und mindestens 4 $^0/_0$ Pflanzenmehlen).

Monachit II (Gemenge von Ammoniaksalpeter, höchstens 18 $^0/_0$ Trinitroxylol, höchstens 8 $^0/_0$ Kalisalpeter, höchstens 1 $^0/_0$ Kollodiumwolle, höchstens 1 $^0/_0$ Kohle, mit Kohlenwasserstoffen, Pflanzenmehlen, Ammoniumoxalat oder anderen die Gefährlichkeit nicht erhöhenden neutralen Salzen).

Pastanil (Gemenge von mindestens 70 $^0/_0$ Ammoniaksalpeter, höchstens 25 $^0/_0$ Kalisalpeter, höchstens 15 $^0/_0$ Nitrokohlenwasserstoffen [wovon höchstens 10 % Trinitroverbindungen] und höchstens 4 % Nitrosemizellulose, von Glyzerin, Anilinmetallsalzverbindungen und Mehl).

Gesteins-Plastammon (Gemenge von mindestens 70 % Ammoniaksalpeter, Glyzerin, höchstens 15 % Nitrotoluolen oder Nitrobenzolen oder Nitrooxylolen, dann höchstens 10 % Trinitroverbindungen und höchstens 4 % Nitrosemizellulose).

Steinkohlen-Plastammon (Gemenge von mindestens 70 % Ammoniaksalpeter, höchstens 25 % Kalisalpeter, Glyzerin, Mononitrotoluol und höchstens 4 % Nitrosemizellulose).

Pniowit mit den kennzeichnenden Beifügungen A, I, II und III (Gemenge von Ammoniaksalpeter, Trinitrotoluol, Holzmehl und höchstens 4 % Kaliumchlorat, auch mit Zusatz von Natronsalpeter, Nitronaphtalin und Alkalichlorid).

Roburit (Gemenge von Ammoniaksalpeter, Chlordinitrobenzol und höchstens 17·5 % Chlordinitronaphtalin).

Roburit I (Gemenge von Ammoniaksalpeter, höchstens 7 % Dinitrobenzol und höchstens 0·5 % übermangansaurem Kali, auch mit Zusatz von Ammonsulfat).

Roburit IA und IC (Gemenge von Ammoniaksalpeter, Ammonsulfat, 18 % Dinitrobenzol, höchstens 10 % Kalisalpeter und höchstens 0·5 % Kaliumpermanganat).

Roburit ID (Gemenge von Ammoniaksalpeter, Dinitrobenzol, Ammonsulfat, Pflanzenmehlen, höchstens 15 % Kalisalpeter und höchstens 0·5 % Kaliumpermanganat).

Roburit IE oder Kronenpulver (Gemenge von Ammoniaksalpeter und höchstens 16 % Trinitronaphtalin oder Gemenge von Ammoniaksalpeter, Ammonsulfat, Pflanzenmehlen, höchstens 15 % Kalisalpeter, höchstens 18 % Trinitronaphtalin und höchstens 0·5 % Kaliumpermanganat).

Roburit IT oder Gesteins-Sicherheitspulver (Gemenge von Ammoniaksalpeter, Natronsalpeter, höchstens 15 % Trinitrotoluol und höchstens 0·5 % Kaliumpermanganat).

Roburit II (Gemenge von Ammoniaksalpeter, Pflanzenmehlen, Chlornatrium, höchstens 12 % Trinitrotoluol, höchstens 15 % Kalisalpeter und höchstens 0·5 % Kaliumpermanganat).

Roburit IIa (Gemenge von Ammoniaksalpeter, höchstens 15 % Trinitrotoluol, Pflanzenmehlen, Ammonsulfat, höchstens 15 % Kalisalpeter und höchstens 0,5 % Kaliumpermanganat).

Wetter-Roburite und Gesteins-Roburite (Gemenge von Ammoniaksalpeter — mindestens jedoch 65 % —, Pflanzenmehlen, Pflanzenpulver, Holzkohle, Magnesit, Kochsalz, Salmiak, Alkalibikarbonat, Alkalioxalat, höchstens 15 % Kalisalpeter, höchstens 15 % Trinitrotoluol uud höchstens 0·5 % Kaliumpermanganat, auch mit Zusatz von höchstens 3 % gepulvertem Aluminium).

Sicherheitssprengpulver der Vereinigten Köln-Rottweiler Pulverfabriken (Gemenge von Ammoniaksalpeter mit ganz geringem Zusatz oder ohne Zusatz von doppeltkohlensaurem Ammonium oder kohlensaurem Barium und einem pflanzlichen oder tierischen Öle, das im wesentlichen aus Kohlenstoff, Wasserstoff und Sauerstoff besteht, mit oder ohne Schwefel).

Sicherheitssprengstoff der Güttlerschen Pulverfabriken, bestehend aus Ammoniaksalpeter, überzogen mit Plastomenitlack, der aus Harzen, Nitrotoluolen und höchstens 0·25 % Kollodiumwolle bereitet ist.

Sigenit (Gemenge von Ammonsalpeter, Mehl und höchstens 15 % Dinitrotoluol).

Thornit (Gemenge von Ammoniaksalpeter und Pflanzenmehl, auch mit Zusatz von tierischen oder pflanzlichen Fetten).

Titanit III (Gemenge von Ammoniaksalpeter, höchstens 12 % Curcumakohle und höchstens 8 % Trinitrotoluol).

Titanit IV (Gemenge von Ammoniaksalpeter und höchstens 12 % Curcumakohle).

Westfalit und Westfalit A (Gemenge von Salpeter, Harzen, Naphtalin und rohen Teerölen, auch mit Zusatz von Lacken und Firnissen, von Aluminium und von höchstens 3 % Kaliumbichromat).

Gelatine-Westfalit (gelatiniertes oder pulverförmiges Gemenge von Ammoniaksalpeter, höchstens 10 % Kalisalpeter oder Natronsalpeter oder eines Gemisches dieser beiden Salpeterarten, höchstens 50 % Dinitrochlorhydrin, höchstens 5 % Trinitroglyzerin, höchstens 2 % Kollodiumwolle, Kohlenwasserstoffen, Pflanzenmehlen, neutralen Salzen [wie Chlorkalium, Chlornatrium und Oxalaten] und Nitroverbindungen der aromatischen Reihe [wie Nitrotoluol, Dinitrotoluol und Nitronaphtalin]).

Gesteins-Westfalit B (Gemenge von Ammoniaksalpeter, Dinitrobenzol und Aluminiumpulver).

Gesteins-Westfalit C (Gemenge von Ammoniaksalpeter, Dinitrotoluol und Aluminiumpulver).

Kohlen-Westfalit oder Gesteins-Westfalit oder Salz-Westfalit mit den angehängten Zahlen I, II, III usw. (Gemenge von Ammoniaksalpeter, auch mit Zusatz anderer Salpeterarten, von höchstens 13 % aromatischen Nitrokohlenwasserstoffen, Pflanzenmehlen, auch mit andern Kohlenstoffträgern, von neutralen Salzen und höchstens 4 % Nitroglyzerin, auch mit Kollodiumwolle gelatiniert).

Neu-Westfalit, auch Gesteins-Westfalit, mit den angehängten Buchstaben D, E, F usw. (Gemenge von Ammoniaksalpeter und Pflanzenmehl, auch mit Zusatz von Kohlenwasserstoffen $\frac{\text{oder}}{\text{und}}$ Nitrokohlenwasserstoffen, wie Nitronaphtalin, Nitrotoluolen, davon höchstens 13 % Trinitrotoluol, auch mit Zusatz von höchstens 10 % Baryt-, Kali- oder Natronsalpeter oder deren Mischungen, auch mit Zusatz von höchstens 1 % Kollodiumwolle $\frac{\text{oder}}{\text{und}}$ 1 % Holzkohle, auch mit Zusatz von neutralen, beständigen, inerten Chloriden, Oxalaten, Acetaten und ähnlichen Salzen).

Es sei noch die genauere Zusammensetzung einiger in Deutschland viel gebrauchter Ammonsalpetersprengstoffe mitgeteilt:

Bezeichnung des Sprengstoffes	Herstellende Firma	Zusammensetzung	Bemerkungen
Astralit	Dynamit- A.-G. vorm. Alfred Nobel, Hamburg	81·000 % Ammonsalpeter 11·000 „ Trinitrotoluol 1·000 „ Paraffinöl 2·000 „ Mehl 1·000 „ Kohle 4·000 „ Nitroglyzerin	Gelblich-graues Pulver.
Fulmenit	Desgl.	82·500 % Ammonsalpeter 11·000 „ Trinitrotoluol 1·500 „ Kohle 1·000 „ Paraffinöl 4·000 „ Schießbaumwolle	Graues, trockenes Pulver.
Wetter-Astralit	Desgl.	74·500 % Ammonsalpeter 10·000 „ Kochsalz 7·000 „ Trinitrotoluol 2·500 „ Paraffinöl 1·000 „ Kohle 1·000 „ Holzmehl 4·000 „ Nitroglyzerin	Gelblich-graues Pulver.
Wetter-fulmenit	Desgl.	76·500 % Ammonsalpeter 10·000 „ Kochsalz 5·500 „ Trinitrotoluol 1·500 „ Kohle 2·500 „ Paraffinöl 4·000 „ Schießbaumwolle	Graues, trockenes Pulver.
Gelatine-Wetter-Astralit I	Desgl.	40·000 % Ammonsalpeter 7·500 „ Natronsalpeter 16·000 „ Dinitrochlorhydrin 4·000 „ Nitroglyzerin 0·500 „ Kollodiumwolle 0·500 „ Holzmehl 8·000 „ Kartoffelmehl 2·000 „ Rüböl 1·000 „ Nitrotoluol 2·000 „ Dinitrotoluol 14·000 „ Kochsalz 2·500 „ Ammonoxalat	Plastischer Sicherheitssprengstoff.
Gelatine-Wetter-Astralit II	Desgl.	40·000 % Ammonsalpeter 7·000 „ Natronsalpeter 20·000 „ Dinitrochlorhydrin u. Nitroglyzerin 0·500 „ Kollodiumwolle 8·500 „ Kohlehydrate 2·500 „ flüssige Kohlenstoffträger 15·000 „ Nitrotoluole 16·500 „ Kochsalz	Plastischer Sicherheitssprengstoff.

Bezeichnung des Sprengstoffes	Herstellende Firma	Zusammensetzung	Bemerkungen
Ammonnobelit	Dynamit-A.-G. vorm. Alfred Nobel, Hamburg	86·000 % Ammonsalpeter 2·000 „ Kochsalz 4·000 „ Ammonoxalat 4·000 „ Nitroglyzerin 4·000 „ Mehl	Weißes Pulver
Ammonkarbonit	Sprengstoff-A.-G. Karbonit zu Schebusch	82·000 % Ammonsalpeter 10·000 „ Kalisalpeter 4·000 „ Mehl 4·000 „ gelat. Sprengöl	—
Ammonkarbonit I	Desgl.	75·500 % Ammonsalpeter 9·500 „ Kalisalpeter 10·500 „ Mehl 0·500 „ Ruß 4·000 „ Trinitroglyzerin	—
Donarit	Desgl.	80·000 % Ammonsalpeter 12·000 „ Trinitrotoluol 4·000 „ Mehl 4·000 „ gelat. Sprengöl	—
Chromammonit	Köln-Rottweiler Pulverfabriken zu Köln	63·250 % Ammonsalpeter 17·500 „ Kalisalpeter 9·500 „ Chromammoniakalaun 9·250 „ Kollodiumwolle 0·500 „ Vaseline	—
Chromammonit I für Gestein	Desgl.	78·000 % Ammonsalpeter 17·000 „ Trinitrotoluol 2·500 „ Chromammoniakalaun 2·000 „ Kalisalpeter 0·500 „ Vaseline	—
Chromammonit II für Gestein	Desgl.	80·000 % Ammonsalpeter 16·000 „ Kollodiumwolle 2·000 „ Chromammoniakalaun 1·000 „ Kalisalpeter 1·000 „ Vaseline	—
Ammonfördit	Siegener Dynamitfabrik, A.-G. zu Köln	85·000 % Ammonsalpeter 4·000 „ gelat. Sprengöl 4·000 „ Mehl 2·000 „ Glyzerin 1·000 „ Diphenylamin 4·000 „ Chlorkalium	—
Westfalit für Kohle	Westf.-Anh. Sprengstoff-A.-G. zu Berlin.	91·000 % Ammonsalpeter 4·000 „ Kalisalpeter 5·000 „ Harz	—
Gesteins-Westfalit	Desgl.	84·500 % Ammonsalpeter 12·000 „ Dinitrotoluol 3·500 „ Aluminiumpulver	—

Bezeichnung des Sprengstoffes	Herstellende Firma	Zusammensetzung	Bemerkungen
Neu-Westfalit	Westf.-Anh. Sprengstoff-A.-G. zu Berlin	70·300 % Ammonsalpeter 10·890 „ Dinitrotoluol 1·980 „ Baumwollensaatmehl 16·830 „ Kochsalz	—
Salit	Desgl.	53·630 % Ammonsalpeter 12·310 „ gelat. Sprengöl 8·460 „ Dinitrotoluol 2·520 „ Dextrin 23·080 „ Kochsalz	Halbgelatinöser, pulveriger Sprengstoff.
Kohlensalit	Desgl.	41·000 % Ammonsalpeter 12·500 „ gelat. Sprengöl 7·000 „ Dinitrotoluol 2·500 „ Roggenmehl 37·000 „ Kochsalz	Halbgelatinöser, bröckliger Sprengstoff.
Dahmenit A	Castroper Sicherheitssprengstoff-A.-G. zu Dortmund	91·300 % Ammonsalpeter 6·475 „ Naphtalin 2·225 „ Kaliumbichromat	Safrangelbes, etwas zusammenbackendes Pulver. Der Sprengstoff ist am starken Naphtalingeruch kenntlich.
Gesteins-Dahmenit	Desgl.	84·500 % Ammonsalpeter 1·000 „ Dinitrobenzol 12·000 „ Curcuma 2·500 „ Kaliumbichromat	—
Gesteins-Dahmenit Nr. 76	Desgl.	71·500 % Ammonsalpeter 12·000 „ Dinitrotoluol 6·250 „ Curcuma 0·500 „ Kaliumbichromat 4·430 „ Salmiak 5·320 „ Natriumoxalat	—
Geteins-Dahmenit Sachsen	Desgl.	80·000 % Ammonsalpeter 17·000 „ Trinitrotoluol 3·000 „ Curcuma	—
Gekörntes Dahmenit A (Viktoriapulver)	Desgl.	Zusammensetzung wie bei Dahmenit A	Wird bei hohem Druck (bis zu 400 Atm.) zu Kuchen gepreßt, durch Brechen gekörnt und abgesiebt. Je höher der angewandte Druck, desto größer ist die Schlagwettersicherheit.
Aldorfit	A. W. Allendorff	81·000 % Ammonsalpeter 17·000 „ Trinitrotoluol 2·000 „ Roggenmehl	—

Bezeichnung des Sprengstoffes	Herstellende Firma	Zusammensetzung	Bemerkungen
Dorfit I	A. W. Allendorff	65·000 % Ammonsalpeter 5·000 „ Kalisalpeter 20·000 „ Chlornatrium 6·000 „ Trinitrotoluol 4·000 „ Mehl	—
Dorfit II	Desgl.	61·000 % Ammonsalpeter 5·000 „ Kalisalpeter 15·000 „ Chlornatrium 15·000 „ Trinitrotoluol 4·000 „ Mehl	—

In Frankreich werden für zivile Sprengtechnik (Bergbau usw.) folgende Ammonsalpetersprengstoffe hergestellt:

1. Favier-Sprengstoffe oder N-Pulver.

N Nr. 1a (95·5 % Ammonsalpeter, 4·5 % Trinitronaphtalin).
N Nr. 1b (91·5 % Ammonsalpeter, 8·5 % Dinitronaphtalin).
N Nr. 1c (87·4 % Ammonsalpeter, 12·6 % Dinitronaphtalin).
N Nr. 1d (82·4 % Ammonsalpeter, 5 % Barytsalpeter, 12·6 % Dinitronaphtalin).

Nr. 1a wird mit schraubenförmigen Maschinen patroniert, indem die Masse einfach in die Hülse hineingestopft wird.

Bei den übrigen Sprengstoffen wird durch eine Presse ein komprimierter Hohlzylinder hergestellt, der dann mit losem Sprengpulver gefüllt wird.

2. Pulver von Sevran Livry (P).

P Nr. 1 (80 % Ammonsalpeter, 20 % Kollodiumwolle).
P Nr. 2 (90·5 % Ammonsalpeter, 9·5 % Kollodiumwolle).

3. Sprengpulver C.

C Nr. 1a (93 % Ammonsalpeter, 7 % Ammonkresylat).
C Nr. 1b (78 % Ammonsalpeter, 22 % Ammonkresylat).

4. Grisoutine.

Von diesen gehören hierher:

Grisoutine A (90·45 % Ammonsalpeter, 4·55 % Harz, 4·85 % Nitroglyzerin, 0·15 % Kollodiumwolle).

Grisoutine B (94 % Ammonsalpeter, 5·875 % Nitroglyzerin, 0·125 % Kollodiumwolle).

Zum Schluß bemerken wir, daß man die Ammonsalpetersprengstoffe nach ihrer Zusammensetzung in folgende drei Kategorien einteilen kann:

A) Ammonite (Sprengstoffe aus Ammonsalpeter und Kohlenwasserstoffen oder Nitrokohlenwasserstoffen, ohne Beimengung von Trinitroglyzerin, ohne Aluminium oder ähnliche Metalle).

B) Ammonkarbonite und Grisoutine
   a) mit Beimengung von höchstens 4 bis 5% gelatiniertem Sprengöl (Ammonkarbonit usw.),
   b) mit Beimengung bis 12% gelatiniertem Trinitroglyzerin (Grisoutine).

C) Ammonale (Beimengung von Aluminium zu einem Gemenge von Ammonsalpeter, Kohle und event. noch Nitrokohlenwasserstoff).

Die Sprengstoffe der drei genannten Kategorien zerfallen wieder in wettersichere und nicht wettersichere Sprengstoffe.

Sechster Abschnitt.

Chemische und physikalische Untersuchung.

a) Chemische Untersuchung.

Den Feuchtigkeitsgehalt bestimmt man durch Trocknen im Vakuum über Chlorcalcium. Zur qualitativen Prüfung auf Beimengung von Nitroglyzerin extrahiert man mit Äther, bringt einen Tropfen des Extraktes auf Filtrierpapier und untersucht durch Schlag mit dem Hammer auf Detonationsfähigkeit. Quantitativ bestimmt man das Nitroglyzerin, indem man dasselbe in ätherischer Lösung mittels Natriumalkoholat in Ammoniak überführt

Silberrad, Philipps und Merriman haben hierzu folgendes Verfahren angegeben: Nach der unter besonderen Vorsichtsmaßregeln in einem Soxhlet-Apparat vorgenommenen Extraktion (auf 2 g Nitroglyzerin 80 ccm absoluter Äther) und nachdem am Kühler ein Kolben mit 10 ccm $^1/_{10}$-n-Salzsäure vorgelegt ist, wird ein Überschuß von Natriumalkoholat (2·5 g Natrium auf 50 ccm Alkohol) zu der Lösung durch ein am Extraktionsapparat angebrachtes Seitenrohr zugegeben. Dann wird sechs Stunden lang erhitzt, der Äther in den Extraktionsteil des Soxhlet-Apparates getrieben, der Rückstand mit Wasser in den üblichen Ammoniakbestimmungsapparat gebracht und in diesem die Reduktion mit einem Gemisch von 50 g Zink-Eisen (2 Tle. Zink und 1 Tl. Eisen) und 50 ccm 40%iger Natronlauge vorgenommen. Unter Verwendung der bei der Verseifung vorgelegten Salzsäure wird abdestilliert und titriert. 1 ccm $^1/_{10}$-n-Salzsäure entspricht 0·00757 g Nitroglyzerin.

Nach Entfernung des Nitroglyzerins wird mit heißem Wasser ausgelaugt und die wäßrige Lösung verdampft. In dem Rückstand ist Ammonsalpeter daran zu erkennen, daß beim Schmelzen heftiges Aufschäumen und Rauchen erfolgt. Eine kleine Probe des Rückstandes wird auf dem Platinblech erhitzt, erfolgt hierbei Verpuffung, so ist neben Salpeter auch lösliche, verbrennliche Substanz vorhanden. Erhält man beim Kochen mit konzentrierter Salzsäure Chlorgeruch, so enthält der Sprengstoff Kaliumchlorat. Barytsalpeter erkennt man durch den Niederschlag mit Schwefelsäure, sowie durch die grüne Flammenfärbung. Im unlöslichen Rückstand wird Aluminium in der Weise bestimmt, daß man mit Salzsäure löst und dann mit Alkali als Tonerde Hydrat ausfällt. Das Abfiltrieren des Niederschlages und das Auswaschen geht besser vonstatten, wenn man nach Divine der Flüssigkeit vor dem Ausfällen 2 ccm einer $2^1/_2\,^0/_0$igen Gerbsäurelösung auf 0·1 g Tonerde zufügt. — Die verschiedenen Kohlearten kann man nach Kast durch das Verhalten heim Erhitzen einigermaßen unterscheiden. Stein- und Braunkohle geben auf dem Spatel eine etwas leuchtende Flamme, im Glasröhrchen Teertröpfchen; der Rückstand bei jener verbrennt schwer, bei dieser leicht. Holzkohle und Kienruß brennen leicht weg und lassen sich durch Abschlämmen leicht trennen. Die Gegenwart von Holzspänen erkennt man durch die Lupe, ebenso die von Rinde, Galläpfeln und Lohe, deren Gerbstoffgehalt auf einer Lösung nachzuweisen ist. Wenn die Holzspäne auch nach dem Auslaugen mit Wasser rasch verbrennen, so sind sie nitriert. Harze kann man mit Alkohol aussieden. Schwefel bestimmt man in der Weise, daß man denselben durch Oxydation mittels Salpetersäure und Kaliumchlorat in Schwefelsäure überführt. Über chemische Analyse und Verhalten gegenüber Lackmuspapier siehe noch Seite 115.

b) Physikalische Untersuchung.

Das kubische und spezifische Gewicht wird nach den übrigen physikalischen Methoden bestimmt. Die Dichte eines Sprengstoffes ist von großem Einfluß auf dessen Eigenschaften. Einerseits wird bei größerer Dichte der Sprengstoff unempfindlicher gegen Schlag und Stoß, also handhabungssicherer, was ein Vorteil ist, dafür aber unempfindlicher gegen beabsichtigte Zündung, was ein Nachteil ist, da man stärkere Detonatoren nötig hat. Andererseits wächst dic Sprengwirkung und Brisanz mit zunehmender Dichte infolge Zunahme des Gasdruckes und der Detonationsgeschwindigkeit. — Bei plastischen Sprengstoffen ist darauf zu achten, ob dieselben beim Lagern hart werden. — Bei den pulverförmigen Gemischen ist zu prüfen, ob bei längerem Rütteln eine Entmischung eintritt und dadurch die Empfindlichkeit des Sprengstoffes sich ändert; näheres hierüber siehe Seite 115 (Rüttelversuch zur Prüfung der Entmischbarkeit). Enthält der Sprengstoff Nitroglyzerin, so darf letzteres durch Zusatz von Wasser nicht abgeschieden werden, vgl. Seite 118 (Verhalten bei Wasserzusatz).

Siebenter Abschnitt.

Prüfung auf Handhabungs- und Transportsicherheit.

Diese Prüfung umfaßt:

a) Feststellung der Empfindlichkeit gegen mechanische Einwirkungen;

b) Feststellung der Empfindlichkeit gegenüber Wärmeeinwirkungen.

Zunächst seien die — von Geh. Rat Prof. Dr. W. Will und Prof. Dr. F. Lenze ausgearbeiteten — Prüfungsvorschriften der deutschen Eisenbahnverwaltung für Ammonsalpetersprengstoffe[1] mitgeteilt:

Als Vergleichsprengstoff dient frischbereiteter Donarit von folgender Zusammensetzung:

Ammoniaksalpeter	80 %,
Trinitrotoluol	12 %,
Roggenmehl	4 %,
Nitroglyzerin	4 %.

Der Donarit wird in der Weise hergestellt, daß die trockenen, pulverförmigen und durch ein Sieb, das 256 (16 × 16) Maschen auf ein Quadratzentimeter enthält, gesiebten Bestandteile zuerst unter sich und dann mit dem Nitroglyzerin vollkommen gleichmäßig vermischt werden.

[1] Letztere werden charakterisiert als Sprengstoffe, die als vorwiegenden Bestandteil Ammoniaksalpeter enthalten und außerdem brennbare oder explosive Körper organischer Natur (wie Kohle, Pech, Harze, Zellulose, Mehl, aromatische Nitroverbindungen, Nitroglyzerin u. dgl.) oder auch Körper anorganischer Natur (wie Nitrate, Chloride, Sulfate, Metalle u. dgl.). — Stoffe, deren Zusatz die Gefährlichkeit des Sprengstoffes erhöhen (wie Nitroglyzerin, Nitrozellulose u. dgl.) sind nur in beschränkter Menge zulässig. Chlorsaure Salze dürfen nicht beigemengt werden.

Die Prüfung muß sich erstrecken auf:

1. Chemische Analyse,
2. Verhalten gegenüber Lackmuspapier,
3. „ bei der Warmlagerung,
4. „ bei Entmischungsversuchen,
5. „ bei der Zündung,
6. „ gegen mechanische Einwirkung (Stoß, Schlag, Reibung),
7. „ bei Wasserzusatz (Ausscheidung von Nitroglyzerin).

Vorbereitung der Sprengstoffe. Die Proben[1] sind über Chlorcalcium zu trocknen. Ihre etwa erforderliche Zerkleinerung kann im Reibmörser erfolgen.

Zu 1. Chemische Analyse. Hierdurch muß genau der Gehalt namentlich an solchen Stoffen festgestellt werden, welche die Gefährlichkeit des Sprengstoffes vermehren (z. B. Nitroglyzerin).

Zu 2. Verhalten gegenüber Lackmuspapier. 1 g des Sprengstoffes wird mit 2 ccm destilliertem Wasser angerieben und die Mischung mit empfindlichem, blauem Lackmuspapier geprüft. Diese Prüfung wird vergleichsweise vor und nach der Lagerung (vgl. unter 3) ausgeführt. Eine wesentliche Verstärkung der etwaigen sauren Reaktion infolge der Lagerung darf dabei nicht eintreten. Donarit zeigt vor und nach der Lagerung schwach saure Reaktion.

Zu 3. Lagerung der Sprengstoffe bei 75°. Zwei Proben von je 10 g des nicht vorgetrockneten Sprengstoffes sind in lose verschlossenen Wägegläschen von 35 mm Durchmesser und 50 mm Höhe unterzubringen. Die Wägegläschen sind 48 Stunden lang in einem auf 75° C erwärmten Trockenschrank zu lagern. Darauf ist festzustellen, ob Beschaffenheit (Aussehen, Reaktion, Geruch) oder Gewicht der Proben verändert ist. Donarit erleidet nur unwesentlichen Gewichtsverlust, wesentliche Zersetzungserscheinungen treten nicht auf.

Zu 4. Rüttelversuch zur Prüfung der Entmischbarkeit. 100 g des Sprengstoffes werden in einer trockenen, weithalsigen Flasche von 150 ccm Rauminhalt 5 Stunden lang auf einem sich etwa 150mal in der Minute wagrecht hin- und herbewegenden Apparate gerüttelt. Sodann wird festgestellt ob Entmischung stattgefunden hat. Zutreffendenfalls ist Stoß- und Reibungsempfindlichkeit, sowie Verhalten bei der Zündung (nach (A. I. 5 und 6) zu prüfen. Donarit zeigt keine Änderung.

[1] Auf richtige Probenahme ist besonders zu achten.

Zu 5. Verhalten bei der Zündung.

a) Zündversuch mit Schwarzpulverzündschnur: 3 g des pulverförmigen Sprengstoffes werden in ein gewöhnliches Reagenzglas gefüllt, durch leichtes Aufstoßen wird eine ebene Oberfläche hergestellt. Auf die Mitte der Probe wird dann eine 20 cm lange, langsam (1 m in 100 Sekunden) brennende Schwarzpulverzündschnur lose aufgesetzt und entzündet.

Dieser Versuch wird mit jedem Sprengstoff zweimal ausgeführt. Donarit entzündet sich nicht.

b) Einwerfen von Proben des zerkleinerten Sprengstoffes in eine rotglühende Eisenschale.[1]

Eine halbkugelförmige Schale aus 1 mm starkem Eisenblech mit 12 cm Durchmesser wird durch einen gutbrennenden Dreibrenner auf einem Stativring zur Rotglut erhitzt. Man beginnt mit dem Einwerfen kleiner Proben (0·5 g) und erhöht die Menge, wenn keine Detonation erfolgt, bis zu 5 g, die auf einmal einzuwerfen sind.

Der Versuch wird zweimal wiederholt. Donarit explodiert nicht.

c) Erhitzen kleiner in Reagenzgläsern untergebrachter Proben im Woodschen Metallbad bis zum Zersetzungs-(Verpuffungs-)punkt.[2]

Eine eiserne Schale von 14 cm Durchmesser und 7 cm Höhe wird bis 2 cm unter den Rand mit Woodschem Metall gefüllt. In die Mitte des Bades wird ein in ganze Grade eingeteiltes und gegen Explosionswirkung geschütztes Thermometer (0 bis 360°) 50 mm tief eingetaucht. Rings um das Thermometer sind in Abständen von 50 mm drei Reagenzgläser von 15 mm lichter Weite und 120 mm Länge 20 mm tief in das Bad eingetaucht. Jedes Reagenzglas wird mit 0.2 bis 0·5 g der Probe beschickt und bei 100° in das Metallbad eingesetzt. Die Temperatur des Bades wird dann in der Minute um 20° gesteigert, bis Verpuffung erfolgt oder die Temperatur von 320° erreicht ist. Donarit verpufft nicht unter 250°.

d) Abbrennen größerer in Eisenblechkästchen untergebrachter Proben im Holzfeuer.[3]

---

[1] Dieser Versuch soll nur unter Sicherheitsmaßnahmen ausgeführt werden. Insbesondere wird Arbeiten unter einem Abzug hinter einer doppelten Schutzwand aus starkwandigem Spiegelglas sowie Tragen einer Schutzbrille empfohlen.

[2] Dieser Versuch wird zweckmäßig hinter einer Schutzwand ausgeführt.

[3] Diese Versuche müssen entweder auf freiem Felde (mindestens 100 m von bewohnten Gebäuden entfernt) oder an einem Orte, der gegen Sprengstoffe schützt, ausgeführt werden.

Würfelförmige Kästchen aus 1 mm starkem Eisenblech von 85 mm innerer Weite, vernietet, mit nach außen umgebörtelten 8 bis 9 mm breiten Rändern und aufschiebbarem Deckel werden mit der Probe gefüllt (Inhalt 0·5 bis 1 kg). Darauf wird der Deckel aufgeschoben und durch kreuzweises Umbinden des Kästchens mit Eisendraht befestigt. Letzteres wird dann in ein lebhaft brennendes Holzfeuer eingesetzt[1] und darin mindestens 10 Minuten lang belassen.

Der Versuch ist einmal zu wiederholen. Donarit explodiert nicht.

Zu 6. Verhalten gegen mechanische Einwirkung.

a) Gegen Stoß und Schlag unter dem Fallhammer.

Vorbereitung der Sprengstoffe. Die Proben müssen fein zerteilt sein und — höchstens 1 cm hoch geschichtet — im Vakuumexsikkator über Chlorcalcium 24 Stunden lang vorgetrocknet werden.

Die Fallhammervorrichtung besteht aus einem Fallgewicht mit Aufhängevorrichtung, zwei Schienen zur Führung des fallenden Gewichts und einem Amboß aus gehärtetem Stahl, der in eine gußeiserne, in solidem Mauerwerk verankerte Unterlage eingelassen ist. Etwa 0·05 bis 0·1 g des Sprengstoffes werden in dünner Schicht auf dem Amboß ausgebreitet und mit einem kurzen, gehärteten Stahlstempel bedeckt. Anstatt den Sprengstoff lose auf den Amboß zu legen, kann man sich auch des Stempelapparates bedienen. Vergl. Verhandl. des VI. Intern. Kongr. f. angew. Chem. Rom 1900, dgl. Zeitschrift f. g. Schieß- und Sprengstoffwesen 1, S. 289 (1906), ebenso Post, chem.-techn. Anal. Spreng- und Zündstoffe, 3. Auflage, Bd. II, S. 1015. Jeder Sprengstoff muß mit einem 2-Kilo- und mit einem 10-Kilofallhammer geprüft werden. Bei jeder Fallhöhe sind 6 Versuche (jedesmal mit einer neuen Probe) auszuführen, bei jedem Versuch darf jedes Gewicht nur einmal auffallen. Die Versuchstemperatur muß 15 bis 20° betragen. Diejenige Fallhöhe, bei welcher die Probe anfängt regelmäßig (unter 6 Versuchen einmal) zu detonieren (deutlicher Knall oder vollständige Verpuffung), ist für den Emp-

[1] Das Einsetzen muß mit Vorsicht geschehen, etwa derart, daß das Kästchen in geeigneter Vorrichtung vom Sicherheitsstand aus auf den Holzstoß herabgelassen wird. — Bei weniger gefährlichen Sprengstoffen kann man, wenn der Sicherheitsstand in der Nähe ist, die Kästchen mit der Hand auflegen; dann sind sie zuvor gut in Packpapier einzuschlagen, damit eine zu rasche Zündung der Sprengstoffe durch die Lücken der Blechbüchse verhindert wird.

findlichkeitsgrad maßgebend. Vor jedem Versuch sind Amboß und Stempel sorgfältig zu reinigen.

b) Gegen Reibung im unglasierten Porzellanmörser.

Vorbereitung der Sprengstoffe: wie bei 6a).

Versuchsanordnung: Unglasierter Porzellanmörser von 10 cm innerem Durchmesser und 6 cm Höhe, mit unglasiertem Pistil: der Mörser ist vor dem Versuche sorgfältig zu reinigen.

Die Reibprobe wird mit 0·05 g Substanz bei gewöhnlicher Temperatur ausgeführt. Der Versuch ist zweimal zu wiederholen. Bei Donarit ist leises Knistern und geringe örtliche Verkohlung bemerkbar.

Zu 7. Verhalten bei Wasserzusatz. Eine zylindrische, etwa 20 cm lange und 25 mm weite, an einem Ende dünn ausgezogene Glasröhre, die an der Verjüngungsstelle mit Glaswolle lose verschlossen ist, wird in einem Stativ senkrecht befestigt. Sodann werden 50 g Sprengstoff fest eingedrückt und mit 100 ccm destilliertem Wasser überschichtet. Durch zeitweises Nachfüllen von Wasser wird die Wassersäule auf der anfänglichen Höhe gehalten, bis 50 ccm Flüssigkeit abgeflossen sind. In der abgeflossenen Lösung darf kein Nitroglyzerin ausgeschieden sein.

Die Prüfungsresultate werden zweckmäßig in Tabellen nach nachstehenden Mustern eingetragen:

Muster 1.

Chemische Zusammensetzung, äußere Beschaffenheit und Verhalten gegenüber Lackmuspapier.

Bezeichnung	Chemische Zusammensetzung in Hundertteilen				Äußere Beschaffenheit	Verhalten gegenüber Lackmuspapier
	Bestandteile	Angabe	Analyse	Bemerkung		
Donarit	Ammoniaksalpeter	80				
	Mehl	4				
	Trinitrotoluol . .	12				
	Nitroglyzerin . .	4				
Versuchssprengstoff						

Muster 2.

Lagerung bei 75° (im Thermostaten).

Bezeichnung	Prozentuale Gewichtsveränderung, trocken in verschlossenen Wägegläschen gelagert		
	nach 24 Stunden	nach 48 Stunden	Befund nach der Lagerung
Donarit			
Versuchssprengstoff			

Muster 3.

Entmischbarkeit.

Bezeichnung	Beschaffenheit des Sprengstoffes nach dem Rüttelversuch	Verhalten beim Rütteln	Verhalten bei Wasserzusatz
Donarit			
Versuchssprengstoff			

Muster 4.

Explosionsfähigkeit (Zündungsversuche).

Bezeichnung	Verhalten der Sprengstoffe				
	gegen Schwarzpulverzündschnur	beim Einwerfen in eine glühende Eisenschale		bei der Verpuffungsprobe	beim Einlegen von mit dem Sprengstoff gefüllten Eisenblechkästchen in ein Holzfeuer
		Art des An- und Abbrennens	Zeitdauer vom Einwerfen bis zum Erlöschen		
Donarit					
Versuchssprengstoff					

Muster 5.

Empfindlichkeit gegen Schlag und Reibung.

Sprengstoff	Art der Einwirkung	Schlagempfindlichkeit unter einem Fallhammer von 2 kg Gew. bei einer Fallhöhe von						Schlagempfindlichkeit unter einem Fallhammer von 10 kg Gew. bei einer Fallhöhe von						Reibungsempfindlichkeit	Bemerkungen
Donarit	keine														
	Zersetzung ohne deutlichen Knall														
	Detonation														
Versuchssprengstoff	keine														
	Zersetzung ohne deutlichen Knall														
	Detonation														

Im Anschluß mögen auch die Prüfungsvorschriften der deutschen Eisenbahnverwaltung für organische Nitrokörper mitgeteilt werden, da letztere für Ammonsalpetersprengstoffe ausgedehnte Anwendung finden.

Als Vergleichssprengstoff für die Nitrokörper und dergleichen der 1. Gruppe dient fein gepulverte Pikrinsäure vom Erstarrungspunkte nicht unter 120° C, als Vergleichssprengstoff für die Nitrokörper und dergleichen der 2. und 3. Gruppe dient fein gepulvertes Tetranitromethylanilin vom Erstarrungspunkte nicht unter 124° C.

Die Prüfung muß sich erstrecken auf:

1. Chemische Analyse und Identitätsreaktionen (Schmelzpunkt und dergleichen),
2. Wasserlöslichkeit und Neigung zur Salzbildung (Verhalten gegenüber Lackmuspapier),
3. Verhalten bei der Warmlagerung,
4. „ „ „ Zündung,
5. „ gegen mechanische Einwirkung (Stoß, Schlag, Reibung).

Vorbereitung der Nitrokörper: Vor der Untersuchung werden die Körper fein gepulvert und gesiebt oder anderweit gleichmäßig fein zerteilt und dann 24 Stunden lang im Vakuumexsikator über Chlorcalcium getrocknet.

Zu 1. Schmelzpunktbestimmung.[1] Kleine Proben sind in enge Röhrchen einzufüllen und unter Benutzung eines Normalthermometers zu schmelzen.

Zu 2. a) Wasserlöslichkeit. 1 g des Stoffes wird in einem mittels Glasstopfens verschlossenen Gefäße mit 100 ccm destilliertem Wasser von 15 bis 20° C während $^1/_2$ Stunde wiederholt geschüttelt, alsdann wird der nichtgelöste Stoff auf einem gewogenen Filter gesammelt, getrocknet und gewogen.

b) Verhalten gegenüber Lackmuspapier. Die nach a) erhaltene Lösung wird mit empfindlichem, blauem Lackmuspapier geprüft. Hierbei ist das Papier zwecks Feststellung der Rotfärbung mit Wasser abzuwaschen.

c) Neigung zur Bildung von gefährlichen Salzen.

1. Die nach a) erhaltene Lösung wird bei gewöhnlicher Temperatur mit einem entfetteten, blanken Bleiblech 24 Stunden in Berührung gelassen. Nach Entfernung der Lösung durch Abspritzen mit Wasser (nötigenfalls auch nach sanftem Abreiben mit einem feuchten Wattebäuschchen) wird festgestellt, ob eine Einwirkung, insbesondere Salzbildung stattgefunden hat.

2. 0·5 g werden in einer Lösung von 1 g Natronhydrat in 10 ccm Wasser 5 Minuten lang geschüttelt. Das Filtrat wird mit Salzsäure übersättigt. Ein Niederschlag deutet auf Salzbildungsvermögen.

3. Die nach 2 erhaltene Lösung wird mit Essigsäure ganz schwach angesäuert und dann mit Bleiessig versetzt. Ein etwa entstehender Niederschlag wird getrocknet und nach I zu 6 auf Empfindlichkeit geprüft.

Zu 3. Lagerung der Nitrokörper bei 75°. Wie unter 3 der Prüfungsvorschriften für Ammoniaksalpetersprengstoffe beschrieben. Falls eine wesentliche Änderung der Beschaffenheiten oder des Gewichts der Nitrokörper festgestellt wird, ist nach I zu 6 zu prüfen, ob auch die Empfindlichkeit gegen mechanische Einwirkungen geändert ist. Die Vergleichssprengstoffe zeigen keine Änderung.

Zu 4. Verhalten bei Zündung.

a) Zündversuch mit Schwarzpulverzündschnur. Wie unter 5a der Prüfungsvorschriften für Ammoniaksalpetersprengstoffe beschrieben. Pikrinsäure entzündet sich hierbei nicht.

b) Einwerfen von Proben in eine rotglühende Eisenschale. Wie unter 5b) der Prüfungsvorschriften für Ammoniaksalpetersprengstoffe. Pikrinsäure und Tetranitromethylanilin explodieren nicht.

---

[1] Die Prüfung ist unter Vorsichtsmaßregeln vorzunehmen.

c) Erhitzen kleiner in Reagenzgläsern untergebrachter Proben im Woodschen Metallbad bis zum Zersetzungs-(Verpuffungs-)punkt. Wie unter 5c) der Prüfungsvorschriften für Ammoniaksalpetersprengstoffe. Pikrinsäure entzündet sich bei etwa 300°, explodiert aber nicht. Tetranitromethylanilin entzündet sich bei etwa 190° und bläst dabei ohne Explosion aus.

d) Abbrennen größerer in Eisenblechkästchen untergebrachter Proben im Holzfeuer. Wie unter 5d) der Prüfungsvorschriften für Ammoniaksalpetersprengstoffe. Pikrinsäure brennt lebhaft ab, explodiert aber nicht. Tetranitromethylanilin verbrennt unter Verpuffung.

Zu 5. Verhalten gegen mechanische Einwirkung.

a) Gegen Stoß und Schlag unter dem Fallhammer. Wie unter 6a) der Prüfungsvorschriften für Ammoniaksalpetersprengstoffe.

b) Gegen Reibung im unglasierten Porzelanmörser. Wie unter 6b) der Prüfungsvorschriften für Ammoniaksalpetersprengstoffe. Die Vergleichssprengstoffe bräunen sich an den Reibungsstellen ohne zu knistern.

Wir kehren nun zu den Ammonsalpetersprengstoffen zurück, über deren Prüfung noch folgendes erwähnt sei:

Empfindlichkeit gegen mechanische Einwirkungen.

Die verbreitetste und am meisten zur Aufstellung von Tabellen der relativen Empfindlichkeit von Sprengstoffen gegenüber Stoß und Schlag benutzte Methode ist die Fallhammermethode, bei welcher ermittelt wird, welche Fallhöhe für einen Hammer von bestimmtem Gewicht erforderlich ist, um den Sprengstoff zur Detonation zu bringen. Will fand folgende Zahlen (mit 2-Kilofallhammer):

Roburit Ia		105	cm Fallhöhe
Ammonkarbonit		110	„ „
Astralit		110	„ „
Donarit		110	„ „
Fulmenit	über	180	„ „
Wetterfulmenit	„	180	„ „
Rottweiler Sicherheitspulver	„	180	„ „
Anagonsprengpulver . .	„	180	„ „

Lenze hat die Ausführung der Fallhammerprobe genau beschrieben in der Zeitschrift für Schieß- und Sprengstoffwesen 1906 Seite 287; Kast hat an gleicher Stelle (1909 Seite 263) noch einige spezielle Angaben gemacht, insbesondere darauf hingewiesen, daß man den Fallhammer nicht unmittelbar auf den Sprengstoff einwirken lassen darf. Die mit dem Fallhammer ermittelte Empfindlichkeit hängt in erster Linie von der Größe der getroffenen Fläche ab; es ist aber bei unmittelbarer Einwirkung des Fallhammers nicht möglich, die Schlagfläche unveränderlich zu halten; daher empfiehlt es sich, zwischen Amboß und Fallhammer eine von Kast angegebene Vorrichtung einzuschalten, wodurch nur eine ganz bestimmte Fläche dem Schlag ausgesetzt wird. Nebenstehend geben wir eine Abbildung des beim K. Militärversuchsamt Berlin in Gebrauch befindlichen, von der Firma E. A. Lentz in Berlin gelieferten Fallhammers. Man prüft gewöhnlich mit 0·04 g Sprengstoff und stellt die Einwirkungsart genau fest; man unterscheidet 1. keine Einwirkung, d. h. Raucherscheinung, Auftreten eines Brandgeruches, Verpuffung ohne hörbaren Knall; 2. Explosion, und zwar a) schwache Explosion, d. h. schwacher Knall, b) starke Explosion, d. h. starker Knall, c) vollständige Explosion. Die Fallhöhe ist so weit zu erniedrigen, bis in keinem Fall eine Einwirkung erfolgt und so weit zu erhöhen, bis entweder die für das betreffende Gewicht festgesetzte Fallhöhe erreicht oder bei allen sechs Mustern deutliche Explosion eingetreten ist. Als Empfindlichkeitsgrenze gilt diejenige Fallhöhe, von der ab in möglichst ununterbrochener Reihenfolge mindestens einmal deut-

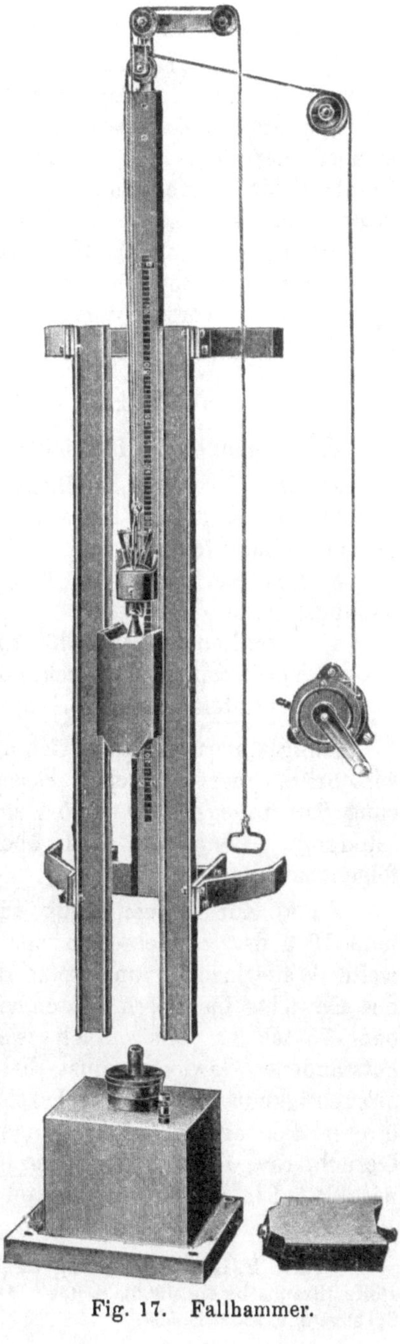

Fig. 17. Fallhammer.

liche Explosion auftritt. Weiteres über die Prüfung des Verhaltens gegen mechanische Einwirkung siehe Seite 117.

Die große Handhabungssicherheit (Unempfindlichkeit gegen Stoß und Reibung) der meisten Ammonsalpeterstoffe hat dazu geführt, daß dieselben zum Stückgutverkehr in beliebigen Mengen auf deutschen Eisenbahnen zugelassen werden. Beim Bergbau bieten sie den Vorteil, daß beim Besetzen des Bohrloches mit dem Ladestock keine Entzündung verursacht wird. Für die Verwendung als Kriegssprengmittel kommt noch die Beschußprüfung in Betracht, wodurch festgestellt wird, wie sich die Sprengstoffe in vorschriftsmäßiger Verpackung in größeren Mengen gegenüber dem Beschuß aus Infanteriegewehren verhalten.

Empfindlichkeit gegen Wärmeeinwirkung.

Hier kommen in Betracht:

a) Das Verhalten bei längerem Lagern bei mäßiger Wärme;

b) Das Verhalten bei allmählichem, stärkeren Erhitzen und die Verpuffungstemperatur;

c) Das Verhalten bei einer Temperatur nahe dem Verpuffungspunkte;

d) Verhalten bei augenblicklicher Überhitzung;

e) Verhalten gegen direkte Zündung;

f) Verhalten größerer Mengen in brennendem Feuer.

Einiges hierüber findet sich auf Seite 115/16 bei den Prüfungsvorschriften der deutschen Eisenbahnverwaltung unter 3. (Lagerung der Sprengstoffe bei 75°) sowie unter 5. (Verhalten bei der Zündung). Weiterhin wird über die oben erwähnten Punkte folgendes mitgeteilt:[1]

Zu a) Zur Untersuchung auf Lagerbeständigkeit bringt man 10 g des zerkleinerten Sprengmittels in lose verschlossene weite Wägegläschen und setzt diese nach genauer Feststellung des Gewichts im Thermostaten einer Temperatur von 45 bis 50° oder 75 bis 80° aus. Nach zwei Tagen wird gewogen und der entstandene Gewichtsverlust bei den weiteren Wägungen als „Feuchtigkeit“ in Abzug gebracht; dann wird alle 8 Tage unter öfterer Beobachtung etwa eingetretener Veränderungen (saurer Geruch, rote Dämpfe usw) der entstandene Gewichtsverlust festgestellt. Ein gutes Sprengmittel hält diese Lagerung bei 45 bis

[1] Nach H. Kast, Anleitung zur Untersuchung der Spreng- und Zündstoffe (Braunschweig 1909), S. 964 u. 1017, und F. Lenze, Zeitschr. Schieß-Sprengstoffe, 1909, S. 304.

50° etwa zwei Monate, bei 75 bis 80° etwa einen Monat aus, ohne mehr als etwa 1% an Gewicht zu verlieren.

Lenze sagt darüber folgendes: Die Prüfung der Sprengstoffe auf Lagerbeständigkeit erfolgt durch dauernde Lagerung von 10 g-Proben in lose verschlossenen Gläsern bei etwa 75° in Thermostaten oder besser in einem mit Tetrachlorkohlenstoff (S.P. 76 bis 77°) geheizten Ofen. Es ist vorgeschrieben, daß die Sprengmittel 48 Stunden lagern sollen, ohne wesentliche Veränderungen zu zeigen, die sich gewöhnlich durch Auftreten von gelben Dämpfen (Stickoxyden), durch besonderen Geruch, Verfärbungen, größere Gewichtsabnahmen u. a. zu erkennen geben. Tatsächlich halten sämtliche bisher zugelassenen Ammonsalpetersprengstoffe diese Lagerung länger als acht Tage, oft sogar mehrere Wochen aus.

Zu b) Erhitzen kleinerer Proben von 0·1 bis 0·5 g bis zur Verpuffung oder vollständigen Zersetzung zur Feststellung der Verpuffungstemperatur sowie der Zersetzungserscheinungen bei allmählichem Erhitzen des Sprengstoffes. — Nach Horsley verfährt man dabei in der Weise, daß man in eine halbkugelförmige eiserne Schale, die mit geschmolzenem Paraffin oder mit geschmolzenem Zinn gefüllt ist, dünne, kupferne Patronenhülsen hineinhängt, welche Proben des Sprengstoffes enthalten. Man stellt die anfängliche Temperatur des Bades fest und steigert solche dann rasch bis zum Verpuffungspunkte des Sprengstoffes. Im Militärversuchsamt Berlin verwendet man zur Probe 0·5 g Sprengstoff, welche sich in einem Reagenzglas von 125 mm Höhe, 15 mm lichter Weite und 0·5 mm Wandstärke befinden; Reagenzglas und Thermometer sind so in einer durchlochten Metallscheibe befestigt, daß sich die Mitte des Thermometergefäßes in der Höhe des Sprengstoffes befindet; das Thermometer wird durch eine Metall- oder Asbesthülse geschützt. Als Erhitzungsbad wird eine halbkugelförmige eiserne Schale von 14 cm Durchmesser verwendet, die bis zu 2 cm vom Rande mit geschmolzenem Woodschen Metall gefüllt ist. Die Reagenzgläser werden bei 100° in das geschmolzene Metallbad 2 cm tief eingesetzt, dann wird die Temperatur eines Dreibrenners um 20° in der Minute so lange gesteigert, bis Verpufiung oder Zersetzung eintritt. Zum Schutz gegen etwaiges Zertrümmern der Probegläser und ein Umherschleudern der Badflüssigkeit stellt man vor den Apparat eine Schutzscheibe, die aus zwei dicken, in einem Holzrahmen eingespannten, durch einen Gummiwulst getrennten Glasscheiben besteht.

Zu c) Das Verhalten bei einer Temperatur nahe dem Verpuffungspunkte wird ebenfalls mit 0·5 g in folgender Weise geprüft: Man erhitzt das Bad auf die Temperatur des

Verpuffungspunktes, setzt ein leeres Reagenzglas in das Bad ein und bringt nun erst den Sprengstoff hinein. Man stellt die Zeit fest, nach welcher die Verpuffung erfolgt. Bei weiteren Versuchen wird die Badtemperatur auf 10° über, bzw. 10° (oder 20°) unter dem Verpuffungspunkt eingestellt, dann der Sprengstoff in das leere Reagenzglas gegeben und wieder die Zeit bis zur Verpuffung notiert. Alle Versuche werden zwei- bis dreimal wiederholt.

Zu d) Einwerfen von 5 g-Patronen in rotglühende Eisenschalen zur Beobachtung der Verbrennungs- und etwaiger Explosionserscheinungen bei augenblicklicher Überhitzung.

Zu e) Verhalten gegen direkte Zündung. Man bringt etwa 3 g Sprengstoff in losem Zustande in ein kurzes Reagenzglas und führt dann eine Zündschnur in die Mitte des Sprengstoffes ein; die Zündschnur wird angezündet und man stellt fest, ob der Sprengstoff durch die brennende Zündschnur zur Entzündung oder gar zur Verpuffung gebracht wird.

Ferner bringt man je 5 bis 10 g Sprengstoff auf Eisenbleche und läßt dann einen brennenden Holzspan bzw. einen glühenden dicken Eisendraht darauf einwirken event. kann man den Sprengstoff vor dem Entzündungsversuch in einer eisernen Schale auf 100 bis 200° vorwärmen.

Zu f) Verhalten größerer Mengen von eingeschlossenem Sprengstoff in brennendem Feuer. Man bringt $^1/_2$ bis 1 kg Sprengstoff, der in hölzerne Kisten oder in Metallgefäße verpackt ist, in ein lebhaft brennendes Holzfeuer und stellt fest, ob Explosion erfolgt; bei Ammonsalpetersprengstoffen ist dies nicht der Fall.

Die vorbeschriebenen Methoden zusammen geben einen guten Aufschluß über die größere oder geringere Explosionsfähigkeit und damit auch über die Neigung des Sprengstoffes, im Feuer zu explodieren.

Wir geben zum Schlusse dieses Abschnittes ein Gutachten, welches Professor Eschweiler über den von der Eisenbahnverwaltung als Vergleichssprengstoff gewählten Sprengstoff Donarit (Zusammensetzung von 80% Ammonsalpeter, 12% Trinitrotoluol, 4% Mehl, 3·8% Nitroglyzerin, 0·2% Kollodiumwolle) abgegeben hat.

Verhalten gegen Schlag, Druck und Reibung.

Um das Verhalten des Sprengstoffes gegen Schlag zu prüfen. war ein Fallhammer aufgestellt, welcher es ermöglichte, ein eisernes

Fallgewicht von 82·5 kg aus der Höhe von 2 m fallen zu lassen. Dem Schlag mit diesem Fallhammer aus der Höhe von 1·90 bis 2 m wurden auf dem Amboß ausgesetzt:

1. versandfertige Patronen,
2. loser Sprengstoff in Schichten verschiedener Dicke,
3. loser Sprengstoff mit aufgelegter Stahlplatte.

Es gelang bei keinem Versuch, den Sprengstoff zur Explosion, Entzündung oder Zersetzung zu bringen, selbst nicht, wenn auf ganz dünne Schichten wiederholt diese kräftigen Schläge geführt wurden. — Durchschießen mit Gewehrkugeln verträgt der Sprengstoff ohne zur Zersetzung oder Explosion zu gelangen. Pappschachteln wurden mit 2 kg Sprengstoff, lose oder patroniert, gefüllt und mit Kugeln aus einer Büchse (Kaliber 16) in verschiedener Richtung aus 25 Schritt Entfernung wiederholt durchschossen. — Auf einem Bahngleis wurde der Sprengstoff in Form von Patronen, welche in Längs- und Querrichtung aufgelegt waren, als loses Pulver für sich oder mit reibenden Zusätzen (Sand, Steinchen, Kohlenschlacke) gemischt wiederholt mit einem Wagen von 1000 kg überfahren, ohne daß eine Änderung des Sprengstoffes eintrat.

Verhalten gegen höhere Temperatur und Feuer.

Wird der Sprengstoff als loses Pulver auf ein Eisenblech gelegt und dieses mit einer Bunsenflamme erhitzt, so tritt zunächst Gasentwicklung, Schwelen und Schmelzen ein; hierauf entzündet sich der Sprengstoff und brennt ruhig. Wurde nun die Bunsenflamme fortgenommen, so brannte der Sprengstoff zunächst noch eine Zeitlang weiter, erlöschte aber bevor aller Sprengstoff verbrannt war; ein beträchtlicher Teil blieb auf dem Blech unverbrannt und an den weniger erhitzten Stellen sogar völlig unverändert zurück. Unter den beschriebenen Verhältnissen brennt also der Sprengstoff so schlecht, daß er zum völligen Aufbrennen noch besonderer Wärmezufuhr bedarf. Wenn das Eisenblech stark, selbst bis zum Glühen, erhitzt und dann der Sprengstoff aufgeworfen wurde, traten dieselben Erscheinungen in kürzerer Aufeinanderfolge ein. Die Entzündung erfolgte natürlich schneller, aber das Brennen vollzog sich auch dann ohne Explosion. Trotz zahlreicher derartiger Versuche und vielfältiger Abänderung derselben hinsichtlich der Menge des Sprengstoffes, der Temperatur und der Schnelligkeit des Erhitzens konnte der Sprengstoff nicht zur Explosion gebracht werden. Selbst bei direkter Berührung des Sprengstoffes mit einem brennenden Streichholz, einem größeren brennenden Holzspan oder einer Bunsenflamme erfolgte die Entzündung nicht rasch; dieselbe trat vielmehr erst nach längerer Berührung mit der Flamme ein. Bei so entzündeten Haufen Sprengstoff trat stets Erlöschen ein bevor die Gesamtmenge aufgebrannt war, meist schon nach sehr kurzem Brennen. Auch wenn der Sprengstoff in ein lebhaftes Schmiedefeuer eingeworfen wurde, erfolgte die Verbrennung noch verhältnismäßig langsam und ohne Explosion. Zu diesen Versuchen wurden kleinere und größere Quantitäten auf einmal angewandt; eine Pappschachtel mit 2 kg Sprengstoff in das lebhafteste Schmiedefeuer gestellt, brannte ohne jede Explosionserscheinung auf. Wenn statt des losen Sprengstoffes Patronen angewandt wurden, zeigte sich das Verhalten im Feuer wenig verändert. Legt man eine einzelne Patrone in das Schmiedefeuer, so brennt dieselbe langsam und ruhig; an der Oberfläche der Patrone schmilzt der Sprengstoff und das Brennen gebraucht zum Fortschreiten noch eine längere Zeit, so daß selbst im Schmiedefeuer die Form der Patrone längere Zeit erhalten bleibt. Nimmt man eine Patrone, die schon längere Zeit gebrannt hat, aus dem Feuer und entfernt die angebrannte und geschmolzene Oberfläche, so findet man im Innern noch unveränderten pulverförmigen Sprengstoff. Eine Pappschachtel mit 2 kg Patronen wurde in das Schmiedefeuer eingestellt; die Erscheinungen entsprachen denen, die für die einzelnen Patronen beschrieben sind; das Brennen war ruhig und deshalb dauerte es lange bis der Sprengstoff aufgebrannt war; die Übertragung des Brennens von Patrone zu Patrone erfolgte ebenfalls langsam. Trotz Ausführung einer größeren Anzahl derartiger Versuche trat in keinem Falle Explosion ein. Die Brennbarkeit des Sprengstoffes ist eine so geringe, daß Versuche, die Schnelligkeit des Brennens an Streifen losen Sprengstoffes zu messen, wegen raschen Erlöschens nicht durchgeführt werden konnten. In Patronen dieses Sprengstoffes wurde Bickfordsche Zündschnur eingeführt. Dieselbe brannte aus, ohne daß die Stichflamme der Pulverseele den Sprengstoff zur Entzündung brachte oder veränderte.

Löschen des Sprengstoffes.

Das Verhalten des brennenden Sprengstoffes gegen Löschmittel muß als ein günstiges bezeichnet werden. Die zur Prüfung dieser Frage angestellten Versuche haben ergeben, daß die gewöhnlichen Löschmittel und ganz besonders Wasser vollkommen ausreichen, den Sprengstoff rasch und sicher zu löschen. Größere Mengen des Sprengstoffes (bis zu 2 kg auf einmal) wurden in Brand gesetzt und, wenn das Brennen möglichst lebhaft geworden war, die Löschversuche vorgenommen. Durch Übergießen oder Bespritzen mit Wasser konnte der Sprengstoff sehr leicht und rasch gelöst werden. Die hierzu erforderliche Wassermenge ist sehr gering, da Erlöschen eintritt, wenn die wirklich brennende Schicht benetzt wird. Durch Bedecken des brennenden Sprengstoffes mit Sand wurde Feuer sofort bis auf schwaches Glimmen im Innern gedämpft. Zur Kontrolle, ob der Sprengstoff in der für die praktische Verwendung richtigen Verfassung sei, wurden Patronen mit Sprengkapseln Nr. 8 montiert und diese zur Explosion gebracht.

Achter Abschnitt.

Empfindlichkeit gegenüber Initialzündung. Detonationsübertragung.

A) Die Empfindlichkeit gegenüber Initialzündung (Detonationsempfindlichkeit oder Detonationsfähigkeit) ist bei den Ammonsalpetersprengstoffen erheblich geringer als bei den Nitroglyzerinsprengstoffen. Während reines Nitroglyzerin schon durch eine Sprengkapsel mit geringer Ladung Knallquecksilber zur Detonation gebracht werden kann, ist dies bei Ammonsalpeter nach den früher mitgeteilten Versuchen von Lobry de Bruyn nur möglich, wenn man ganz besonders starke Sprengkapseln anwendet und der Ammonsalpeter sich in festem Einschluß befindet. Ammoniumnitrat gehört zu den chemischen Individuen, die stark exothermer Umsetzung fähig, aber wenig sensibel sind und aus diesem Grunde besonders kräftiger Initialimpulse bedürfen, um explosiv zu zerfallen. Auch die gewöhnlichen Ammonsalpetersprengstoffe erfordern stärker wirkende Sprengkapseln als die Nitroglyzerinsprengstoffe; man muß mindestens Sprengkapseln Nr. 7 (1·5 g Knallquecksilber) noch besser Nr. 8 (2 g Knallquecksilber) anwenden. Ist die Einleitung der Detonation ungenügend, so kann ein Auskochen des Sprengstoffes stattfinden, wobei letzterer unter Entwicklung gesundheitsschädlicher Gase (rote Dämpfe von Stickoxyden) abbrennt; event. geht die Verbrennung nach 15 bis 20 Sekunden zur Detonation über. Je nach dem der Sprengstoff sich verhält, spricht man von Versager, Auskocher, Detonationsverzögerung und vollkommener Detonation (wenn bei letzterer keine Sprengarbeit geleistet wird, sondern ein Ausbläser erfolgt, so liegt das nicht an der Initialzündung, sondern an mangelhaftem Besatz). Über Detonationsanomalien bei Ammonsalpetersprengstoffen hat die französische „Commission des Substances explosives" eingehende Untersuchungen angestellt, worüber Dautriche in Band XII der „Annales des Mines" berichtet hat[1].

Die Prüfung auf Detonationsfähigkeit wird zunächst bei dem unter Einschluß befindlichem Sprengstoff (also unter leichteren Bedingungen) vorgenommen. Zweckmäßig bringt man Patronen des zu prüfenden Sprengstoffes in Trauzlsche Bleizylinder und stellt durch Anwendung von Sprengkapseln mit verschieden großer Ladung fest, mit welcher Menge Knallsalz noch regel-

[1] Siehe Zeitschr. Schieß-Sprengstoffe 1908, S. 161.

mäßig eine vollständige Detonation hervorgerufen wird. — Die weitere strengere Probe besteht darin, daß man den Sprengstoff ohne Einschluß an freier Luft (entweder auf festem Erdboden oder auf dicken Bleiplatten) durch eine starke Sprengkapsel zur Detonation bringt, die regelmäßig und vollständig erfolgen soll.

Mit Rücksicht darauf, daß es gerade bei Ammonsalpetersprengstoffen leicht zum Versagen, zum Auskochen oder zur nur teilweisen Explosion kommt, hat Lheure eine neue Art von Zündung eingeführt, die in dem Patentanspruch des D. R. P. 180419 vom 18. Dezember 1904 folgendermaßen beschrieben ist.

„Zündvorrichtung für in Bohrlöcher eingesetzte Sprengpatronen dadurch gekennzeichnet, daß eine durch die Gesamtcharge hindurchgehende und, gegebenenfalls in Gestalt einer engeren Zündröhre durch den Stopfen der Ladung hindurch nach außen tretende Sprengröhre außerhalb des Sprengloches mit einem Knallquecksilberzünder verbunden ist.

Das Hauptmoment liegt also darin, daß die Zündung nicht wie bei der sonst üblichen Art an einem Punkte erfolgt, sondern der ganzen Länge der Patronen nach, indem die Sprengkapsel sich in einer Röhre oder in einer metallisch umkleideten detonierenden Zündschnur fortsetzt. Lheure verwendet gewöhnlich Zündröhren aus einer Bleihülle von 5·5 bis 6 mm äußerem und 4 mm innerem Durchmesser, die mit Trinitrotoluol gefüllt sind, welches bei einer Initialzündung von mindestens 1 g Knallquecksilber gut detoniert und hierbei als Zünder wirkt ohne die Explosionstemperatur des Sprengstoffes zu erhöhen oder letzteren weniger wettersicher zu machen. Lheure fand, daß es mit einer Trinitrotoluolzündschnur von 7·3 mm Durchmesser möglich war, reinen Ammonsalpeter, der unter einem Druck von 20 kg qcm zu Patronen gepreßt war, zur vollkommenen Detonation zu bringen; die Zündschnur ging hierbei durch drei Patronen auf 50 g hindurch. Näheres über diese Zündungsart ist zu ersehen aus dem Bericht von Lheure in den Annales des Mines 1907[1]. Es soll bei Anwendung dieses Zündungsverfahrens möglich sein, durch Herbeiführung einer vollkommeneren Detonation mit erheblich weniger Sprengstoff (Ersparnis von 20%) auszukommen, so daß dadurch der hohe Preis der Sprengschnur (etwa 40 Pfg. per Meter) ausgeglichen würde.

B) Detonationsübertragung. Wenn man zwei Patronen eines und desselben Sprengstoffes, von denen eine mit einer Sprengkapsel versehen ist, die andere nicht, mit dem Kopfende

---

[1] Siehe Zeitschr. Schieß-Sprengstoffe 1908 S. 141 und 1909 S. 233.

gegeneinander legt und die erste Patrone zur Detonation bringt, so überträgt sich ihre Explosion auf die zweite. Man prüft nun in der Weise, daß man ähnliche zwei Patronen in steigenden Entfernungen voneinander auf eine feste Unterlage (Bleiplatte oder Stahlblech) auflegt und einen immer größeren Zwischenraum zwischen den beiden Patronen entstehen läßt; je nach der Übertragungsfähigkeit des betreffenden Sprengstoffes wird die Entfernung, auf welche hin noch eine vollständige Explosionsübertragung stattfindet, größer oder kleiner sein. Abgesehen von den Eigenschaften des Sprengstoffes an sich hängt die Übertragungsfähigkeit auch von dem Durchmesser der Patronen ab, sie wächst mit zunehmendem Patronendurchmesser. Bei „Donarit" erfolgt bei 30 mm Patronendurchmesser die Übertragung der Detonation auf eine Entfernung von 6 cm, bei Gelatinedynamit dagegen auf 25 cm. — Man kann auch die Übertragungsfähigkeit in der Weise bestimmen, daß man prüft, ob eine durch Übertragung zur Detonation gebrachte Patrone bei der Stauchprobe im Brisanzmesser eine ebensogroße Stauchung herbeiführt, als wenn diese Patrone direkt durch eine Sprengkapsel gezündet würde. Zu diesem Zwecke setzt man auf den Brisanzmesser die eine Patrone auf und bringt darüber in wechselnder Entfernung die andere Patrone an; man bestimmt bei welcher Entfernung der Stauchungswert der aufliegenden Patrone geringer ausfällt.

In Frankreich hat man Versuche angestellt,[1] ob es möglich ist, die Detonationsfähigkeit und die Übertragung der Detonation bei Ammonsalpetersprengstoffen durch Zusatz sauerstoffreicher Salze zu erhöhen. Zunächst wurden einige Sprengstoffe ohne Zusatz geprüft und die Mindestmenge Knallquecksilber festgestellt, welche zur Herbeiführung der Detonation erforderlich war; letztere betrug bei dem Sprengstoff Kohlen-Grisoutine (88 % Ammonsalpeter, 12 % Nitroglyzerin): 0·20 g; bei dem Sprengstoff P Nr. 2 (90·5 % Ammonsalpeter, 9·5 % Kollodiumwolle): 0·25 g; bei Kohlen-Grisounit Favier (95·5 % Ammonsalpeter, 4·5 % Trinitronaphtalin): 0·40 g Knallquecksilber. — Die Detonationsübertragung erfolgte bei allen drei Sprengstoffen (es wurden Patronen von 50 g versucht und die erste mit 1·5 g Knallquecksilber initiiert) bis auf ungefähr 2 cm Entfernung.

Die Versuche mit Zusätzen verschiedener Salze wurden mit dem Sprengstoff Grisounit Favier, als dem wenigst empfindlichen der drei, angestellt. Ein Zusatz von 5 oder 10 % Kalium-

[1] Mém. Poudr. Salp. XII, 14.

chlorat erhöhte die Empfindlichkeit gegen Initialzündung nicht, außerdem erwies sich der Sprengstoff als unbeständig und entwickelte schon nach wenigen Tagen den charakteristischen Chlorgeruch; Zusätze von 2 % Kaliumbichromat oder 2 % Kaliumpermanganat erhöhten die Empfindlichkeit nicht; ebenso waren Zusätze von 2 oder 5 % Barytsalpeter, Bleinitrat oder Anilinnitrat wirkungslos.

Neunter Abschnitt.

Explosionsprodukte.

Das Volumen der entstehenden Gase kann man aus der Explosionsgleichung ableiten. — Nach dem Gesetz von Avogadro nehmen die Moleküle aller Gase bei gleicher Temperatur und gleichem Druck ein gleiches Volumen ein; die Gasvolumina verhalten sich wie die Zahlen der erhaltenen Moleküle. Das in Gramm ausgedrückte Molekulargewicht irgend eines Gases nimmt bei 0° und 760 mm einen Raum ein von 22·32 Liter, bei t^0 einen Raum von $22{\cdot}32\ [1 + a\,t]$ (Also bei 15° gilt die Zahl $22{\cdot}32 \left[1 + \frac{1}{273}\cdot 15\right] = 23{\cdot}55$). Nach der Explosionsgleichung

$$NH_4NO_3 = N_2 + {}^1/_2 O_2 + 2\,H_2O$$

ergibt sich, daß aus einem Molekül Ammonsalpeter $3^1/_2$ Gasmoleküle entstehen; bei 0° und 760 mm nehmen dieselben einen Raum ein von $3{\cdot}5 \times 22{\cdot}32 = 78{\cdot}12$ Liter; aus dem Molekulargewicht (80 g) ergeben sich demnach etwa 78 Liter, aus einem Kilogramm Ammonsalpeter dann 976·5 Liter (bei 0° und 760 mm, unter Annahme obiger Zersetzungsgleichung). Die Explosionsgase des Ammonsalpeters sind besonders ausgezeichnet durch ihren großen Gehalt an Wasserdampf. Bei Sprengarbeiten sind also die Nachschwaden verhältnismäßig gering, da der Wasserdampf nach Abkühlung sich zu Wasser kondensiert. Auch trägt der Wasserdampf zur Erhöhung der Zündsicherheit gegenüber schlagenden Wettern und Kohlenstaub bei. Die weiteren Bestandteile der Explosionsgase des Ammonsalpeters bei vollkommener Detonation sind Stickstoff und freier Sauerstoff, also sehr günstige Nachschwaden.

Für die Ammonsalpetersprengstoffe ergibt sich die Zusammensetzung der Explosionsgase theoretisch aus der Zersetzungsgleichung. Heise gibt folgende Gleichungen an:

1. für Dahmenit A (91·3 % Ammonsalpeter, 6·475 % Naphtalin, 2·225 % Kaliumbichromat)

$$151\,NH_4NO_3 + 7\,C_{10}H_8 + 1\,K_2Cr_2O_7 = 70\,CO_2 + 313\,H_2O + 17\,H_2 + 151\,N_2 + 1\,K_2Cr_2O_7.$$

Gasvolumen (bei 0° und 760 mm) 926 Liter.

2. für Roburit I (87·5 % Ammonsalpeter, 7·0 % Dinitrobenzol, 0·5 % Kaliumpermanganat, 5 % Ammonsulfat)

$$431\,NH_4NO_3 + 16{\cdot}4\,C_6H_4(NO_2)_2 + 1\,KMnO_4 + 15(NH_4)_2SO_4 = 98\,CO_2 + 895\,H_2O + 134\,O_2 + 447\,N_2 + 1\,KMnO_4 + 15(NH_4)_2SO_4.$$

Gasvolumen (bei 0° und 760 mm) 891 Liter.

3. Köln-Rottweiler Sicherheitssprengpulver (93 % Ammonsalpeter, 4·9 % Leinöl, 1·2 % Schwefel und 0·9 % Barytsalpeter)

$$337\,NH_4NO_3 + 3{\cdot}35\,C_{23}H_{36}O_7 + 11\,S + 1\,BaN_2O_6 = 76\,CO_2 + 734\,H_2O + 338\,N_2 + 65\,O_2 + 11\,SO_2 + 1\,BaCO_3.$$

Gasvolumen (bei 0° und 760 mm) 941 Liter.

4. Westfalit (91 % Ammonsalpeter, 4 % Kalisalpeter, 5 % Harz)

$$687\,NH_4NO_3 + 24\,KNO_3 + 10\,C_{20}H_{30}O_2 = 188\,CO_2 + 1524\,H_2O + 108\,O_2 + 699\,N_2 + 12\,K_2CO_3.$$

Gasvolumen (bei 0° und 760 mm) 930 Liter.

Bei der experimentellen Bestimmung der Explosionsgase ist vor allem zu beachten, daß der Explosionsverlauf für ein und denselben Sprengstoff von den Explosionsbedingungen abhängig ist. Läßt man die Detonation im geschlossenen Raum vor sich gehen, so wird der Explosionsverlauf und die Zusammensetzung der Explosionsgase beeinflußt von der jeweiligen Ladedichte, d. h. dem Verhältnis der Sprengstoffmenge zum Volumen des Explosionsraumes. Bei steigender Ladedichte, also größerem Drucke wird das Volumen der Explosionsgase kleiner, auch ändert sich die Zusammensetzung, indem der prozentuale Gehalt an Kohlenoxyd und Wasserstoff abnimmt, der Gehalt an Kohlensäure und Methan dagegen zunimmt. Es ergibt sich daraus, daß die theoretische Aufstellung der Explosionsgleichung wenig Wert hat und daß es bei der experimentellen Bestimmung nötig ist, die Ladedichte anzugeben, bei welcher der Sprengstoff zur Explosion gebracht wird. Wünschenswert ist es, daß man die experimentelle Bestimmung des Explosionsverlaufes bei möglichst hoher Ladedichte vornimmt, um den praktischen Verhältnissen bei Anwendung des Sprengstoffes im Bohrloch möglichst nahe zu kommen.

Die experimentelle Bestimmung des Gasvolumens und der Zusammensetzung der Gase wird gewöhnlich gleichzeitig mit der Bestimmung der Explosionswärme im Kalorimeter vorgenommen, worüber im elften Abschnitt näheres mitgeteilt wird. Aus dem Kalorimeter wird nach Abkühlung der Bombe durch Aufschrauben des Ventils das Gas entnommen und über Quecksilber aufgefangen; zweckmäßig bedient man sich dabei des von Sarrau und Vieille angegebenen Gasometers, bestehend aus einer auf- und abwärtsbeweglichen und einer zweiten, über der ersten befindlichen und festmontierten Glasglocke, welch letztere mit einer Flüssigkeit vom spez. Gew. 1 (Gemisch von Alkohol und Glyzerin) vollständig gefüllt ist. Die Explosionsgase treten aus der Bombe durch einen Gummischlauch und einen Hahn in die untere Glocke ein, welche vollständig in Quecksilber getaucht ist; durch das Eintreten der Gase hebt sich die untere Glocke und verdrängt aus der oberen eine entsprechende Menge Flüssigkeit, die abgemessen werden kann. An dem Apparat ist außerdem ein Manometer und eine Vorrichtung angebracht, die es erlaubt, den Druck in der Glasglocke auf den atmosphärischen Druck zu bringen, so daß mit dem gleichzeitig abgelesenen Barometerstand und der Temperatur der Meßflüssigkeit alle nötigen Daten gegeben sind, um das Volumen des Gases festzustellen. Zur Bestimmung der Zusammensetzung der Explosionsgase kann man aus der oberen Glocke beliebige Quantitäten entnehmen und analysieren. Unbedingt nötig ist es noch, sowohl für Bestimmung des Gasvolumens, als der Zusammensetzung der Gase, den Einfluß der zur Zündung der Schüsse verwendeten Sprengkapsel zu berücksichtigen; es empfiehlt sich deshalb für jede zu verwendende Zündvorrichtung diesen Einfluß durch besondere Versuche festzustellen und das von ihrer Verbrennung herrührende Gasvolumen von dem im Gasometer befindlichen Volumen abzuziehen. Nach Untersuchungen der Dynamit-A.-G. vormals Alfred Nobel & Comp. wurde festgestellt,[1] daß die verwendete Zündvorrichtung durchschnittlich ein Plus am Gasvolumen von 220 ccm verursachte, bestehend aus etwa 82 ccm Stickstoff und 138 ccm eines Gemisches von Kohlensäure und Kohlenoxyd. —

Die Zentralstelle in Neubabelsberg hat nachgewiesen, daß bei Ammonsalpetersprengstoffen infolge ihres Überschusses an Sauerstoff und der daraus resultierenden vollständigen Verbrennung der Elemente Kohlenstoff und Wasserstoff und der Unmöglichkeit der Entstehung von freiem Wasserstoff und Methan die Ladedichte nicht von Einfluß ist. Die Unabhängigkeit des

[1] Zeitschr. Schieß-Sprengstoffe 1907, S. 281.

Zersetzungsverlaufes von der Ladedichte wurde in nachstehenden Versuchen mit dem Sprengstoff „Donarit“ (80 % Ammonsalpeter, 12 % Trinitrotoluol, 4 % Mehl, 3·8 % Nitroglyzerin und 0·2 % Kollodiumwolle) festgestellt, wobei zwecks Änderung der Ladedichte bei den ersten fünf Versuchen die Sprengstoffmenge, bei den drei letzten dagegen der Explosionsraum (und zwar durch Einsatz von Stahlstücken von bekanntem Inhalt) variiert wurde.

Ladung in Gramm	Ladedichte	Gasvolumen pro Gramm	Gasanalyse			
			CO_2	CO	O	N
4·6336	0·110	382	34·3	—	—	65·7
6·1643	0·1477	372	34·7	—	—	65·3
8·3556	0·202	380	33·4	—	1·4	65·2
10·4433	0·250	370	33·4	—	1·2	65·4
12·1764	0·292	377	32·7	—	1·9	65·4
4·2243	0·101	383	34·5	0·6	—	64·9
4·6270	0·287	377	33·9	0·8	—	65·5
4·6196	0·337	375	33·9	0·6	—	65·5

Es genügt also die Untersuchung der meisten Ammonsalpetersprengstoffe bei kleiner Ladedichte (etwa 0·18), vorausgesetzt daß die Explosion hierbei vollständig verläuft, dagegen eine unvollständige Explosion, insbesondere Bildung von Stickstoffoxydgasen ausgeschlossen ist; für die Apparate, d. h. die Kalorimeterbombe ergibt sich daraus der Vorteil einer nicht zu starken Abnützung. Nach ausführlichen Untersuchungen[1] der Dynamit-A.-G. vormals Alfred Nobel & Comp., erhält man von 100 g Sprengstoff folgende Gasvolumina:

1. Bei Astralit (84·5 Ammonsalpeter, 1 Holzkohle, 7 Trinitrotoluol, 2·5 Paraffinöl, 1 Holzmehl und 4 Nitroglyzerin), Gasmenge (Mittel von mehreren Versuchen): 811·3 Liter.

2. Bei Wetterastralit (74·5 Ammonsalpeter, 2·5 Paraffinöl, 1 Holzmehl, 1 Kolzkohle, 10 Kochsalz, 7 Trinitrotoluol und 4 Nitroglyzerin), Gasmenge: 701·8 Liter.

3. Bei Fulmenit (86·5 Ammonsalpeter, 1·5 Holzkohle, 4 Schießbaumwolle, 2·5 Paraffinöl, 5·5 Trinitrotoluol), Gasmenge: 801·4 Liter.

4. Bei Wetterfulmenit (Zusammensetzung wie Fulmenit, nur statt 86·5 Ammonsalpeter sind es 76·5 Ammonsalpeter und 10 % Kochsalz), Gasmenge: 701·5 Liter.

---

[1] Zeitschr. Schieß-Sprengstoffe 1906.

Sprengstoff	Ladung	Ladedichte g	Volumen der Gase pro 100 g: Wasser-flüssig Liter	Wasser-dampf Liter	bei der Explosion Liter	Zusammensetzung der Gase: nach der Abkühlung Volumprozente	im Moment der Explosion Volumprozente
Astralit	8·2349	0·184	37·742	92·539	806·0	CO_2 = 30·91	12·61
						CO = 1·50	0·61
						N_2 = 67·59	27·56
						H_2O = —	59·22
Wetter-Astralit[1]	10·7743	0·241	36·995	81·030	703·3	CO_2 = 30·10	13·74
						CO = 2·30	1·05
						N_2 = 67·60	30·86
						H_2O = —	54·35
Fulmenit	7·6370	0·171	37·567	92·857	802·3	CO_2 = 30·40	12·30
						CO = 2·00	0·81
						N_2 = 67·60	27·35
						H_2O = —	59·54
Wetter-Fulmenit[1]	10·4636	0·234	37·396	80·994	706·6	CO_2 = 29·22	13·49
						CO = 3·18	1·47
						N_2 = 67·60	31·21
						H_2O = —	53·83

In Gewichtsprozenten ergibt sich für obige Versuche:

		gefunden	theoretisch berechnet
Astralit		gefunden	theoretisch berechnet
	CO_2	23·06 %	21·91 %
	CO	0·71 „	1·85 „
	N	32·04 „	32·14 „
	H_2O	44·19 „	44·10 „
Wetterastralit		gefunden	theoretisch berechnet
	CO_2	22·02 %	16·35 %
	CO	1·06 „	5·39 „
	N_2	31·41 „	28·64 „
	H_2O	35·51 „	39·61 „
	NaCl	10·— „	10·— „
Fulmenit		gefunden	theoretisch berechnet
	CO_2	22·58 %	22·77 %
	CO	0·94 „	1·— „
	N_2	31·90 „	31·86 „
	H_2O	44·58 „	44·37 „

[1] Bei den nicht vollständig vergasbaren Sprengstoffen Wetterastralit und Wetterfulmenit ist der Einfluß der Ladedichte nicht ganz zu vernachlässigen.

Wetterfulmenit		gefunden	theoretisch berechnet
	CO_2	21·60%	17·27%
	CO	1·49 „	4·50 „
	N_2	31·75 „	28·36 „
	H_2O	35·16 „	39·87 „
	NaCl	10·— „	10·— „

C. E. Bichel[1] weist darauf hin, daß die Schwaden im Augenblick der Explosion und nach der Abkühlung sich dadurch unterscheiden, daß bei der Detonation wahrscheinlich alle festen Stoffe flüssig (bzw. geschmolzen) oder gasförmig sind, während bei der Abkühlung sich ein Teil als fester Körper, ein Teil flüssig ausscheidet. Bichel untersuchte die Explosionsgase im Anschluß an seine Druckmessungen, indem er nach Abkühlung auf Zimmertemperatur das spez. Gew. bzw. das Litergewicht der Schwaden mit der Luxschen Gaswage feststellte und so die Gewichtsmenge der gasförmigen Schwaden fand, während die flüssigen und festen Produkte der Explosionskammer des Durchmessers entnommen und gewogen wurden. Beispiel: 206 g Donarit einschließlich Umhüllung und Sprengkapsel Nr. 8 in der 15-Literkammer ergaben 124·44 Liter gasförmige abgekühlte Schwaden von je 1·081 g Litergewicht, also einem Gesamtgewicht von 134·6 g entsprechend. Beim Öffnen der Kammer wurden dieser 67·95 g Wasser entnommen und zwar zum Teil unmittelbar durch Abfangen, zum Teil durch Aufnahme des an den Wandungen haftenden Wassers in Chlorcalciumapparaten. 67·95 g Wasser entsprechen 89·10 Liter Wasserdampf bei 15° C und 760 mm Barometerstand. Nach Restbestimmung hätten 71·4 g Wasser vorhanden sein müssen, 3·45 g fehlten.

In der Tabelle auf Seite 138 sind, und zwar als Mittel aus mehreren Versuchen, die von Bichel ausgeführten Schwadenanalysen verschiedener Ammonsalpetersprengstoffe mitgeteilt.

Was die Zusammensetzung der Explosionsgase betrifft, so ist noch zu beachten, daß man die Gase nach ihrer Abkühlung analysiert, also die Zusammensetzung der abgkühlten Gase ermittelt. Nun finden aber während der Abkühlung Einwirkungen der Gase aufeinander statt, besonders wenn Kohlensäure und Wasserstoff in den Explosionsgasen vorkommen, die unter Bildung von Kohlenoxyd und Wasserdampf miteinander reagieren. Poppenberg und Stephan[2] haben hierüber unter Berücksichtigung des chemischen Massenwirkungsgesetzes eingehende Versuche angestellt.

Für den Bergbau spielt die chemische Zusammensetzung der Explosionsgase deshalb eine wichtige Rolle, weil sich die ab-

[1] Untersuchungsmethoden für Sprengstoffe. Berlin 1902.
[2] Zeitschr. Schieß-Sprengstoffe 1909, S. 281.

Tabelle.

Name des Sprengstoffes	Gewicht der Ladung mit Umhüllung und Zündung bei dem betr. Versuch	Inhalt der Sprengkammer: an abgekühlten Schwaden unter Druck			Inhalt der Sprengkammer: an festen und flüssigen Rückständen	Von den festen und flüssigen Rückständen sind: Wasser, während der Detonation flüssig	Wasser, während der Detonation dampfförmig	Kohlensäure gasförmig	Kohlensäure gasförmig	während der Detonation dauernd feste bzw. geschmolzene Stoffe	Gesamtbetrag der gasförmigen Schwaden während der Detonation		1 kg Sprengstoff gibt während der Detonation: gasförmige Stoffe				feste oder flüssige Stoffe	
	g	L	g	1 L wiegt g	g	g	L	g	L	g	g	L	L	1 L wiegt g	g	%	g	%
Donarit	206	124·44	134·6	1·081	71·4	71·4	93·6	0	0	0	206	218·04	1023	0·946	1000	100	0	0
Ammonkarbonit I	206	98·00	121·5	1·24	84·5	68·26	89·6	4·3	2·31	11·94	194·06	189·91	922	1·003	942	94·2	58	5·8
Ammonkarbonit	206	77·03	101·2	1·314	104·8	86·6	112 166	4·4	2·36	13·8	192·2	191·55	930	1·002	932·8	93·28	67·2	6·72
Thunderite. . .	206	76·05	103·5	1·361	102·5	102·5	134·5	0	0	0	206	210·55	1021	0·979	1000	100	0	0

gekühlten Schwaden der umgebenden Luft mitteilen und event. eine schädliche Wirkung auf die Gesundheit der Bergleute ausüben. Bei normaler Detonation der Ammonsalpetersprengstoffe sind die Explosionsgase — abgesehen von einem geringen Prozentsatz an Kohlenoxyd — frei von gesundheitsschädlichen Bestandteilen. Erfolgt dagegen nur ein Auskochen des Sprengstoffes, so treten die giftig wirkenden Stickoxyde auf. Man hat in Frankreich festgestellt,[1] daß durch Beimengen von Kohlenstaub zu den Patronen solche Auskocher veranlaßt werden können, und man hat daher vor übermäßigem Feststampfen der Patronen gewarnt, damit nicht nach Platzen der Umhüllung ein Vermischen des Sprengstoffes mit Kohlenstaub eintritt.

Zehnter Abschnitt.

Detonationsgeschwindigkeit. Stoßkraft.

Für die Brisanz eines Sprengstoffes kommt besonders die Detonationsgeschwindigkeit in Betracht, d. h. die Geschwindigkeit, mit welcher sich die an einer Stelle des Sprengstoffes durch einen Initialimpuls eingeleitete Detonation durch die ganze Sprengstoffmasse fortpflanzt. Demgemäß wird man unter Detonationszeit die Zeit verstehen, innerhalb welcher alle vergasbaren Bestandteile eines Sprengstoffes sich in Gasform umgesetzt haben.

C. E. Bichel zerlegt den Explosionsvorgang bei brisanten Sprengstoffen in zwei Phasen und unterscheidet einen dynamischen und einen statischen Vorgang. Bei dem dynamischen Vorgang werden die heißen Zerfallgase und Dämpfe, die ein enormes Raumbedürfnis haben, gegen die Bohrlochwandung geschleudert, und zwar mit einer lebendigen Energie, deren Größe durch die Formel $\frac{m v^2}{2}$ wiedergegeben wird; hierin ist m die Masse der Zersetzungsprodukte des Sprengstoffes und v die Detonationsgeschwindigkeit. Diese lebendige Energie ist das Maß der Stoßwirkung, welche die Sprengstoffschwaden ausüben Dagegen betrachtet Bichel den Explosionsdruck als einen statischen Vorgang, der im Gipfelpunkt der größten Umsetzung, also am Schlusse der ersten Explosionsphase auftritt. Jedenfalls ist zur Beurteilung der Brisanz eines Sprengstoffes die Kenntnis

[1] Zeitschr. Schieß-Sprengstoffe 1908, S. 161.

der Detonationsgeschwindigkeit erforderlich. Letztere ist für einen gegebenen Sprengstoff keineswegs konstant, sondern abhängig von der Konzentration der Sprengstoffmasse, d. h. dem Verhältnis des Gewichtes der Ladung zu ihrem Volumen (der kubischen Dichte); ferner von dem Durchmesser der Sprengstoffpatronen; endlich von der Art der Initiierung.

Zur Bestimmung der Detonationsgschwindigkeit kann man den Anfang einer ununterbrochenen Sprengstoffreihe durch einen Detonator zur Explosion bringen und dann die Zeit messen, bis die Explosion an dem anderen Ende der Reihe angekommen ist. Berthelot und Vieille haben dies durchgeführt, indem sie Reihen von 30 bis 200 m anwandten, die beiden Enden des Sprengstoffes vermittels Kupferdrähten mit einem elektrischen Stromkreis verbanden und nun durch empfindliche Instrumente die Zeit maßen, welche zwischen den beiden Drahtunterbrechungen verstreicht.

Mettegang hat einen Apparat angegeben, bei welchem es möglich ist, schon bei einer wesentlich kürzeren Patronenreihe (zweckmäßig nicht unter 3 m Länge) die Detonationsgeschwindigkeit zu bestimmen.

Der Apparat besteht 1. aus einer berußten Trommel mit Platinspitzen, Zahnbetrieb und Meßvorrichtung, 2. aus einem Elektromotor, 3. aus dem Vibrationstachometer, 4. aus den Funkeninduktoren. — Schaltung und Funktionieren des Apparates werden wie folgt angegeben:[1] Von einer Stromquelle (Batterie, Akkumulatoren, Lichtleitung) wird der Strom abgezweigt und geht — entsprechend der Anzahl der Funkeninduktoren durch je 10 parallel geschaltete Glühlampen als Widerstand nach den Primärspulen der Funkeninduktoren und von dort wieder zurück zur Stromquelle. Die Sekundärspulen sind mit einem Pol an je eine Platinspitze vor der berußten Trommel, mit dem anderen Pol an das Lager derselben angeschlossen. Die Drähte zu den Primärspulen gehen durch die zu durchschießende Patronenreihe. Wird nun der Primärstrom durch die Detonation der Patronenreihe und Zerreißen der Drähte unterbrochen, so springt gleichzeitig in den Sekundärleitungen je ein Funke von den Platinspitzen auf die berußte Trommel über. Die überspringenden Funken zeigen sich auf der berußten Trommel nicht als einzelne Punkte, sondern durch die oszillatorische Entladung der Elektrizität als Punktreihen. Es sei nun angenommen, der beschriebene Apparat habe zwei Platinspitzen, mithin auch zwei Funkeninduktoren. Da bei der Detonation der Patronenreihe zunächst der erste Draht reißt und nach einem Zeitteilchen erst der zweite, dabei aber die Trommel weiter rotiert, haben die Anfänge der Funkenreihen eine gewisse Entfernung

[1] C. E. Bichel in Zeitschr. Schieß-Sprengstoffe 1908, S. 403.

voneinander; diese zeitliche Entfernung der Punktreihen, bezogen auf die Länge des Rohres, in welchem die Patronenreihe bzw. der Sprengstoff liegt, gibt die Detonationsgeschwindigkeit des betreffenden Spreng-

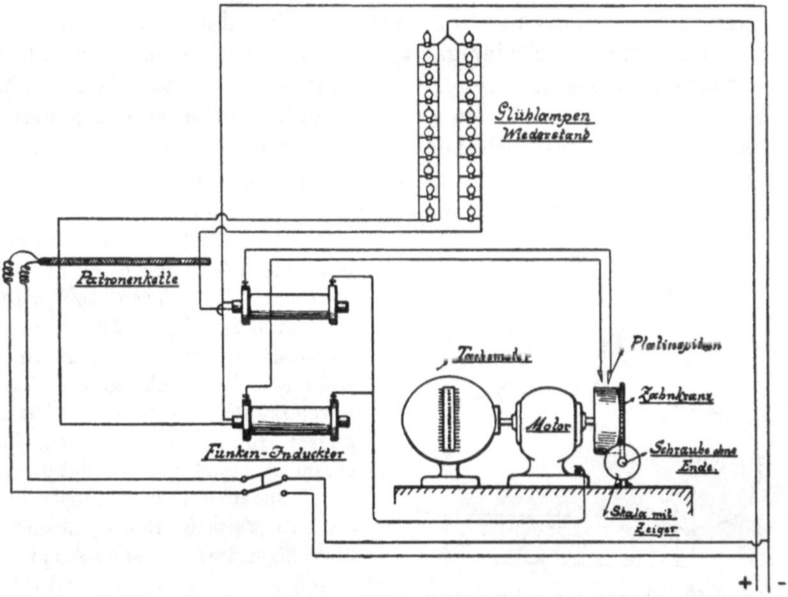

Fig. 18. Schema des Apparates zur Messung der Detonationsgeschwindigkeit.

stoffes und zwar in Metern pro Sekunde an, z. B. Länge des Detonationsrohres bzw. der Patronenreihe 3 m. Entfernung der Anfänge der Punktreihen auf der berußten Trommel = 20 mm.

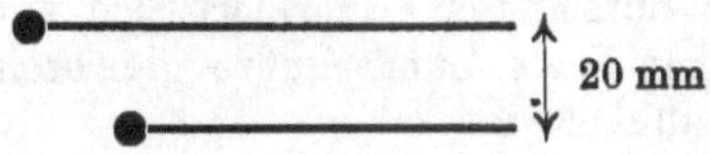

Die Umdrehungsgeschwindigkeit der Trommel ist 50 oder 100 m pro Sekunde, demnach 20 mm in 0·0004 bzw. 0·0002 Sekunden. Die Detonation hat im ersteren Falle einen Weg von 3 m in 0·0004 Sekunden zurückgelegt, würde also in einer Sekunde $\frac{1}{0{\cdot}0004} \times 3 = 7500$ m zurücklegen. In diesem Falle beträgt die Detonationsgeschwindigkeit 7500 m pro Sekunde.

Ein ähnlicher Apparat ist bei dem Militärversuchsamt in Berlin in Gebrauch; eine Beschreibung desselben findet sich in dem Buche von H. Kast, Anleitung zur Untersuchung von Spreng-

und Zündstoffen, S. 1025/26. Es soll möglich sein, mit diesem Apparat die Detonationsgeschwindigkeit von 40 bis 50 cm langen Sprengstoffreihen noch hinreichend genau zu messen.

Eine andere Methode die Detonationsgeschwindigkeit von Sprengstoffen zu bestimmen, besteht darin, daß man solche mit der Detonationsgeschwindigkeit einer detonierenden Zündschnur vergleicht, wobei letztere gleichmäßig und bekannt sein muß. Diese sinnreiche und einfache Methode wurde von Ingenieur Dautriche der französischen Explosivstoffkommisson angegeben.[1]

Die Ausführung ist beispielsweise folgende:[2] Als Vergleichsmuster diente Nr. 1 der detonierenden Zündschnur 1907 mit einer sehr gleichmäßigen Detonationsgeschwindigkeit von 6880 m per Sekunde. Der Sprengstoff wird in einer Röhre Z (Fig. 19) zu einer bestimmten Dichte gepreßt und an einem Ende mit einer 1·5 g-Sprengkapsel versehen. Zwei andere Sprengkapseln, welche in einem Abstand von etwa 10 cm voneinander mit ihrem Boden an der Längsseite der Röhre anliegen, übertragen die Detonation auf zwei detonierende Schnüre AF und BG von 1·0 und 0·8 m Länge. Die Enden dieser beiden Schnüre laufen in einer Länge von etwa 20 cm (GF) nebeneinander her und sind auf einer Bleiplatte P befestigt. Auf der Platte zieht man in halber Länge zwischen F und G eine Linie. Bei der Detonation des Sprengstoffes markiert sich auf der Bleiplatte die Stelle (S), an welcher beide Zündschnüre gleichzeitig detonieren. Die Detonationsgeschwindigkeit ist

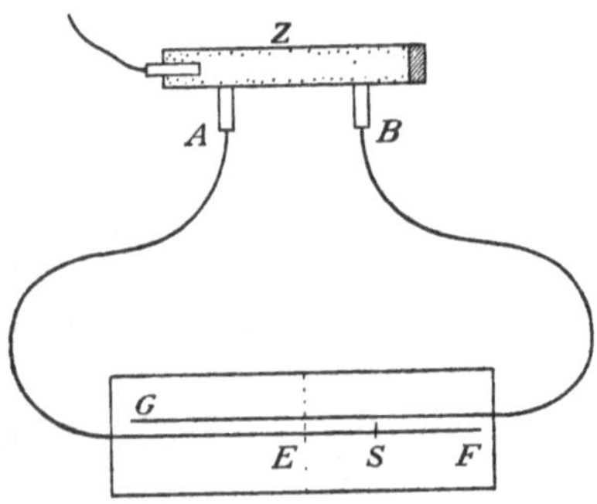

Fig. 19. Apparat zur Bestimmung der Detonationsgeschwindigkeit nach Dautriche.

$$V = 6880\,m \times \frac{AB}{200 + 2 \times ES}\,ES,$$

wobei AB und ES in Millimetern auszudrücken sind.

Es wurde schon früher auf den Einfluß hingewiesen, den Dichte, Patronendurchmesser und Initiierung auf die Detonationsgeschwindigkeit ausüben. Bichel hat gefunden, daß Nitroglyzerinsprengstoffe bei einem Patronendurchmesser von 30 mm, Ammonsalpetersprengstoffe dagegen erst bei 50 mm ihre obere Grenze erreichen. Ferner hat Bichel festgestellt, daß bei fester Ein-

---

[1] Compt. rend. 1906. Bd. 143, 61. — Zeitschr. Schieß-Sprengstoffe 1907, Bd. 2, 74.

[2] Zeitschr. Schieß-Sprengstoffe 1909, Bd. 4, 207.

schließung des Sprengstoffes die Detonationsgeschwindigkeit sich vergrößert. Bichel ermittelte folgende Detonationsgeschwindigkeit von Ammonsalpetersprengstoffen, bei 30 mm Patronendurchmesser:

Donarit, eingeschlossen	4137 m p. Sekunde
„ nicht eingeschlossen	3930 „ „ „
(Ladedichte 1·31)	
Ammonkarbonit I, eingeschlossen	3195 „ „ „
„ nicht eingeschlossen	1753 „ „ „
(Ladedichte 1·11)	
Ammonkarbonit, eingeschlossen	3094 „ „ „
„ nicht eingeschlossen	1649 „ „ „
(Ladedichte 1·19)	
Thunderite, eingeschlossen	3654 „ „ „
„ nicht eingeschlossen	2137 „ „ „
(Ladedichte 1·07)	

Nach der Formel $\frac{m\,v^2}{2}$ berechnet sich dann die Stoßkraft z. B. für Ammonkarbonit (eingeschlossen) auf 487912 sek/kg/m, für Donarit (eingeschlossen) auf 872312 sek./kg/m.

Elfter Abschnitt.

Wärmeentwicklung.

Für Ammonsalpeter sind die auf Grund der theoretischen Zersetzungsgleichung errechneten frei werdenden Wärmemengen auf Seite 46 mitgeteilt; zu berücksichtigen ist hierbei aber, daß Ammonsalpeter sich auch in anderer Weise zersetzen kann, wobei andere Werte für die Explosionswärme resultieren. Haben wir es nicht mit dem einheitlichen Ammonsalpeter, sondern mit einem Ammonsalpetersprengstoff, also einem Gemenge verschiedener Körper zu tun, so können wir wohl eine theoretische Zersetzungsgleichung aufstellen und dann auch die freiwerdenden Wärmemengen berechnen. So wurden auf Grund der im neunten Abschnitt auf Seite 133 angenommenen theoretischen Zersetzungsgleichungen folgende Werte für die Wärmeentwicklung Q berechnet:

für Dahmenit A	914	Kalorien
Roburit I	612	„
Köln-Rottweiler Sicherheitssprengpulver	725	„
Westfalit	749	„

Wir sind aber durchaus nicht sicher, ob der wirkliche Zersetzungsvorgang dem theoretisch angenommenen entspricht und es ist daher viel zweckmäßiger, die bei der Explosion freiwerdende Wärmemenge auf experimentellem Wege mit Hilfe eines Kalorimeters zu messen. Zu diesem Zwecke bringt man eine abgewogene Menge Sprengstoff in einer kleinen, mit elektrischer Zündung versehenen Bombe zur Explosion und mißt die an eine bestimmte Menge Wasser abgegebene Wärme und zwar genau (in $^{1}/_{100}{}^{0}$). Daraus berechnet man unter Berücksichtigung der nötigen Korrekturen die von 1 kg Sprengstoff abgegebene Explosionswärme Q_k.

Zur Ausführung von Messungen verwendet C. E. Bichel nachstehend abgebildeten Apparat, bestehend aus der Kalorimeterbombe, dem Kalorimetergefäß mit wärmeschützender Umhüllungstonne, dem Thermometer mit Ablesevorichtung und einer Einspann- und Hebevorrichtung, sowie einem mechanischen Rührer. Als Kalorimeterbombe wird eine geschmiedete Stahlflasche von 30 Liter Inhalt und einer Vorrichtung zum luftdichten Verschließen und Evakuieren verwendet. Der Sprengstoff wird in der Mitte der Bombe aufgehängt und elektrisch gezündet. In das Kalorimetergefäß aus Nickelblech bringt man etwa 70 Liter Wasser.

Fig. 20. Kalorimeter.

Beispiel: 70 g Ammonkarbonit I ergaben unter Berücksichtigung der durch die Zimmerwärme herbeigeführten Zunahme eine Temperaturerhöhung des Kalorimeterwassers um 1·050 ^{0}; der Gesamtwasserwert war zu 71·719 Kalorien ermittelt. Die gesamte von der Explosion herrührende Wärmemenge ist mithin 1·050 × 71·719 = 75·205 Kalorien; hiervon sind die auf die Sprengkapsel entfallenden 1·381 Kalorien abzuziehen. Es verbleiben dann 73·824 Kalorien, also für 1 kg des Sprengstoffes = 1055 Kalorien. — Aus der Untersuchung der Explosionsgase geht hervor, daß sich bei der Explosion von 1 kg Ammonkarbonit I 341·3 g Wasser bilden, durch deren Kondensation

202 Kalorien frei wurden. Es verbleiben sonach noch 853 Kalorien. Im Augenblick der Explosion ist nicht nur das Wasser gasförmig, sondern es ist auch die Kohlensäure als solche vorhanden, während beim Abkühlen sich Bikarbonate bilden, wodurch in diesem Falle auch 2·3 Kalorien frei werden, welche abzuziehen sind; es verbleiben sonach als $Q_{k.v.}$ (Wasser als Dampf) 849·8 Kalorien, die im Augenblick der Detonation frei werden.

Die von Bichel verwendete Bombe gestattet nur das Arbeiten bei einer geringen Ladedichte, etwa 0·01. In der Zentralstelle Neu-Babelsberg hat man daher eine andere Kalorimeterbombe konstruiert, in welcher (in Anpassung an die Verhältnisse im Bohrloch) Sprengstoffe noch bei Ladedichten bis zu 0·5 zur Explosion gebracht werden können. Der Einfluß des Knallquecksilbers ist gleichzeitig sehr herabgedrückt, da unter den in der Bombe herrschenden Bedingungen alle Sprengstoffe ausnahmslos schon durch eine Kapsel Nr. 1 zur Detonation gebracht werden können.[1]

Die Nickelstahlbombe besitzt einen Inhalt von 44 bis 45 ccm und wird durch einen Schraubenkopf verschlossen. In diesem ist die Zündvorrichtung isoliert eingebracht, die sowohl die Anwendung des Platindrahtes, wie auch der Sprengkapselzündung gestattet. Die Isolierung und Abdichtung geschieht mit Hilfe von Speckstein- bzw. Porzellanplättchen und Hartgummiringen. Zum Evakuieren und zur Entnahme der Gasproben ist an der Seite der Bombe ein eingeschraubtes Ventil angebracht. Bei Verwendung einer Sprengkapsel wird dieselbe mit dem Zünder an dem Schraubenkopf befestigt, soll dagegen die Zündung mit einem glühenden Draht geschehen, so wird eine kleine Menge des Sprengstoffes in ein am Schraubenkopf befestigtes Stanioltiegelchen hineingebracht, in welchem der Zündungsdraht mit dem Schraubenkopf verbunden eingebettet liegt; die im Tiegelchen befindliche kleine Menge des Sprengstoffes detoniert und initiiert die am Boden der Bombe befindliche Hauptmenge. Bei den Kalorimeterbestimmungen wird die Bombe in Messinggefäße, die mit der entsprechenden, genau abgewogenen Menge Wasser gefüllt sind, auf einem Hartgummiuntersatze aufgestellt. Das Rühren geschieht mit Hilfe eines angepaßten, mechanisch betriebenen Rührers aus demselben Material. Die Temperatursteigerung zeigt ein in ein Hundertstel Grad ($^1/_{100}{}^0$) geteiltes Thermometer, das ununterbrochen durch einen elektrisch betriebenen Klopfer erschüttert wird, um ein Hängenbleiben des Quecksilberfadens zu verhindern. Die Wassermenge wird zweckmäßig so groß gewählt, daß die Temperaturerhöhung bei den einzelnen Versuchen nicht mehr als 1 bis $1^1/_2{}^0$ beträgt, wodurch die Korrekturfaktoren möglichst niedrig gehalten werden. Zum Schutz gegen äußere Temperaturschwankungen steht das Kalorimetergefäß während des Ver-

[1] Zeitschr. Schieß-Sprengstoffe 1906, S. 5.

suches in einem Eichenholzfäßchen, an das gleichzeitig die mechanische Rührvorrichtung befestigt ist. Die Ablesungen am Thermometer geschehen durch ein Fernrohr, welches hinter einer Panzerschutzvorrichtung aufgestellt ist. Es wurde z. B. folgendermaßen gearbeitet:

Die genau auf der analytischen Wage abgewogene Menge des Sprengstoffes, zweckmäßig mittels eines Pastillenstechers in Pastillenform gebracht, wurde in die Bombe mittels eines Trichters eingeschüttet und die letztere dann mit dem Schraubenkopf, an dem vorher die Zündvorrichtung angebracht worden war, verschlossen. Durch das seitlich angebrachte Ventil wurde dann die Bombe bis auf einige Millimeter Quecksilber evakuiert, und nach vollständigem Verschluß in das Kalorimetergefäß eingesenkt. Das letztere wurde vorher mit dem entsprechenden Quantum Wasser gefüllt, welches bis auf 0·1 g genau abgewogen wurde und dessen Temperatur zweckmäßig etwas über der Zimmertemperatur lag. Zuletzt wurde das Thermometer und der Rührer eingesenkt, der Kontakt mit der Zündvorrichtung hergestellt und das Rührwerk durch einen kleinen Elektromotor in Bewegung gesetzt. Nach Ablauf einer halben Stunde wurde dann unter Einschaltung des Klopfers mit der Ablesung begonnen und der Versuch in bekannter Weise durchgeführt. Wie in dem neunten Abschnitt schon hervorgehoben, kann bei den Ammonsalpetersprengstoffen, welche vollkommen vergasen, unter der Annahme vollkommener Detonation die Ladedichte vernachlässigt werden. Bei einer mittleren Ladedichte von 0·17 bis 0·19 erhielt die Dynamit-A.-G. vormals „Alfred Nobel," folgende mittlere Werte für die entwickelten Wärmemengen ($Q_{k \cdot v \cdot}$).

	H_2O flüssig	H_2O Dampf
Astralit	1226 Kalorien	967 Kalorien
Wetterastralit . .	1070 „	858 „
Fulmenit	1206 „	944 „
Wetterfulmenit . .	1062 „	855 „

Zwölfter Abschnitt.

Temperatur, Größe und Dauer der Stichflamme.

A) Temperatur.

Man kann die Explosions- oder Flammentemperatur bis jetzt nicht direkt messen, wohl aber dieselbe ableiten, entweder aus dem Maximalgasdruck (doch ist es umgekehrt mehr üblich, aus der auf anderm Wege festgestellten Temperatur den Maximalgasdruck zu berechnen) oder nach der kinetischen Gastheorie aus den Beziehungen zwischen Druck, Dichte und mittlerer molekularer Geschwindigkeit; gewöhnlich aber ermittelt man die Temperatur aus der frei werdenden Explosionswärme Q und der mittleren spezifischen Wärme der Explosionsgase C nach der Formel

$$t = \frac{Q}{C}.$$

In Frankreich wird nach Artikel 116 des Reglements die Explosionstemperatur in folgender Weise berechnet:

Besteht ein Explosionsstoff aus den Mengen p, p', p'' ... der Bestandteile F, F', F'' ..., so resultieren daraus bei der Zersetzung $\alpha\, CO_2 + \beta\, H_2O$-Dampf $+ \gamma$ permanente Gase $+ \delta$ fester Rückstand P $+ \lambda$ Salzsäuregas HCl; dabei entsteht eine Wärmemenge Q, die — unter Berücksichtigung der Korrektur für Umrechnung von konstantem Volumen auf konstanten Druck — sich ergibt nach der Formel

$$Q = 94\cdot3\,\alpha + 58\cdot2\,\beta + 22\,\delta - (pf + p'f' + p''f'' + \ldots) + 0\cdot54\,(\alpha + \beta + \gamma + \delta),$$

Daraus berechnet sich für die Temperaturbestimmung[1]

$$Q = \big(6\cdot26\,\alpha + 5\cdot61\,\beta + 4\cdot8\,(\gamma + \delta) + \lambda\, C_1\big)\, t + \big(0\cdot0037\,\alpha + 0\cdot0033\,\beta + 0\cdot0006\,(\gamma + \delta + \varepsilon)\big)\, t^2,$$

worin C_1 die spezifische Wärme eines Gramms der festen Substanz bedeutet; ferner sind angenommen als spezifische Wärmen[2] (nach Mallard und Le Chatelier)

für Kohlensäure	$6\cdot26 + 0\cdot0037\,t$
für Wasserdampf	$5\cdot61 + 0\cdot0033\,t$
für permanente Gase (Stickstoff, Sauerstoff, Salzsäure)	$4\cdot80 + 0\cdot0006\,t$.

Es sei beispielsweise die Explosionstemperatur von Gesteins-Grisounit zu berechnen; Zusammensetzung 91·5 Ammonsalpeter: 8·5 Dinitronaphtalin oder 29·334 Ammonsalpeter auf 1 Dinitronaphtalin. Die Zersetzungsgleichung lautet:

$$29\cdot334\, NH_4NO_3 + C_{10}H_6N_2O_4 = 10\, CO_2 + 61\cdot668\, H_2O + 5\cdot167\, O_2 + 30\cdot334\, N_2.$$

Hier hat α (Kohlensäure) den Wert 10,
β (Wasserdampf) „ „ 61·668,
und γ (permanente Gase „ „ $5\cdot167 + 30\cdot334 = 35\cdot501$.

Da die Bildungswärme des Ammonsalpeters $f = 87\cdot9$, die des Dinitronaphtalins $f_1 = -5\cdot7$, da ferner die Wärmeentwicklung der Kohlensäure $= 94\cdot3$, des Wassers $= 58\cdot2$ Kalorien, so haben wir

[1] Q in großen Kalorien, oder — falls Q in kleinen Kalorien ausgedrückt ist — 1000 Q.

[2] Die spezifischen Wärmen sind von der Temperatur abhängig.

$$Q = 94{\cdot}3 \times 10 + 58{\cdot}2 \times 61{\cdot}668 - (29{\cdot}334 \times 87{\cdot}9 - 5{\cdot}7) \\ + 0{\cdot}54(10 + 61{\cdot}668 + 35{\cdot}581) = 2014{\cdot}1902$$

und (für die Temperaturberechnung)

$$Q = (6{\cdot}26\,\alpha + 5{\cdot}61\,\beta + 4{\cdot}8(\gamma + \delta) + \lambda\, C_1)\,t \\ + [0{\cdot}0037\alpha + 0{\cdot}0033\,\beta + 0{\cdot}0006(\gamma + \delta)]\,t^2$$

oder

$$Q = (6{\cdot}26 \times 10 + 5{\cdot}61 \times 61{\cdot}668 + 4{\cdot}8 \times 35{\cdot}501)t \\ + [0{\cdot}0037 \times 10 + 0{\cdot}0033 \times 61{\cdot}668 + 0{\cdot}0006 \times 35{\cdot}501]\,t^2$$

oder

$$Q = a \cdot t + b \cdot t^2.$$

Allgemein ausgedrückt ergibt sich

$$t = \frac{-a + \sqrt{a^2 + 4b \cdot Q}}{2b}.$$

Bei durchgeführter Rechnung ergibt sich

$$Q = 578{\cdot}9623\,t + 0{\cdot}261\,865\,t^2,$$

daher

$$t = \frac{-578{\cdot}9623 + \sqrt{335\,197{\cdot}3216 + 210\,999{\cdot}9}}{0{\cdot}52\,361}$$

$$= \frac{-578{\cdot}9623 + 1563{\cdot}5623}{0{\cdot}52631}$$

$$= \frac{984{\cdot}6}{0{\cdot}52631} = \underline{1880\,^0\mathrm{C}}.$$

Gesteins-Grisounit hat also eine Denonationstemperatur von 1880° C; die Grenze für Sprengstoffe, die für Gesteinsarbeiten zugelassen werden, ist in Frankreich bekanntlich auf 1900° fixiert (für Arbeiten in der Kohle selbst auf 1500°).

Folgende Explosionstemperaturen hat man für die französischen Sprengstoffe berechnet.

1. Sprengstoffe für Gesteinsarbeit (unter 1900°).

Grisoutine	60 % Ammonsalpeter 40 % Dynamit Nr. 1	1800° C
Gelatine-Grisoutine	70 % Ammonsalpeter 30 % Sprenggelatine	1815° C
Sprengstoff von Sevran-Livry	85 % Ammonsalpeter 15 % Kollodiumwolle	1770° C
Gesteins-Grisounit (Favier)	91·5 % Ammonsalpeter 8·5 % Dinitronaphtalin	1880° C

2. **Sprengstoffe für Arbeiten in der Kohle** (unter 1500°).

Grisoutine	80 % Ammonsalpeter 20 % Dynamit Nr. 1	1468 °C
Gelatine-Grisoutine	88 % Ammonsalpeter 12 % Sprenggelatine	1493 °C
Sprengstoff von Sevran-Livry	90·5 % Ammonsalpeter 9·5 % Kollodiumwolle	1450 °C
Kohlen-Grisounit	95·5 % Ammonsalpeter 4·5 % Trinitronaphtalin	1445 °C

Gody gibt folgende Werte für Ammonsalpetersprengstoffe. Für ein Gemisch von 94 Tln. Ammonsalpeter und 6 Tln. Naphtalin nach der Gleichung:

$$24\,NH_4NO_3 + C_{10}H_8 = 10\,CO_2 + 24\,N_2 + 5\,H_2O \quad (Q_{k\cdot v} = 943{\cdot}7)$$

eine Detonationstemperatur von 2075°; für ein Gemenge von 90 Tln. Ammonsalpeter und 10 Tln. Mononitronaphtalin nach der Gleichung:

$$19{\cdot}5\,NH_4NO_3 + C_{10}H_7NO_2 = 8\,CO_2 + 2\,CO + 20\,N_2 + 42{\cdot}5\,H_2O$$
$$(Q_{k\cdot v} = 936)$$

eine Detonationstemperatur von 2091°; für ein Gemenge von 87·5 Tln. Ammonsalpeter und 12·5 Tln. Dinitronaphtalin nach der Gleichung

$$19\,NH_4NO_3 + C_{10}H_6N_2O_4 = 10\,CO_2 + 20\,N_2 + 41\,H_2O \quad (Q_{k\cdot v} = 979)$$

eine Explosionstemperatur von 2163°; für ein Gemenge von 8 Tln. Ammonsalpeter und 1·68 Tln. Dinitrobenzol (bzw. 82·7 % Ammonsalpeter und 17,3 % Dinitrobenzol) nach der Gleichung:

$$10\,NH_4NO_3 + C_6H_4N_2O_4 + 6\,CO_2 + 11\,N_2 + 22\,H_2O \quad (Q_{k\cdot v} = 995)$$

eine Explosionstemperatur von 2203°.

Heise gibt für Ammonsalpeter selbst nach der Zersetzungsgleichung:

$$NH_4NO_3 = N_2 + {}^1/_2\,O_2 + 2\,H_2O$$

eine Explosionstemperatur von 1134°; ferner für

Dahmenit A	2064°
Roburit I	1616°
Köln-Rottweiler Sicherheitssprengpulver	1774°
Westfalit	1806°.

Die Zusammensetzung dieser vier Sprengstoffe und die theoretisch angenommene Zersetzungsgleichung, auf welche hin die Temperatur errechnet wurde, sind im neunten Abschnitt auf Seite 133 mitgeteilt.

Viel bessere Werte für die Explosionstemperatur erhält man natürlich, wenn man in die Gleichung

$$t = \frac{Q}{C}$$

für Q nicht den aus der theoretischen Zersetzungsgleichung berechneten Wert nimmt, sondern den durch kalorimetrische Messungen gefundenen Wert. So z. B. hat die Dynamit A.-G. Nobel nach experimenteller Bestimmung der entwickelten Wärme folgende Explosionstemperaturen berechnet:

für Astralit . . . . 2132°
„ Wetterastralit . . 2088°
„ Fulmenit . . . . 2091°
„ Wetterfulmenit . 2096°.

C. E. Bichel hat in ähnlicher Weise die Explosionstemperaturen für Donarit mit 2066° und für Ammonkarbonit mit 1648° bestimmt.

B) Größe und Dauer der Stichflamme.

Ganz neuerdings hat man für Militärpulver die Forderung aufgestellt, daß solche „flammlos" sein sollten; bei den Sprengstoffen hat man schon früher die Aufmerksamkeit der Explosionsflamme zugewandt, da man ganz richtig annahm, daß ein Sprengstoff eine möglichst kleine Explosionsflamme haben müsse, um den Anforderungen an Wettersicherheit zu entsprechen. In der Fabrik der österreichischen Gesellschaft Dynamit Nobel hat zuerst A. Siersch[1], später Wilkoszewski[2] diesbezügliche Versuche angestellt; weitere Arbeiten verdanken wir dem Generalingenieur Philipp Hess.[3] — C. E. Bichel[4] hat in Gemeinschaft mit Mettegang einen Apparat konstruiert, um nicht nur die Größe, sondern auch die Dauer der Flamme messen zu können.

Der Apparat besteht aus einem Schießmörser, und zwar einem aufrechtstehenden Stahlblock mit einer Einbohrung von 55 mm Durchmesser und 5 cm Tiefe; 6 m davon entfernt steht ein Holzkasten mit einer Quarzlinse als Objektiv. (Letztere läßt auch die ultravioletten Strahlen durch.) In dem Holzkasten befindet sich eine in einem Bügel spitzer Schrauben laufende Trommel, auf welche der lichtempfindliche Film gespannt wird. Diese Trommel wird durch einen außerhalb des Kastens stehenden Motor in Bewegung gesetzt und zwar mit einer Geschwindigkeit, welche durch ein Tachometer festgestellt werden kann. Man spannt auf die Trommel in der Dunkelkammer (bei stark gedämpftem roten Licht) das Film und klebt dasselbe an den zusammenstoßenden Rändern mit gummierter Leinwand zusammen; dann bringt man die Sprengpatrone in den Schießmörser und feuert dieselbe auf

[1] Österr. Zeitschr. f. Berg- u. Hüttenwesen 1896.
[2] Zeitschr. Schieß-Sprengstoffe 1907, S. 141.
[3] Mitteil. Art.- u. Geniewesen 1898, S. 266; 1900, S. 26.
[4] Zeitschr. f. Berg- u. Hüttenwesen 1902, S. 669. — Zeitschr. Schieß-Sprengstoffe 1908, S. 408.

elektrischem Wege ab und zwar bei ruhig stehender Trommel; man erhält dann ein Bild von der Größe der Stichflamme. Um nun auch über die Dauer der Stichflamme sich zu orientieren, stellt man in den Holzkasten zwischen Quarzlinse und Trommel dicht vor der letzteren einen gebogenen Schirm mit einem Schlitz in axialer Richtung. Man erhält dann bei stillstehender Trommel ein Flammenbild, das wohl der Länge nach der Flamme entspricht, der Breite nach jedoch

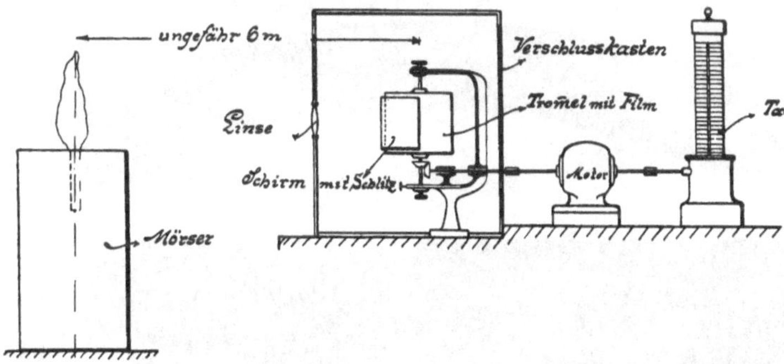

Fig. 21. Schema des Apparates zur Stichflammen-Messung (nach Bichel).

nur so groß ist wie der Spalt; läßt man die Trommel schnell rotieren, so verzerrt sich das Bild nach der Breite; die Breitenausdehnung des Bildes bezogen auf die Umdrehungsgeschwindigkeit der Trommel gibt die Flammendauer in $^1/_{1000}$stel Sekunde an.

W. Will[1] verfährt in folgender Weise:

In einem dunklen Raum werden aus einem eisernen, aufrecht stehenden Mörser 10 g Sprengstoff in der üblichen Weise geschossen. Etwa 1 m vom Mörser entfernt steht der Apparat zur Messung der Flammendauer, der in der Hauptsache aus folgenden Teilen besteht. Hinter einer Glasscheibe, die eine kreisförmig angeordnete Teilung besitzt, dreht sich mit regulierbarer Geschwindigkeit eine in der Höhe des Teilungsringes mit Ausschnitten versehene Aluminiumscheibe, deren Umdrehungsgeschwindigkeit im Höchstfalle 5500 m pro Minute beträgt; gewöhnlich wurde mit einer Umdrehungsgeschwindigkeit von 1000 m pro Minute = 16·8 m pro Sekunde (ein Teilstrich und Zwischenraum = 4 mm = $\frac{0 \cdot 24}{1000}$ Sekunde) gearbeitet. Hinter dem Ausschnitt der Aluminiumscheibe wird mittels einer besonders konstruierten Kassette ein ringförmiger Streifen eines photographischen Films eingesetzt. Das Licht der Explosionsflamme gelangt also durch die mit Teilstrichen versehene Glasscheibe und den Ausschnitt der Metallscheibe auf den Film und man erhält, wenn sich die Metallscheibe dreht, eine Serie von Bildern der Ausschnitte in Form eines mit Teilstrichen versehenen Lichtstreifens, dessen Länge unter sonst gleichen

[1] Zeitschr. Schieß-Sprengstoffe 1909, S. 327.

Bedingungen abhängig ist von der Dauer der Flamme. Seitwärts des Mörsers steht ein photographischer Apparat, der das Flammenbild vor einem Maßstab gibt. Auf diese Weise erhält man von einer Explosion gleichzeitig zwei Photographien, deren eine die Flammenform, die andere die Dauer der Lichterscheinung wiedergibt; letztere bewegt sich etwa zwischen $\frac{0 \cdot 2}{1000}$ beim Ammonkarbonit und $\frac{250}{1000}$ Sekunden beim Schwarzpulver.

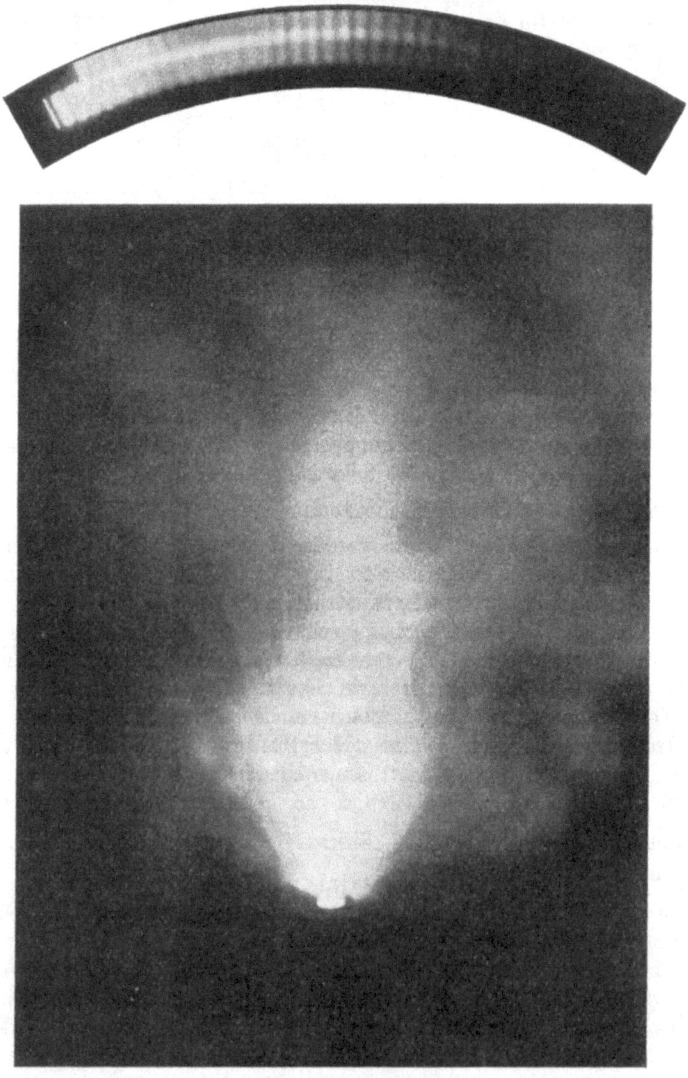

Fig. 22. Sprenggelatine.

Will hat bei seinen Flammenphotographien ebenso wie die früheren Forscher beobachtet, daß Flammen von großer Ausdehnung und von großer Dauer den nicht schlagwettersicheren Sprengstoffen zukommen und umgekehrt. Wir geben anbei die

Fig. 23. Donarit.

von Will erhaltenen Photographien für Sprenggelatine (einen Nitroglyzerinsprengstoff) (Fig. 22), sowie für die drei Ammonsalpetersprengstoffe Donarit (Fig. 23), Gelatine-Wetterastralit (Fig. 24) und Ammonkarbonit (Fig. 25). Will fand weiterhin, daß häufig nicht nur eine Flamme auftritt, sondern zwei der ganzen

Erscheinung nach wesentlich voneinander abweichende, die zudem zeitlich getrennt erscheinen und zwar folgt auf eine kleinere, von kurzer Dauer, oft eine viel umfangreichere, in wechselnder Entfernung von der Mündung des Mörsers auftretende Flamme, die also später, oft erst lange nach dem Verlöschen, manchmal auch in direkter Fortsetzung der ersteren erscheint und stets eine viel

Fig. 24. Gelatine-Wetterastralit.

längere Dauer hat. Die photographische Zeitkurve läßt in vielen Fällen die zeitlichen Abstände beider Explosionsflammen erkennen und messen. Die Entstehung der später auftretenden Flamme ist leicht zu verstehen; sie bildet sich aus den zum Teil noch unverbrannten Explosionsgasen nach deren Mischung mit Luft, wenn noch eine zur Verbrennung genügend hohe Temperatur herrscht. Sprengstoffe, welche ein zweites Flammenbild geben, zeichnen ein verhältnismäßig großes Zündvermögen gegen Kohlenstaub. Setzt man solchen Sprengstoffen Kochsalz oder Natriumbikarbonat hinzu, so wird die Sicherheit gegenüber Kohlenstaub erheblich verbessert, d. h. die Flamme des kochsalz- und natriumbikarbonathaltigen Sprengstoffes zündet das Kohlenstaubluftgemisch viel weniger leicht als das Methanluftgemisch, während vor dem Zusatz von Kochsalz oder Natriumbikarbonat zum Sprengstoff das Verhältnis gerade umgekehrt war.

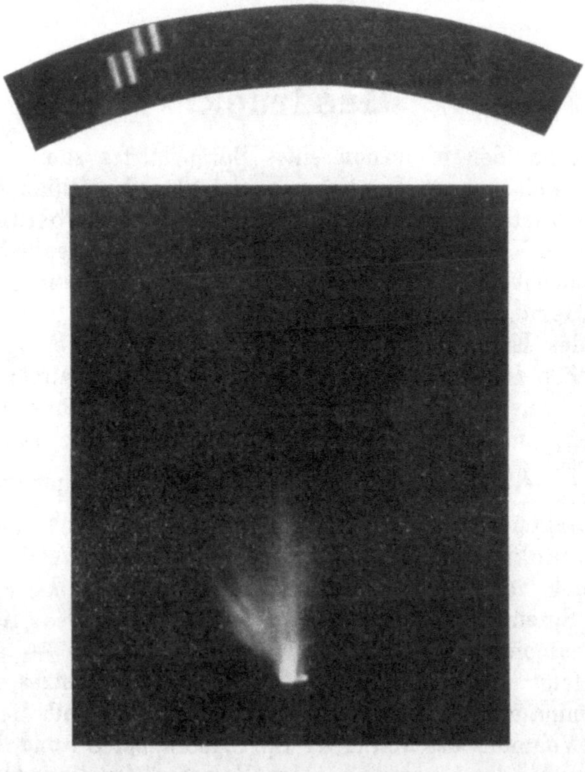

Fig. 25. Ammonkarbonit.

Von besonderem Interesse ist, wie zuerst von C. E. Bichel nachgewiesen wurde, das Verhältnis der Detonationszeit zur Flammendauer, das sog. Nachflammverhältnis. Ebenso wie beim Pulver auch nach Bendigung der Explosion sog. Mündungsfeuer auftreten, indem Zersetzungsgase des Pulvers mit der Luft verbrennen, so gehen auch bei manchen Sprengstoffen auch nach dem explosiven Zerfall noch chemische Umwandlungen vor sich, die von Feuererscheinungen begleitet sind;

da letztere Anlaß zu Zündung von schlagenden Wettern und Kohlenstaub geben können, so läßt man für Sprengungen im Bergbau nur Sprengstoffe zu mit einem maximalen Nachflammverhältnis von 1 : 15; bei Ammonkarbonit beträgt dasselbe nur 1 : 8, d. h. die Flamme erscheint nur achtmal so lange als die Detonation an Zeit gebraucht. Sprenggelatine dagegen hat ein Nachflammverhältnis von 1 : 883.

Dreizehnter Abschnitt.

Gasdruck.

Sind bei der Explosion eines Sprengstoffes sämtliche Gase gebildet, welche entstehen können, ist also der Gipfelpunkt der größten Umsetzung eingetreten, so kommt der Explosionsdruck als statischer Vorgang zur Geltung; der hierbei auftretende Maximaldruck kann entweder berechnet oder experimentell bestimmt werden.

I. Berechnung: Der Gasdruck ergibt sich aus dem Verhältnis des Explosionsvolumens v_t zu dem Volumen v_0 der ursprünglichen Substanz. Letzteres Volumen ist bekannt; das Explosionsvolumen läßt sich bei Kenntnis der Explosionstemperatur berechnen; nach dem Gay-Lussacschen Gesetz ist nämlich $v_t = \frac{v_0(273 + t)}{273}$. Die Größe des Gasdruckes, eine für jeden Sprengstoff charakteristische Größe, wird nach Berthelot: „spezifischer Druck“ genannt und gewöhnlich mit f bezeichnet. Die Berechnung von f, d. h. des Druckes, der von 1 kg (Gewichseinheit) Sprengstoff bei der Explosionstemperatur t in einem Liter (Raumeinheit) — also bei der Ladedichte 1 — ausgeübt wird, erfolgt auf Grund des Mariotteschen Gesetzes, wonach die Volumina umgekehrt proportional denDrucken sind. Bezeichnet $v_{o \cdot k}$ das Volumen der von 1 kg Sprengstoff bei 0° und 760 mm gelieferten Explosionsgase, $v_{t \cdot k}$ das Volumen derselben Gasmenge bei der Explosionstemperatur t und 760 mm, p_0 den atmosphärischen Druck (1·033 kg auf 1 qcm), so verhält sich nach dem Gesetz von Mariotte:

$$f : p_0 = v_{t \cdot k} : 1{\cdot}033, \quad \text{oder} \quad f = 1{\cdot}033 \, . \, v_{t \cdot k},$$

wenn für v_0 als Raumeinheit 1 angenommen wird. Setzen wir in letztere Gleichung den unter 2. berechneten Wert des Explosionsvolumens, so ergibt sich

$$f = \frac{1{\cdot}033 \cdot v_{v \cdot k} (273 + t)}{273}.$$

Einfluß vom Kovolumen. Unter Kovolumen versteht man den nicht mehr zu verkleinernden Inhalt der Gasmoleküle selbst, etwa $^1/_{1000}$ desjenigen Volumens, der von der betreffenden Gasmenge bei 0° und 760 mm eingenommen wird ($\alpha = \frac{1}{1000} v_o$). Danach steht den Sprengstoffgasen nicht der ganze Raum V zur Verfügung, in welchem die Explosion vor sich geht, sondern nur um ein um das Kovolumen verminderter Raum ($V - \alpha$); durch diese Raumverminderung wird der Gasdruck erhöht.

Ladedichte. Der wirkliche Maximalgasdruck ist hauptsächlich von der Ladedichte abhängig, d. h. von dem Verhältnis vom Ladungsgewicht in Gramm zum Verbrennungsraum in Kubikzentimetern. Diesen Quotienten bezeichnet man mit Δ.

$$P = f . \Delta .$$

Unter Berücksichtigung des Kovolumens ist dann

$$P = \frac{f . \Delta}{1 - \alpha \Delta} .$$

II. Experimentelle Bestimmung des Gasdruckes. Zur Messung des Gasdruckes bedient man sich gewöhnlich des Stauch- oder Quetschapparates (crusher gauge); hierbei wird ein weicher Kupferzylinder, der sich zwischen einem dem Druck der Gase ausgesetzten Stempel und einer Widerlagsplatte befindet, mehr oder weniger zusammengedrückt; man vergleicht diese Stauchung mit der durch direkte Hebelbelastung erhaltenen und in einer Vergleichstabelle ersichtlichen Stauchung. Sarrau und Vieille haben in einer Eprouvette mit obigem von Noble angegebenen Kupferzylinder zahlreiche Gasdruckmessungen ausgeführt. Gegenwärtig nimmt man letztere in Bomben vor, so verwendet z. B. das Militärversuchsamt in Berlin für Sprengmittel eine Bombe aus Nickelstahl von 30 mm Wandstärke; die Bombe hat einen Laderaum von 60 mm Durchmesser und 200 mm Länge, das Volumen beträgt 570 ccm. Der Sprengstoff wird in Form kleiner 10 g schwerer Patronen in der Mitte des Laderaumes aufgehängt und mit dünnem Draht an der Sprengkapsel festgebunden, die ihrerseits an Entzündungsdrähten aufgehängt ist. Da infolge der Schnelligkeit der Zersetzung der Stempel selbst eine große lebendige Kraft erhält, so ist die Stauchung an und für sich zu groß, dann aber ist dieses Plus abhängig von der Detonationsgeschwindigkeit, die bei verschiedenen Sprengstoffen verschieden ist. Man hat daher auch statt der einfachen Druckbombe eine Registrierbombe verwendet, bei welcher an Stelle des Kupferzylinders eine Spiralfeder eingeschaltet ist.

Von verschiedenen Experimentatoren sind die Maximaldrucke bei kleiner Ladedichte gemessen worden (nur bei Schwarzpulver wurde der Druck für Ladedichte = 1, also der spezifische Druck direkt gemessen); aus den gefundenen Zahlen wurden dann die Drucke für höhere Ladedichten errechnet; eine Zusammenstellung findet sich in nachstehender Tabelle (Druck in kg auf 1 qcm).

Beziehung zwischen Ladedichte und Maximaldruck (in Atmosphären pro Quadratzentimeter) für einige Explosivstoffe.

Ladedichte Δ	Schwarzpulver	Nitroglyzerin	Schießwolle	Pikrinsäure	Ammonsalpeter	Knallquecksilber
0·1	336	1 098	1 061	983	542	468
0·2	708	2 351	2 343	2 174	1 217	966
0·3	1 123	3 847	3 921	3 650	2 077	1 501
0·4	1 587	5 640	5 912	5 523	3 211	2 072
0·5	2 112	7 829	8 502	7 982	4 779	2 686
0·6	2 708	10 560	12 000	11 350	7 082	3 347
0·7	3 393	14 060	17 020	16 240	10 800	4 062
0·8	4 201	21 520	24 810	24 030	17 870	4 952
0·9	5 126	25 270	38 500	38 310	36 250	5 683
1·0	6 236	35 010	—	—	—	6 602
1·2	9 255	—	—	—	—	8 726
1·4	14 130	—	—	—	—	11 320
1·6	29 340	—	—	—	—	14 560
1·8	—	—	—	—	—	18 790
2·0	—	—	—	—	—	24 350
2·4	—	—	—	—	—	43 970

C. E. Bichel mißt den Gasdruck in Explosionskammern mittels Indikatoren, ähnlich wie sie zur Messung der Dampfspannung in Dampfmaschinen angewandt werden; der Druckverlauf wird auf einer Trommel aufgezeignet. Die Kammern werden vor dem Versuche vakuiert, dann bringt man 200 bis 300 g Sprengstoff in der Sprengkammer von 15 bis 20 Liter Inhalt zur Explosion[1]. Die abkühlende Wirkung der inneren Oberflächen kann aus den nach Einlegen verschieden großer

[1] Bichel weist darauf hin, daß die Ammonsalpetersprengstoffe ganz besonders bei geringen Mengen zu Unregelmäßigkeiten in ihrem Verhalten neigen, indem sie das eine Mal vollständig detonieren, das andere Mal nicht zur vollkommenen Detonation gelangen, vielmehr unter Entwicklung roter Dämpfe sich umsetzen. Erst bei größeren Mengen von rund 300 g an ergaben sich im Druckmesser regelmäßige Detonationen und gleichmäßige Verhältnisse.

Name des Sprengstoffes	1	2	3	4	5	6	7	8	9	10	11	12	13	
	Chem. Zusammensetzung des Sprengstoffes	Dichte des Sprengstoffes, in der geschossen wird.	1 kg Sprengstoff nimmt einen Raum ein von Litern	1 kg Sprengstoff läßt für die vergasenden Bestandteile einen Raum übrig von Litern	1 kg Sprengstoff entwickelt große Kalorien	1 kg Sprengst. bildet gas- od. dampfförm. Gase im Moment d. Detonat.	Die in der Kolonne 6 angegebenen Gase wiegen kg	Die Gase von 1 kg Sprengstoff üben im eigenen Vol. (unt. Berücksichtig. der nicht vergasenden Bestandteile) einen Druck aus von kg/qcm	Höchste Temperatur des Sprengstoffes bei der Zersetzung in °C	Detonationsgeschwindigkeit in m/sek	Die lebendige Energie (Stoßkraft) ist $\frac{m v^2}{2}$, worin $m = \frac{\text{Gewicht des Sprengstoffes}}{9 \cdot 81}$ (Sekunden/Kilogramm/Meter)	Der Druck P im Moment der Detonation im eigenen Volumen unter Berücksichtigung des Raumes der nicht vergasenden Bestandteile in kg/qcm	Der Druck von 100 g in der 15 Liter-Kammer des Druckmessers beträgt umgerechnet kg/qcm	gemessen kg/qcm
Donarit	80·00% Ammonsalpeter 12·00% Trinitrotoluol 3·80% Nitroglyzerin 0·20% Kollodiumwolle 4·00% Mehl	1·31	0·763	0·763	836	949	1·00	1285	2066	4137	$\frac{1 \times 4137^2}{2 \times 9 \cdot 81} = 872312$	$1285\left(1 \times \frac{2066}{273}\right) = 11009$	55·99	48·70
Ammonkarbonit	82·00% Ammonsalpeter 10·00% Kalisalpeter 4·00% Mehl 4·00% gelatiniertes Nitroglyzerin	1·19	0·840	0·808	609	928	0·93	1186	1648	3094	$\frac{1 \times 3094^2}{2 \times 9 \cdot 81} = 487912$	$1186\left(1 \times \frac{1648}{273}\right) = 8345$	44·97	42·25

Stahlklötze erhaltenen Drucken berechnet werden. Trägt man die Drucke für dieselben Ladedichten auf, nachdem der Einfluß der Oberfläche beseitigt ist, so ist die Verbindungslinie eine

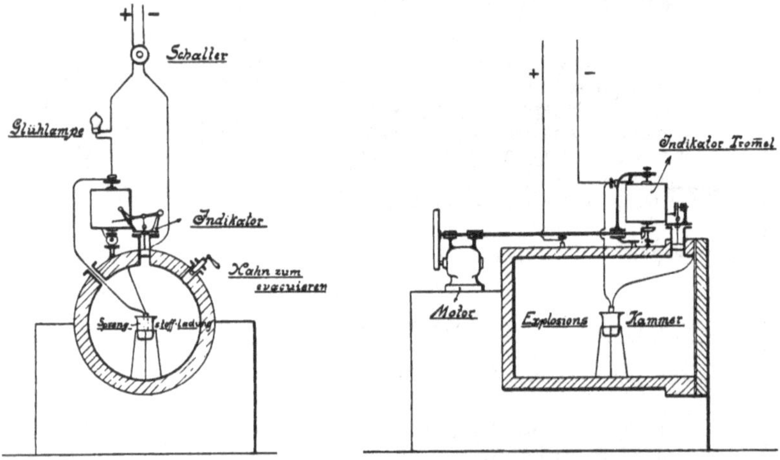

Fig. 26. Schema des Druckmessers von Bichel.

gerade und Bichel schließt daraus, daß die für die Ladedichte 1:150 ermittelten, vom Einfluß der Kondensation befreiten Drucke, denjenigen bei den größeren Ladedichten direkt proportional sind. In vorstehender Tabelle (S. 159) von Bichel ist in den beiden letzten Spalten der Gasdruck für Donarit und Ammonkarbonit angegeben.

Vierzehnter Abschnitt.

Arbeitsleistung.

Ehe man sich darüber klar war, daß der zeitliche Verlauf einer Explosion von größtem Einflusse auf die Wirkungsweise und -größe eines Sprengstoffes ist, hat man unter Vernachlässigung der Detonationsgeschwindigkeit aus Gasmenge und Spannung (Erwärmung) ein Vergleichsmaß für die mechanische Arbeitsleistung eines Sprengstoffes, seiner Sprengkraft, abgeleitet. Berthelot hat zuerst vorgeschlagen das Produkt $V_0 \cdot t$, oder da $t = \frac{Q}{C}$ und weiterhin da C — sofern es sich um Explosionsgase von annähernd gleicher spez. Wärme handelt — außer Betracht bleiben kann, das Produkt $V_0 \cdot Q$ als das charakteristische Produkt eines Sprengstoffes zu bezeichnen. Hierin bedeutet Q die von einem Kilo Sprengstoff entwickelte Wärmemenge, V_0 das

Volumen der Explosionsgase reduziert auf 0° und 760 mm (Wasser dampfförmig). Will gibt folgende Tabelle[1]:

Nr.	Sprengstoff	V_0	Q	$V_0 \cdot Q$	Wertverhältnis
1	Sprenggelatine (7 % Kollodiumwolle)	710	1640	1 164 000	100
2	Nitroglyzerin	713	1580	1 127 000	97
3	Würfelpulver *C*/89	840	1290	1 084 000	93
4	Nitromannit	692	1526	1 056 000	91
5	Schießwolle mit 12·8 % N	850	1060	901 000	77
6	Ammonnitrat-Sprengstoff (mit 10 % Mononitronaphtalin)	925	937	867 000	75
7	Schießwollpulver	920	830	764 000	66
8	Pikrinsäure	869	810	704 000	60
9	Dynamit (75 % Nitroglyzerin) . . .	535	1290	690 000	59
10	Ammonnitrat	930	626	582 000	50
11	Kaliumpikrat	549	787	432 000	37
12	Schwarzpulver	285	685	195 000	17
13	Knallquecksilber	314	410	129 000	11

Ähnlich dem charakteristischen Produkt $V_0 \cdot Q$ ist der sog. Energieinhalt $A \cdot Q$, dem Produkt aus dem mechanischen Wärmeäquivalent A mit der bei der Explosion frei werdenden Wärmemenge Q, worüber Brunswig folgende Tabelle gibt:

Nr.	Sprengstoff	Mechanisches Wärmeäquivalent A	Entwickelte Wärmemenge Q	$A \cdot Q$	Wertverhältnis
1	Sprenggelatine (7 % Kollodiumwolle)	425	1640	700 000	100
2	Nitroglyzerin	425	1580	670 000	96
3	Nitromannit	425	1520	645 000	92
4	Dynamit (75 % Nitroglyzerin) . . .	425	1290	550 000	79
5	Nitroglyzerinpulver (40 % Nitroglyz.)	425	1290	550 000	79
6	Schießwolle (13 % Stickstoff) . . .	425	1100	465 000	66
7	Schießwollpulver	425	900	380 000	54
8	Kollodiumwolle (12 % Stickstoff) . .	425	730	310 000	44
9	Ammonsalpetersprengstoff (Ammonsalpeter mit 10 % Nitronaphtalin)	425	930	385 000	58
10	Pikrinsäure	425	810	345 000	49
11	Schwarzpulver	425	685	290 000	41
12	Ammonsalpeter	425	630	265 000	38
13	Knallquecksilber	425	410	175 000	25

[1] Zeitschr. für Elektrochemie 1906, S. 560.

Endlich gibt der spezifische Druck f eines Sprengstoffes gute Vergleichswerte (siehe vorigen Abschnitt); aber auch hier bleibt die Detonationsgeschwindigkeit außer Betracht, welche für die Brisanz ausschlaggebend ist; für letztere erhält man einen Vergleichsmaßstab an dem von Bichel eingeführten Begriff der Stoßkraft (lebendigen Energie); C. E. Bichel nimmt an, daß der Explosionsvorgang in zwei Phasen zerfällt, einer dynamischen Stoßarbeit, wobei die Sprengstoffschwaden in der Detonationszeit mit einer lebendigen Energie $\frac{m \cdot v^2}{2}$ gegen die Bohrlochwandungen geschleudert werden[1] und dort Stoßwirkung ausüben, und der statischen Druckwirkung, welche die von der Wärme ausgedehnten hochgespannten Gase ausüben.

Bichel gibt (auf die günstigste Ladedichte umgerechnet) folgende vergleichende Tabelle über Stoßkraft und Druckwirkung:

Sprengstoff	Zusammensetzung	Ladedichte	Detonationsgeschwindigkeit in m/sek	Stoßkraft in sek/kg/m	Druck im eigenen Volumen kg/qcm
Schwarzpulver	75 Kalisalpeter 13 Kohle 12 Schwefel	1·04	300	4 578	2 917
Kohlenkarbonit	25 Nitroglyzerin 34 Kalisalpeter 38·5 Mehl 1 Holzmehl 1 Barytsalpeter 0·5 Soda	1·42	2700	371 559	6 603
Ammonkarbonit	82 Ammonsalpeter 10 Kalisalpeter 4 gelat. Sprengöl 4 Mehl	1·19	3094	487 912	7 541
Donarit	80 Ammonsalpeter 12 Trinitrotoluol 4 gelat. Sprengöl 4 Mehl	1·31	4137	872 312	9 570
Gurdynamit	75 Nitroglyzerin 25 Kieselgur	1·58	6818	2 369 272	11 420
Gelatinedynamit	63·5 Nitroglyzerin 1·5 Kollod.-Wolle 27 Natronsalpeter 8 Holzmehl	1·67	7000	2 497 452	13 878
Sprenggelatine	92 Nitroglyzerin 8 Kollodiumwolle	1·63	7700	3 021 916	17 213

[1] In der Formel bedeutet m die Masse der Zersetzungsprodukte des Sprengstoffes und v die Detonationsgeschwindigkeit.

Praktische Proben zur Ermittelung der Arbeitsleistung. (Sprengwirkung.)

1. Die Bleiblockprobe von Trauzl.

Ein Bleiklotz von bestimmten Dimensionen hat einen zylindrischen Hohlraum, in welchem man die Versuchspatrone nach geeigneter Verdämmung zur Explosion bringt. — Hierdurch wird der Hohlraum je nach der Kraft des Sprengstoffes erweitert und ausgebaucht; man füllt den Explosionsraum mit Wasser aus einem tarierten Glasgefäß und zieht dann das bekannte Volumen vor der Sprengung ab. Die Differenz ergibt die Erweiterung durch den Schuß. Genaueres über die für diese Probe vereinbarten Normalien siehe im dritten Heft (Nitroglyzerin und Dynamit), Seite 176/7. Die erhaltenen Werte sind nur für den Vergleich ähnlichwirkender Sprengstoffe geeignet.

2. Die Stauchprobe in österreichischer Ausführung.

Auf einer starken eisernen oder stählernen Grundplatte *a* stehen zwei Bleizylinder *b*, darüber eine Stahlplatte *c* und auf diesem der Sprengstoff *s*, entweder in einer Weißblechbüchse oder in einer Papierhülle, die von einem Messinggewebe umgeben ist; auf den Sprengstoff wird ein Pappdeckel gelegt mit einem zentralen Loch für Sprengkapsel und Zündschnur; durch kreuzweise über die Büchse gelegten Draht ist das ganze System mit der Stahlplatte fest verbunden. Die Bleizylinder haben einen Durchmesser von je 40 mm und eine Höhe von 30 mm; sie sind mit einem Stahlplättchen von 4·5 mm bedeckt. Der Sprengstoff (45 bis 50 g) befindet sich in einer zylindrischen Weißblechbüchse von 0·5 mm Wandstärke und 40 mm Durchmesser. Die Zündung des Sprengstoffes erfolgt mit Sprengkapsel und Zündschnur. Hess hat den Apparat näher beschrieben[1] und sagt darüber folgendes. Das Maß der Stauchung (Längenverkürzung nach der Achse) des oberen Bleizylinders (*o*) und jenes des unteren Zylinders (*u*) geben summarisch und gesondert

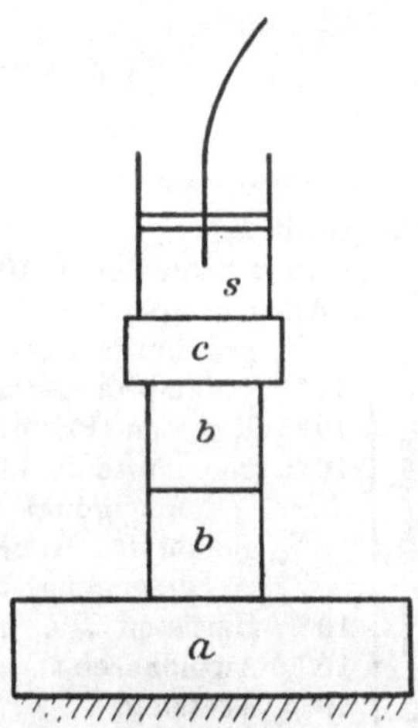

Fig. 27. Stauchprobe in österr. Ausführung.
a solide Stahlplatte als Unterlage; *b*, *b* die zwei Bleizylinder; *c* eine Stahlplatte; *s* der Sprengstoff (100 g).

[1] Mitt. Art.-Gen.-Wesen 1898, 244.

Aufschluß über die Explosivwirkung der Probeladung, wenn deren Explosion unter einem gegebenen Impulse eingeleitet worden ist. Die Größe $o + u$ gestattet eine vergleichende Beurteilung der Gesamtsprengwirkung der freiliegend explodierten Probeladung, die Größe für sich eine ebensolche Beurteilung jenes Teiles der Sprengwirkung, welcher sich auf entferntere Stellen des Mittels fortpflanzt, also auch der sogenannten schiebenden Kraft. Je größer $o + u$, desto sprengkräftiger äußert sich der Explosivstoff; je größer o gegenüber u erscheint, desto brisanter, je größer u gegenüber o sich herausstellt, desto schiebender wirkt das betreffende Präparat. Die Bleizylinder müssen gut aufeinander passen, und man muß sich vor Abtun des Schusses von der dichtanschließenden, gegenseitigen Lage der einzelnen Teile der Probe überzeugen. Hess teilt folgende Resultate mit, welche derselbe einerseits im Trauzlschen Bleiblock mit 15 g Sprengstoff, das andere Mal bei der Stauchprobe mit 45 g Sprengstoff (in beiden Fällen Initiierung mit 2 g Sprengkapsel) erhalten hat.

Sprengstoffe	Ausbauchung im Trauzlschen Bleiblock in ccm	Stauchprobe Stauchung in mm $o + u$	u
Progressit	690	11·8	3·6
90 % Ammonsalpeter + 10 % Rhodanammonium	740	10·5	3·2
90 % Ammonsalpeter + 10 % Weizenstärke	715	12·4	3·8
90 % Ammonsalpeter mit			
10 % gedämpfte Rotkohle mit 64 % C	840	12·5	3·9
10 % gedämpfte Gelbkohle mit 52 % C	765	13·8	4·0
10 % Retorten-(Prismen-)Kohle mit 64 % C	880	14·0	4·0
10 % gedämpfte Kohle mit 52 % C (Großerzeugung)	770	14·4	3·4
10 % gedämpfte Kohle mit 64 % C (Großerzeugung)	810	14·7	4·1
10 % Harnstoff	710	10·8	3·3
10 % Ammonacetat	—	8·4	2·2
10 % Acetamid	910	16·0	2·5
10 % Nitrozellulose mit 13 % N	—	14·2	3·9
92 % Ammonsalpeter mit 8 % Rohrzucker	810	11·8	3·5

3. Die Stauchprobe in deutscher Ausführung.

Bei dieser für freidetonierende Sprengmittel in den militärischen deutschen Fabriken eingeführten Stauchprobe werden Noblesche Kupferzylinder von 7 mm Durchmesser verwendet. Kast[1]

[1] Untersuchungen Schieß-Sprengstoffe S. 1031.

beschreibt den Apparat in folgender Weise. Auf den Stahlklotz *a* (Fig. 28) ist ein hohler Stahlzylinder *b* aufgesetzt, in den der 680 g schwere Stahlstempel *c* saugend eingepaßt ist. Der Stempel trägt eine 20 mm dicke, 320 g schwere, widerstandsfähige Nickelstahlplatte *d*, die zum Schutz gegen allzu große Deformierung von zwei 4 mm dicken, runden Bleiplatten bedeckt ist. *e* ist der genau zentrierte Kupferzylinder. Auf die Mitte der Bleiplatte wird die in der Regel 10 g schwere Sprengstoffpatrone (Durchmesser = 21 mm) mit Sprengkapsel versehen aufgesetzt. Die Zündung erfolgt mit Bickfordscher Zündschnur, die man in ein über den Apparat gesetztes Gestell einklemmt.

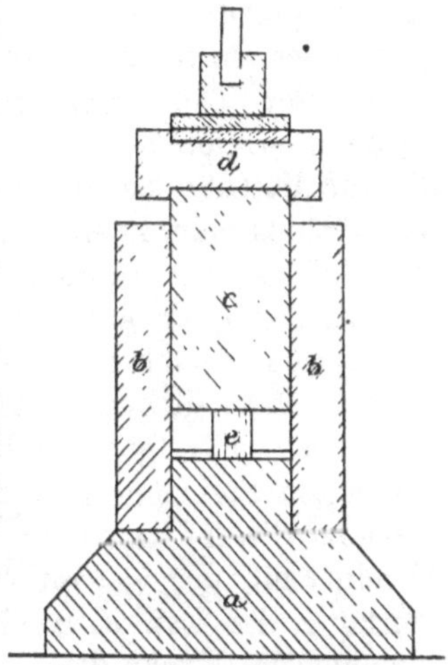

Fig. 28. Stauchprobe in deutscher Ausführung.

Kast teilt folgende von ihm gefundenen Resultate mit:

Sprengstoff	Detonationsgeschwindigkeit m/sec	Sprengwirkung im Bleizylinder ccm	Stauchung mm
Pikrinsäure (gepreßt, spez. Gewicht etwa 1·60 g)	7660	290	3·00
Pikrinsäure + 16 % Aluminium (gepreßt, spez. Gewicht etwa 1·70)	6850	365	2·73
Gelatinedynamit (65 proz. patroniert in Zinnfolie)	5890	360	1·47
Ammonal (patroniert in Zinnfolie)	4170	425	1·04

4. Die Balkenprobe.

Ein Balken aus weichem Holz von 22 × 30 cm Querschnitt und 1·5 m Länge wird 80 cm über dem Erdboden auf die hohe Kante und auf einen Meter freiliegend, angewendet. Die Sprengladung wird auf der Mitte des Balkens zur Detonation gebracht.

5. Die Kerbenprobe. Von Hauptmann Esop.[1]

Die Probe beruht auf der Explosion größerer (0·5 bis 1·5 kg) parallelepipedischer Ladungen, welche mit ihrer Längenachse quer über einer an Drähten aufgehängten Stahlblechrippe von bestimmter Dimension in bestimmter Entfernung angebracht werden. — Der Stoß der Explosion wird nicht unmittelbar auf die zur Messung bestimmte Blechrippe übertragen, sondern durch Vermittlung einer zweiten, der Sprengladung als Aufleger dienenden Metallplatte von bestimmter Stärke, welche auf der Stehrippe unmittelbar quer aufliegt. Die Sprengwirkung macht sich zum Teil durch Zerschmetterung oder Deformation der horizontalen Auflageplatte (Schutzplatte), vornehmlich aber durch eine sehr genau geformte, gut meßbare Kerbe an der Oberkante der aufgehängten Stehrippe geltend, zu welcher auch noch eine Durchbiegung dieser Rippe in ihrer Hauptebene hinzutritt, die im Verein mit der genannten Kerbe sowohl die lokale (brisante) Wirkung der Explosion als auch deren weiterhin fortgepflanzten (propulsiven) Effekt durch Messung festzustellen gestattet.

6. Das ballistische Pendel.

Hier wird nicht die Kraft des Sprengmittels direkt gemessen, sondern die Kraft der Explosionsgase. Man schießt aus einer

Fig. 29. Ballistisches Pendel..

[1] Zeitschrift angew. Chem. 1904 S. 553.

Kanone eine bestimmte Menge Sprengstoff (50 bis 100 g), die durch einen Lettenbesatz von bestimmter Größe verdämmt ist.

In einer bestimmten Entfernung von der Kanone befindet sich ein Mörser von etwa 5 Tonnen Gewicht, gegen dessen Hohlraum von etwa 32 cm der Schuß gerichtet ist. Der Mörser ist an einem Gestell aufgehängt und dient als Pendel, das je nach der Energie der Sprenggase einen Ausschlag macht, der abgelesen werden kann nnd als Vergleichsmaßstab für die Kraft des Sprengstoffes dient. Ein solches ballistisches Pendel wird auf der englischen Versuchsstrecke zu Woolwich benützt, um die Kraft der auf Wettersicherheit zu prüfenden Sprengstoffe festzustellen. (Fig. 29). — Eine Vereinigung von ballistischem Pendel und Stauchapparat bildet der Pendelbrisanzmesser von Hess,[1] wobei man einerseits den Ausschlag eines Schwungkörpers, andererseits die Deformation einer Metallplatte erhält.

7. Ferner sind noch zu erwähnen die Wurf- oder Mörserprobe, wobei ein massives Eisengeschoß unter einem Winkel von 45° aus einem Mörser hinausgeschossen und die Wurfweite gemessen wird; der Quinansche Kraftmesser, der in Amerika verwendet wird und eine Kombination von Stauch- und Wurfapparat darstellt.

Fünfzehnter Abschnitt.

Zündsicherheit gegenüber schlagenden Wettern und Kohlenstaub.

Als Folge der Sprengarbeit beim Kohlenbergbau können entstehen: Schlagwetterexplosionen ohne Mitwirkung von Kohlenstaub, Kohlenstaubexplosionen,[2] ohne Mitwirkung von Schlagwettern, gemischte Explosionen, bei denen sowohl Schlagwetter als auch Kohlenstaub eine Rolle spielen. Es ist daher in manchen Bergwerken die Anwendung von Sprengstoffen direkt verboten, um jede Zündungsgefahr von Schlagwettern und Kohlenstaub auszuschließen. Da, wo Sprengstoffe zugelassen werden, müssen dieselben bestimmten Anforderungen entsprechen. Man hat im Laufe der Zeit erkannt, daß die Zündsicherheit der Sprengstoffe

---

[1] Mitt. Art.-Geniewesen 1879, S. 139.

[2] Der Kohlenstaub ist um so gefährlicher, je gasreicher derselbe ist; Holzkohle und Ruß sind am wenigsten gefährlich. Auch kann man den Kohlenstaub dadurch ungefährlicher machen, daß man demselben Gesteinsstaub hinzufügt.

verschieden ist, je nach Zusammensetzung der letzteren, und man prüft daher die Sprengstoffe vor ihrer Zulassung zum Kohlenbergbau auf ihre Zündsicherheit gegenüber schlagenden Wettern und Kohlenstaub. C. E. Bichel hat in Gemeinschaft mit Mettegang besonders die Frage studiert, welche Eigenschaften der Sprengstoffe einen Einfluß auf die Zündungsgefahr haben; er kam zu dem Resultate

1. daß die Explosionstemperatur und die Detonationsgeschwindigkeit bei Sprengstoffen hauptsächlich in Frage kommen, wenn es sich um Zündung von Schlagwettern handelt und daß die Flammenlänge und Flammendauer eines Sprengstoffes von wesentlichem Einflusse auf die Zündung sind;

2. daß aber keiner der vorgenannten Faktoren allein maßgebend ist, sondern daß vielmehr für die Ungefährlichkeit der Sprengstoffe eine Beschränkung dieser Faktoren auf ein bestimmtes Mindestmaß erforderlich ist, weil sonst die Zündungsgrenze überschritten wird. Es erscheint daher zweckmäßig, jeden Sprengstoff genau zu untersuchen, und zwar nach folgendem von Bichel aufgestellten Schema.

1. Name des Sprengstoffes.
2. Zusammensetzung des Sprengstoffes in Prozenten.
3. Detonationsgeschwindigkeit in Metern pro Sekunde.
4. Druck von 100 g in der 15-Liter-Kammer (nach Ausschaltung der Oberfläche) in Kilogramm pro Quadratzentimeter.
5. Anzahl der von 1 kg Sprengstoff entwickelten Kalorien.
6. Berechnete Detonationstemperatur in Grad Celsius.
7. Dauer der Stichflamme von 100 g Sprengstoff in $^1/_{1000}$ Sekunde.
8. Länge der Stichflamme von 100 g Sprengstoff.
9. Gewichtsanalyse der Explosionsprodukte.
10. Menge der Explosionsprodukte von 1 kg Sprengstoff bei 15° C und 760 mm Atmosphärendruck; die gas- und dampfförmigen Produkte in Litern, die festen Bestandteile in Grammen.
11. Bleiblockausbauchung, netto normal, nach Abzug des Bohrloches in Kubikzentimetern.
12. Empfindlichkeit gegen Stoß und Schlag. Mit Fallgewichten von 100, 250, 500, 1000, 2000 und 5000 g wird festgestellt, bei welcher Fallhöhe Explosion erfolgt.

Eine solche Charakterisierung der Sprengstoffe kann auch in tabellarischer Form geschehen, wie z. B. in nachstehender Tabelle Bichels:

1	2	3	4	5	6	7	8	9	10	11	12	13	14	15	16
Name des Spreng-stoffes	Chemische Zusammen-setzung des Sprengstoffes	Form des Spreng-stoffes	Größte erreichbare Ladedichte	1 kg Sprengstoff nimmt einen Raum ein von Litern	1000 g Sprengstoff entwickeln gasförmige Stoffe (in Litern)	Auf 1 Ltr. eingenommenen Raum entfall. gasförm. Stoffe (in Ltrn.)	Anzahl der Kalorien, welche 1 kg Sprengstoff entwickelt	Druck einer Patrone v. 100 g in 15 Ltr.-Kammer nach Ausschalt. der Einwirkg. der Oberfl. (in kg)	Ausbauchung des Trauzlschen Bleiblockes, Ladung 10 g Durch-messer und Höhe des Blockes 20 cm (in ccm)	Detonationsgeschwindigkeit m in der Sekunde	Dauer der Stichflamme von 100 g Sprengstoff $^1/_{1000}$ Sek.	Länge der Stichflamme von 100 g Sprengstoff in mm	7% Schlagwettergemisch mit aufgewirbeltem Kohlenstaub werden gezündet von g	Reziproke Werte der Spalte 14	Eine Patrone von 30 mm Durch-messer überträgt die Detonation auf eine andere auf eine Ent-fernung von mm
Donarit	80·0% Ammonsalpeter 12·0% Trinitrotoluol 3·8% Nitroglyzerin 0·2% Kollod.-Wolle 4·0% Mehl	trocken, pulverig	1·31	0·763	1023	1341	836	48·7	500	3930 einge-schloss. 4137	0·40	69	130	0·0077	60
Ammon-karbonit I	4·5% Stärkemehl 80·3% Ammonsalpeter 5·0% Kalisalpeter 4·0% Nitroglyzerin 0·2% Kollod.-Wolle 6·0% Kohlenstaub	wie feuch-ter Sand	1·11	0·900	922	1024	850	46·8	470	1753 einge-schloss. 3195	0·32	56	300	0·0033	60
Ammon-karbonit	82·0% Ammonsalpeter 10·0% Kalisalpeter 4·0% Mehl 4·0% gelatiniertes Öl	wie feuch-ter Sand	1·19	0·840	930	1107	757	42·25	330	1649 einge-schloss. 3094	0·28	51	500	0·0020	50
Thunde-rite	92·0% Ammonsalpeter 4·0% Mehl 4·0% Trinitrotoluol	trocken, pulverig	1·07	0·935	1021	1092	777	38·0	310	2137 einge-schloss. 3654	0·33	43	150	0·0066	30

In Frankreich hat man sich bis vor kurzem damit begnügt, lediglich unter Berücksichtigung der Explosionstemperatur Vorschriften zu erlassen, nach welchen für den Kohlenbergbau nur solche Sprengstoffe zugelassen werden dürfen, welche keine brennbaren Gase entwickeln und welche in der Kohle eine Detonationstemperatur von nicht mehr als 1500° und im Gestein eine solche von nicht mehr als 1900° aufweisen; diese Temperatur wird berechnet aus der Zersetzungsgleichung des explodierenden Sprengstoffes unter Zugrundelegung einer theoretisch angenommenen Zersetzung in bestimmte Explosionsprodukte. Da bei dieser Berechnung verschiedene Momente, wie Dichte und Initiierung des Sprengstoffes, Festigkeit der Einschließung usw. nicht berücksichtigt sind, so wird von vornherein die errechnete Detonationstemperatur nicht mit der tatsächlichen übereinstimmen. Abgesehen davon, ist auch die Detonationstemperatur allein kein genügendes Kriterium für die Wettersicherheit, sondern es kommen außer ihr noch die Detonationsgeschwindigkeit, der Gasdruck, sowie die Länge und Dauer der Stichflamme in Betracht. Die theoretische Prüfung ist also ungenügend und man hat dies auch neuerdings in Frankreich eingesehen und auch in diesem Lande zur Vornahme praktischer Prüfung Versuchsstrecken in Lens und Liévin errichtet.

In den übrigen Ländern nimmt man schon seit etwa 25 Jahren eine praktische Prüfung vor, indem man die Sprengstoffe in den sogenannten Versuchsstrecken abschießt. Hierbei verfeuert man entweder freistehende Patronen (wie Österreich-Ungarn) oder unbesetzte Ladungen aus Schießmörsern (Deutschland, Belgien) oder gutbesetzte Ladungen aus Mörsern (England).

Bei den praktischen Proben kann man natürlich nicht so vorgehen, wie man bei der wirklichen Anwendung der Sprengstoffe verfährt, wobei letztere eine gewisse Menge Gestein oder Kohle zertrümmern. Man muß sich darauf beschränken, den zu prüfenden Sprengstoff in einem Raume abzufeuern, der einer unterirdischen Strecke im wesentlichen nachgebildet ist, wobei aber Kohle und Gestein nicht vorhanden sind, sondern lediglich ein Gemisch von Grubengas oder Leuchtgas mit Luft, also schlagende Wetter und Kohlenstaub oder schlagende Wetter allein oder Kohlenstaub allein. Eine solche Versuchsstrecke besteht gewöhnlich aus einer langen, hölzernen oder eisernen Galerie von rundem oder elliptischem Querschnitt. Schon die Größe der Versuchsstrecke ist von Einfluß auf die Resultate. In Versuchsstrecken von kleinem Querschnitt erfolgt die Zündung leichter als in Strecken mit größerem Querschnitt. Ebenso ist die Zusammensetzung des Gas-Luftgemisches von wesentlichem Einfluß. Drittens kommt es darauf an, wie der Sprengstoff abgefeuert wird; die schärfste Probe ist die, daß man den Sprengstoff an freier Luft detonieren läßt, was übrigens ja in der Praxis (allerdings in unbeabsichtigter Weise) vorkommen kann. Der Wirklichkeit am nächsten kommt das Abfeuern aus dem Bohrloch eines Schießmörsers unter Anwendung eines Besatzes. Hierbei hat man aber zu große Lademengen nötig, wenn man die Sicherheitsgrenzen feststellen will und man prüft daher in den meisten Ländern die Sprengstoffe ohne Anwendung von Besatz, also unter schärferen Bedingungen, als sie beim Bergbau im allgemeinen vorliegen. Man erhält aber recht gute Vergleichswerte und ist in der Lage festzustellen, welche Menge Sprengstoff noch sicher ist und welche Menge eine Entzündung hervorbringt; die noch sichere Menge nennt man Grenzladung. (Charge Limite.) Das Abfeuern mit unbesetzten Schüssen ist auch deshalb zweckmäßig, weil es dem in der Praxis nicht selten vorkommenden Falle der sog. ausblasenden Schüsse entspricht.

In der Regel soll der Sprengstoff im Bohrloch vollkommen detonieren und dann Sprengarbeit leisten, wobei die von dem Sprengstoff entwickelte Wärme sich in Arbeit umsetzt und Kohle oder Gestein wirft; die heißen Explosionsgase kühlen sich dabei schnell ab. Es kann auch statt der vollkommenen Detonation des Sprengstoffes nur ein langsames Abbrennen, ein sog. Auskochen stattfinden; diese auskochenden Schüsse leisten keine Sprengarbeit, sie verursachen auch keine Entzündung von schlagenden Wettern, sind jedoch wegen der eigentümlichen Gase für die Bergarbeiter gesundheitsgefährlich. Ein dritter Fall ist der, daß der Sprengstoff zwar vollkommen detoniert, die Explosionsgase aber aus irgend einem Grunde, z. B. infolge mangelhaften Besatzes, keine Sprengarbeit leisten, sondern heiß aus dem Bohrloch entweichen. Diese sog. ausblasenden Schüsse sind für den Bergbau am gefährlichsten, weil die nicht abgekühlten Explosionsgase am leichtesten eine Entzündung von schlagenden Wettern oder Kohlenstaub herbeiführen. In der Versuchsstrecke erhält man beim Abfeuern der Sprengladung ohne Besatz solche ausblasende Schüsse.

Weiterhin ist es von Bedeutung, ob die Patronen das Bohrloch des Mörsers ganz ausfüllen, bzw. welches Verhältnis zwischen dem Durchmesser der Patronen und demjenigen der Mörserbohrung besteht, ferner wie lang die Mörserbohrung ist und in welchem Abstand von der Mündung die Patronen gelagert werden.

Gewöhnlich schießt man aus Bohrlöchern von 55 mm Weite; da die zu prüfenden Sprengstoffpatronen einen Durchmesser von 35 mm haben, so ist bei der Prüfung insofern eine Verschiedenheit mit den Verhältnissen beim wirklichen Sprengen vorhanden, als bei letzterem Patronen gebraucht werden, die in ihrer Dicke der Weite des Bohrloches entsprechen, sich also allseitig an die Bohrlochwandungen anlegen.

In den deutschen Versuchsstrecken in Neunkirchen und Gelsenkirchen[1] hat man sich auf folgende einzelne Prüfungsbedingungen geeinigt. a) Sprengstoffe. Es werden zur Prüfung grundsätzlich nur Patronen mit einem Durchmesser von 35 mm verwendet. Die einzelnen Sprengstoffpatronen werden nicht nebeneinander, sondern stets voreinander angeordnet, die oberste Patrone bildet die Schlagpatrone. Zur Einleitung der Detonation werden für alle Sprengstoffe Sprengkapseln Nr. 8 (mit 2 g Knallquecksilber) und elektrische Zündung benutzt. b) Die Schießmörser haben einen Durchmesser von 55 mm und eine Tiefe von 575 mm. c) Schlagende Wetter. Man verwendet ein Gemisch von Luft mit Grubengas (Methan CH_4). Am explosivsten wäre ein Gemisch von 90·5 % Luft und 9·5 % Methan; da sich dieser Prozentsatz nicht für alle Versuche gleichmäßig herstellen läßt, so ist ein Grubengasgehalt von 8 bis 9 % vereinbart und man bemüht sich, möglichst 9 % zu verwenden, was durch Analyse und Probe mit dem Lohmannschen Röhrchen kontrolliert wird. d) Kohlenstaub. Bis zum Jahre 1908 schoß man gegen ein Gemisch von Schlagwettern und Kohlenstaub, indem vor jedem Schuß außer den Schlagwettern noch 2 Liter Kohlenstaub eingeführt wurden. Nachdem indessen Beyling durch Versuche festgestellt hat, daß die Sprengstoffe vielfach gegen ein Gemisch von Schlagwettern und Kohlenstaub sicherer sind als gegen Schlagwetter allein,[2] hat man die Vereinbarung getroffen, künftig die Sprengstoffe nur gegen Schlagwetter allein und Kohlenstaub allein zu prüfen.

Hiermit ist auch den Verhältnissen der Praxis Rechnung getragen, da beide Möglichkeiten für sich ebenfalls im Grubenbetrieb vorliegen und erwiesen ist, daß alle Arten von Kohlenstaub entzündlich sind. Da durch frühere Versuche festgestellt war, daß schon 2 Liter aufgewirbelten Kohlenstaubes in der

[1] Eine genaue Beschreibung der Versuchsstrecke Gelsenkirchen folgt am Schlusse des Abschnittes.

[2] Vgl. Glückauf 1908, S. 1717 ff.

Explosionskammer genügen, um eine Kohlenstaubentzündung herbeizuführen, hat man daran festgehalten, grundsätzlich 2 Liter Staub in der Kammer aufzuwirbeln. Gleichzeitig wird jedoch, um den Verhältnissen der Praxis Rechnung zu tragen, eine bestimmte Menge Kohlenstaub auf die Sohle der Strecke gestreut, und zwar hat man als Maß 10 Liter angenommen. Für jede Prüfung gegen Kohlenstaub werden demnach im ganzen 12 Liter in die Kammer der Versuchsstrecke eingeführt. Da es darauf ankommt, stets die gleiche Menge Staub in der Kammer zu haben, so wird die Strecke nach jedem Schuß vollständig von den Staubresten gereinigt und außerdem die Explosionskammer ebenfalls durch eine Papierwand abgeschlossen. In den deutschen Versuchsstrecken genügt ein Sprengstoff dann, wenn er bei einer für die Praxis noch brauchbaren, also nicht zu kleinen Lademenge bei fünf aufeinanderfolgenden Schüssen keine Zündung ergibt; hierbei worden die Schüsse für Schlagwetter und Kohlenstaub besonders gezählt. Bei allen in der Versuchsstrecke geprüften Sprengstoffen muß zur Charakterisierung der letzteren auch eine praktische Prüfung auf Sprengwirkung vorgenommen werden, was in Deutschland mit dem Trauzlschen Bleizylinder geschieht.

In Belgien wurde im Jahre 1904 die Versuchsstrecke von Frameries durch die Herren Watteyne und Stassart fertiggestellt. Wie die Strecke in Gelsenkirchen hat dieselbe einen elliptischen Querschnitt von etwa 2 qm und ist etwa 30 m lang Für die Versuche wird durch einen Verschlag mit paraffiniertem Papier ein Raum von etwa 10 cbm isoliert. Es wird auf ein Gemisch aus 8 % natürlichem Grubengas mit 92 % Luft oder auf Kohlenstaub geschossen. Der Schießmörser hat eine Bohrung von 47 cm Länge und 55 mm Durchmesser. Der letztere vergrößert sich im Laufe der Versuche und hat man eine durchschnittliche Ausbohrung von 65 mm festgestellt. Man schießt mit Besatz und ermittelt die Grenzladung wie in Deutschland. Man geht bei den Versuchen nicht unter eine gewisse Mindestmenge von Sprengstoffen hinab, und zwar muß dieselbe in ihrer Kraftleistung bei der Prüfung im Trauzlschen Bleiblock so wirksam sein wie 175 g Dynamit Nr. 1.

In England wurde schon im Jahre 1888 eine Versuchsstrecke in Hebburn-upon-Syne errichtet, wo damals die ersten Ammonsalpetersprengstoffe und Carbonit geprüft wurden. Gegenwärtig erfolgt die Prüfung in der staatlichen Versuchsstrecke in Woolwich. Die Prüfung wird hier in anderer Weise als in

Deutschland und Belgien vorgenommen. Zunächst hat die Strecke einen viel kleineren Querschnitt; letzterer ist kreisförmig und hat einen Durchmesser von etwa 72 cm (bei 9 m Länge). Zweitens wird in ein Gemisch von 85 % Luft und 15 % Leuchtgas (das im wesentlichen aus Grubengas und Wasserstoffgas besteht) geschossen; dieses Gasgemisch hat eine besonders große Zündungsempfindlichkeit, und da bei dem viel geringeren Querschnitt der Strecke ein Ausweichen des zu zündenden Gasgemisches gegenüber den Explosionsgasen des Sprengstoffes schwieriger ist, so würde also an sich viel leichter eine Entzündung herbeigeführt als bei dem deutschen und belgischen System. Andererseits aber werden die Schüsse unter gutem Besatz abgefeuert, so daß bei den meisten Sprengstoffen die Explosionsgase mit dem Zündgemisch nicht in Berührung kommen. Es zünden (nach Bichel) nur die ganz extremen, nämlich einerseits die ganz langsam verbrennenden pulverähnlichen, welche den Besatz herausschieben, dann aber wegen der langen Dauer der Flamme doch noch imstande sind, das Zündgemisch zu zünden, und andererseits die Sprengstoffe mit sehr großer Detonationsgeschwindigkeit und hoher Detonationstemperatur, sowie großer Flammenlänge, deren Sprenggase den Besatz mit sehr großer Geschwindigkeit herausschleudern und das Zündgemisch noch erreichen, ehe die Gase zu weit abgekühlt sind. Was zwischen diesen beiden Arten von Sprengstoffen liegt, wird in der Regel durch den Besatz sicher gemacht.

Jedenfalls ist es aber bei dieser englischen Prüfung nicht möglich, von einer Grenzladung zu sprechen. Man wendet von vornherein eine bestimmte Menge von Sprengstoff an und ermittelt, ob unter bestimmten Bedingungen eine Zündung erfolgt oder nicht. Die anzuwendende Menge Sprengstoff soll in ihrer Kraftleistung einer Menge von 56 g Dynamit mit 75 % Nitroglyzeringehalt gleichkommen; diese Kraftprobe wird durch das ballistische Pendel vorgenommen. Hat man die entsprechende Menge des zu prüfenden Sprengstoffes ermittelt, so werden 10 Schüsse mit dieser Menge geladen, 10 weitere Schüsse mit $^3/_4$ dieser Menge; bei den ersten 10 Schüssen wird ein 30 cm langer Besatz aus trockenem Ton angewandt, bei den anderen 10 Schüssen ein Besatz von 23 cm Länge. Ein Sprengstoff, der zum Kohlenbergbau zugelassen werden soll, muß bei allen 20 Versuchen vollständig detonieren und darf bei keinem Schuß eine Zündung herbeiführen. Der Sprengstoff kommt dann auf die Liste der Permitted Explosives, die Patronen erhalten als Zeichen eine Krone mit dem großen Buchstaben P.

Neuerdings hat man in England eine neue große Versuchsstrecke in Althofts gebaut, die einen kreisförmigen Querschnitt von 2·3 m Durchmesser und eine Länge von 213·5 m hat. Diese Strecke scheint vorwiegend oder wohl gar ausschließlich für das Studium der Kohlenstaubexplosionen und ihrer Fortpflanzung bestimmt zu sein.

In Österreich-Ungarn hat man wie in Deutschland schon seit 1886 Versuchsstrecken, und zwar in Mährisch-Ostrau und Segen Gottes. In beiden wird in ein Gemisch aus natürlichem Grubengas und Luft geschossen oder in Kohlenstaub. Der Schuß erfolgt aber nicht aus einem Mörser, sondern die Patrone wird freistehend zur Explosion gebracht. Unter der Patrone steht ein Bleizylinder, dessen Stauchung die Leistung des explodierenden Sprengstoffes messen soll.

Die größeren deutschen Sprengstoffabriken haben vielfach eigene Versuchsstrecken, in welchen sie ihre Sprengstoffe erst durchprüfen, ehe sie an die amtlichen Versuchsstationen herantreten; und da die Sprengstoffabriken nach der ganzen Welt ihre Fabrikate absetzen, so müssen sie auch nach den in verschiedenen Ländern üblichen Methoden vorprüfen.

Fig. 30. Schlagwetter-Versuchsstrecke in Schlebusch.
(Links die kleinere englische Versuchsstrecke, rechts die größere deutsche Strecke, in letzterer ist ein Zündungsschuß veranschaulicht.)

Vorstehendes Bild (Fig. 30) zeigt die Einrichtung für Versuchsstrecken in der Fabrik der Sprengstoff-A.-G. Carbonit in Schlebusch.

W. Will[1] hat zur Erleichterung dieser Vorprüfung neuerdings

[1] Zeitschr. Schieß-Sprengstoffe 1909, S. 323.

in Neu-Babelsberg eine kleine Versuchsstrecke eingerichtet (Fig. 31), die im wesentlichen aus einer 3m langen Röhre von elliptischem Querschnitt mit einer lichten Höhe von 60 und einer lichten Breite von 45 cm besteht. Die Länge der Explosionskammer beträgt 1 m. Die Strecke ist ganz umbaut, derart, daß Temperatur und Feuchtigkeitsgehalt während der Versuchszeiten im

Fig. 31. Schlagwetterstrecke Zentralstelle Neu-Babelsberg.

ganzen Raum konstant gehalten werden können, auch der Einfluß der Windrichtung außer Betracht bleiben kann. Beim Beschuß kamen Sprengstoffmengen von 5 bis 100 g und eine Sprengkapsel Nr. 8 = 2 g Knallsalz zur Anwendung. Vergleichsweise seien die Dimensionen der Versuchsstrecken in Gelsenkirchen und in Neu-Babelsberg wiedergegeben:

	Strecke zu Gelsenkirchen	Strecke der Zentralstelle Neu-Babelsberg
Flächengröße im Querschnitt	1·96 qm	0·212 qm
Lichte Höhe der Strecke	1·85 m	0·60 m
Lichte Breite der Strecke	1·35 m	0·45 m
Länge der Strecke	35·00 m	3·00 m
Länge der Explosionskammer . . .	5·1 m	1·00 m
Rauminhalt der Explosionskammer .	10·00 cbm	0·215 cbm

Nachstehend einige Resultate, die in Neu-Babelsberg beim Schießen auf ein 9%iges Methan-Luftgemisch erhalten wurden im Vergleich zu Schießergebnissen in der Versuchsstrecke Gelsenkirchen, welch letztere also einen etwa 10mal so großen Querschnitt hat (2 qm gegenüber 0·2 qm in Neu-Babelsberg) und woselbst ein 9%iges Grubengas-Luftgemisch verwendet wird; in Neu-Babelsberg wurde das Methan dargestellt durch Zersetzen von technischem Aluminiumkarbid mit Wasser und Reinigung des Gases von Wasserstoff durch Verbrennung mittels Palladiumasbest unter Zusatz der berechneten Sauerstoffmenge.

Vergleichs-Tabelle.

	In Gelsenkirchen		In Neu-Babelsberg	
	keine Zündung bis g	Zündung bei g	keine Zündung bis g	Zündung bei g
Wetterastralit	50	100	10	15
Verstärktes Chromammonit	350	400	20	25
Ammoncarbonit	450	500	25	30
Gelatine-Wetterastralit	700	—	35	30

Durch diese Versuche wird die auch anderweitig[1] festgestellte Tatsache bestätigt, daß mit Abnahme des Querschnittes des Stollens auch die Grenzladung abnimmt. Es werden aber in der kleinen Versuchsstrecke Werte erhalten, die mit denen in der großen amtlichen Strecke mit den gleichen Sprengstoffen erschossenen in Parallele stehen. Will schließt daraus, daß man aus den in der kleinen Versuchsreihe erschossenen Sprengstoffen annähernd die Mengen ermitteln kann, in welchen sich der Sprengstoff in der großen Strecke als sicher erweist, so daß der Fabrikant auf diese Weise ein vorläufiges Urteil über das Verhalten bei der amtlichen Prüfung gewinnen kann, zumal bei den Versuchen in kleinerem Maßstabe je ein Vergleichssprengstoff herangezogen wird, der den zu prüfenden möglichst analog zusammengesetzt und dessen Wirkung in der großen Strecke bekannt ist. Will hat auch die Frage studiert, statt Methan-Luftgemisch andere explosibele Gasmischungen zu verwenden; der Ammonsalpetersprengstoff Astralit wurde dabei aus einem Mörser von 25 mm Durchmesser und 125 mm Tiefe in verschiedenen Gasmischungen abgefeuert mit folgenden Ergebnissen:

[1] Rep. inspect. explosives 1905, 138.

Laufende Nr.	Angewandtes Gas-Luftgemisch	Vol.-% an brennbarem Gas ca.	Grenzladungen Keine Zündung bis g	Grenzladungen Zündung bei g	Bemerkungen
1	Methan-Luftgemisch	6·5	30	40 a)	Flamme deutlich sichtbar; Gasexplosion kräftig.
2	do.	9	5	10 b)	Flamme größer; Gasexplosion stärker.
3	do.	12·5	30	40 c)	Flamme sehr groß; Gasexplosion schwächer.
4	Petroleumäther-Luftgemisch	·2	5	10 a)	Flamme von sehr kurzer Dauer; sehr kräftige Gasexplosion.
5	do.	3·2	20	25 b)	Flamme größer und von längerer Dauer; Gasexplosion schwächer.
6	do.	4·3	30	40 c)	Flamme sehr groß und von sehr langer Dauer; Gasexplosion sehr schwach.
7	Leuchtgas-Luftgemisch	8	15	20 a)	Flamme sehr schlecht sichtbar; Gasexplosion sehr schwach.
8	do.	16	—	5 b)	Flamme groß; kräftige Gasexplosion.
9	do.	24	5	10 c)	Flamme sehr groß; Gasexplosion ein wenig schwächer.
10	do.	10	5	10	Flamme schlecht sichtbar; Gasexplosion sehr schwach.

a) liegt nahe der unteren Explosionsgrenze.
b) liegt etwa in der Mitte zwischen den Explosionsgrenzen.
c) liegt nahe der oberen Explosionsgrenze.

Daraus geht hervor, daß innerhalb der Grenzen dieser Gasgemische die Grenzladungen wesentlich verschieden sind; die geringste Ladung erforderte stets das Gasgemisch, welches die zur völligen Verbrennung zu CO_2 und H_2O gerade ausreichende Sauerstoffmenge enthielt; dabei war auch die Explosionswirkung die stärkste. Die Flammenlänge und Dauer erwies sich um so größer, je größer der Gehalt an brennbarem Gas war.

Aus den verschiedenen Gasluftmischungen kann man solche auswählen, welche dem 9%igen Methan-Luftgemisch entsprechen, d. h. bei demselben Sprengstoff die gleiche Grenzladung erfordern; bei nachstehenden Versuchen war auf die gleiche Menge Ammonkarbonit als Grenzladung eingestellt; geschossen wurde hierbei aus einem Mörser von 30 mm Durchmesser und 180 mm Tiefe.

Laufende Nummer	Sprengstoff	I. 9·8 Vol.-%iges Leuchtgas-Luftgemisch		II. 9 Vol.-%iges Methan-Luftgemisch		III. 2·8 Vol.-%iges Petroleumäther-Luftgemisch		IV. 24·5 Vol.-%iges Leuchtgas-Luftgemisch	
		keine Zündung bis g	Zündung bei g	keine Zündung bis g	Zündung bei g	keine Zündung bis g	Zündung bei g	keine Zündung bis g	Zündung bei g
1	Schwarzpulver	—	5	—	5	—	5	—	5
2	Gurdynamit	—	5	—	5	—	5	—	5
3	Trinitrotoluol	4	6	8	10	9	11	12	15
4	Astralit	5	7	8	10	8	10	10	12
5	Wetterastralit	10	12	12	15	12	15	14	18
6	Verstärktes Chromammonit	10	15	20	25	13	16	13	16
7	Ammonkarbonit	25	30	25	30	25	30	25	30
8	Gelatine-Wetterastralit	50	55	35	40	30	35	30	35
9	Chromammonit 1908	65	70	40	50	35	40	35	40

Anmerkung: Die Versuche sind mit ca. 10 % wasserstoffhaltigem und mit fast reinem Methan durchgeführt. Bis jetzt sind hierbei bemerkenswerte Unterschiede wahrgenommen.

Diese Versuche sollen noch in umfangreicherem Maßstabe durchgeführt werden und versprechen interessante Resultate.

Nachstehend geben wir einige neue Resultate, die auf der Versuchsstrecke Gelsenkirchen erhalten wurden.[1] In folgender Tabelle bedeutet: HL die höchste Lademenge, die im Schießmörser untergebracht werden konnte, und A, daß die Versuche mit der genannten Lademenge abgebrochen wurden, um den Schießmörser nicht übermäßig zu beanspruchen. In beiden Fällen konnte der Sprengstoff nicht mit genügend hohen Lademengen geschossen werden, um eine Zündung der Schlagwetter bzw. des Kohlenstaubes zu erreichen. Die Sicherheitsgrenze war daher nicht zu ermitteln. — Die Versuche, die zur Ermittlung der

[1] Beyling, Versuche mit Sicherheitssprengstoffen, Glückauf 1909, S. 109.

Sicherheitsgrenzen und Sicherheitszahlen gedient haben, sind in der üblichen Weise angestellt worden. Die Sprengstoffe wurden in Patronen von 35 mm Durchmesser[1] aus einem Stahlmörser mit 55 mm weitem Bohrloch ohne Besatz gegen ein 8 bis 9 proz. Schlagwettergemisch bzw. gegen 12 Liter feinen Fettkohlenstaubes geschossen: von dem Kohlenstaub wurden 10 Liter auf die Sohle der Explosionskammer gestreut und 2 Liter durch den Flügelapparat in der Kammer aufgewirbelt. Die Patronen wurden stets nur hintereinander geladen.

Name des Sprengstoffes	Zusammensetzung nach Angabe des Fabrikanten	Gegen Schlagwetter		Gegen Kohlenstaub	
		Zündung bei g Ladung	Sicher bis g Ladung	Zündung bei g Ladung	Sicher bis g Ladung
Dynamit-Aktiengesellschaft vorm. Alfred Nobel & Co., Hamburg, Fabrik Schlebusch.					
Gelatine-Wetterastralit	40·0 % Ammonsalpeter	—	700**	—	700**
	14·0 „ Kochsalz				
	7·5 „ Natronsalpeter				
	0·5 „ Holzmehl				
	2·0 „ Rüböl				
	16·0 „ Dinitrochlorhydrin				
	4·0 „ Nitroglyzerin				
	4·0 „ Dinitrotoluol				
	1·0 „ Nitrotoluol				
	0·5 „ Kollodiumwolle				
	8·0 „ Kartoffelmehl				
	2·5 „ Ammonoxalat				
Vereinigte Köln-Rottweiler Pulverfabriken Köln, Fabrik Hamm a. d. Sieg.					
Chromammonit	63·25 % Ammonsalpeter	—	422*	—	420*
	17·50 „ Kalisalpeter	1012	950	—	1000†
	9·50 „ Chromammoniakalaun				
	9·25 „ Kollodiumwolle				
	0·50 „ Vaseline				
Verstärktes Chromammonit	70·0 % Ammonsalpeter	400	350	350	300
	10 0 „ Kalisalpeter				
	12·5 „ Trinitrotoluol				
	7·0 „ Chromammoniakalaun				
	0·5 „ Vaseline				

Anmerkung: § enthält 4 bis 5 Tle. Dinitrotoluol. * = HL. ** = A.

[1] Nur in einem Falle, bei dem Chromammonit, ist ausnahmsweise außer dem Normaldurchmesser auch noch ein stärkerer Durchmesser (von 50 mm) angewendet worden, hauptsächlich deshalb, um zu erproben, wie ein gegen Schlagwetter sehr sicherer Ammonsalpetersprengstoff sich bei hoher Ladedichte gegen Kohlenstaub verhält; mit zunehmender Ladedichte werden manche Ammonsalpetersprengstoffe fast unbegrenzt sicher.

Name des Sprengstoffes	Zusammensetzung nach Angabe des Fabrikanten	Gegen Schlagwetter		Gegen Kohlenstaub	
		Zündung bei g Ladung	Sicher bis g Ladung	Zündung bei g Ladung	Sicher bis g Ladung
Castroper Sicherheitssprengstoff-Aktiengesellschaft, Dortmund, Fabriken Castrop und Rummenohl.					
Neu-Dahmenit	68·0 % Ammonsalpeter 2·0 „ Kalisalpeter 2·5 „ Mehle 2·0 „ Kohle (Koks) 10·0 „ Trinitrotoluol § 15·5 „ Alkalichloride	450	400	—	518*
Neu-Dahmenit B	65·0 % Ammonsalpeter 2·0 „ Kalisalpeter 8·0 „ Trinitrotoluol § 0·5 „ Pflanzenmehle 7·0 „ Kohle (Koks) 17·5 „ Alkalichloride	450	400	—	022*
Gelatine-Dahmenit A	27·4 % Dinitroglyzerin 0·6 „ Nitrozellulose 4·5 „ Trinitrotoluol § 0·5 „ Naphtalin 2·0 „ Ammonsalpeter 5·5 „ Natronsalpeter 2·0 „ Kalisalpeter 27·5 „ Alkalichloride	387	350	650	600
Gelatine-Dahmenit B	28·0 % Gel. Dinitroglyzerin 3·5 „ Trinitrotoluol § 32·0 „ Ammonsalpeter 2·0 „ Kalisalpeter 4·5 „ Natronsalpeter 30·0 „ Alkalichloride	—	700*	—	700*
A. & W. Allendorff, Schönebeck (Elbe), Abteilung: Sprengstoff- und Patronen-Fabrik.					
Dorfit I	6 % Trinitrotoluol 4 „ Mehl 20 „ Natriumchlorid 5 „ Kalisalpeter 65 „ Ammonsalpeter	—	545*	—	532*
Dorfit II	5 % Kalisalpeter 4 „ Mehl 15 „ Trinitrotoluol 15 „ Natriumchlorid 61 „ Ammonsalpeter	350	300	—	434*

Name des Sprengstoffes	Zusammensetzung nach Angabe des Fabrikanten	Gegen Schlagwetter		Gegen Kohlenstaub	
		Zündung bei g Ladung	Sicher bis g Ladung	Zündung bei g Ladung	Sicher bis g Ladung
Westfälisch-Anhaltische Sprengstoff-Aktiengesellschaft Berlin, Fabrik Haltern.					
Kohlen-westfalit I	4 % Nitroglyzerin 2 „ Trinitrotoluol 83 „ Ammonnitrat 7 „ Kaliumnitrat 2 „ Bariumnitrat 2 „ Mehl	—	414*	—	415*
Kohlen-westfalit IV	3·2 % Gel. Nitroglyzerin 5·0 „ Dinitrotoluole 2·8 „ Kalisalpeter 73·0 „ Ammonsalpeter 1·0 „ Mehl 14·0 „ Alkalichloride	502	450	—	504*
Hydrin-westfalit	4·2 % Gel. Dinitrochlorhydrin 5·0 „ Dinitrotoluole 2·8 „ Kalisalpeter 73·0 „ Ammonsalpeter 1·0 „ Mehle 14·0 „ Alkalichlorid	400	350	—	502*

Beschreibung der Versuchsstrecke in Gelsenkirchen.

Die Versuchsstrecke ist den unterirdischen Verhältnissen nach Möglichkeit angepaßt. Sie ist 34 m lang und hat elliptischen Querschnitt von rund 2 Quadratmeter. Ihre lichte Höhe beträgt 1·85 und ihre lichte Breite 1·35 m. Die Streckenwandungen bestehen aus einem dreifachen, insgesamt 60 mm dicken Bohlenbelag aus besonders ausgesuchtem, astfreiem Holze der amerikanischen Pechkiefer. Die Bohlenzimmerung wird durch kräftige, elliptische Streckenbögen aus I-Eisen zusammengehalten, die in Abständen von 400 bis 600 mm aufgestellt sind. Um eine vollkommene Dichtigkeit der Streckenwandungen zu erzielen, wurden die 150 mm breiten Bohlen um je $^1/_3$ ihrer Breite in den einzelnen Lagen gegeneinander versetzt und vor dem Zusammennageln dick geteert. Die Strecke ist an einem Ende offen. Mit dem anderen Ende steht sie in einem Mauerblocke von 3·5 m Höhe, 3 m Länge und 3 m Breite, und zwar derart, daß die Strecke auf 1 m Länge innen und außen von dem Zementmauerwerke umfaßt ist. — Um die Widerstandsfähigkeit der Strecke zu erhöhen, ist sie so weit in die Haldenmasse eingegraben, daß die Fenster eben sichtbar bleiben. Die fensterlose Streckenseite ist durch einen nahezu bis zur Scheitellinie der Strecke reichenden Damm gänzlich überdeckt. Um den Schall der Schüsse zu dämpfen, ist die Streckenmündung von einem Rundwall umgeben, der ziemlich steil nach allen

Seiten ansteigt. Die Böschung ist so stark, daß die Scheitellinie der Strecke in gerade Richtung verlängert bei etwa 6 m Entfernung von der Mündung den Wall trifft, der sich von hier noch etwa 1 m höher erhebt. — Im Innern der Strecke sind in dem durch den Mauerblock gebildeten Ortsstoße Löcher für zwei Tiegelgußstahlmörser ausgepart. Die zur Verwendung kommenden, 695 mm langen Schießmörser bestehen aus einem Kern harten Stahles von 165 mm Durchmesser, auf welchem ein Mantel von 495 mm äußerem Durchmesser warm aufgezogen ist. Der Kern enthält das zum Abgeben der Schüsse bestimmte Bohrloch von 460 mm Tiefe und 55 mm Weite. Die beiden am Mörser befindlichen Tragringe sollen die Handhabung desselben beim Ein- und Ausbau erleichtern. Die Mörser liegen nicht wagerecht, sondern etwas geneigt in den Löchern, so daß ihre verlängerten

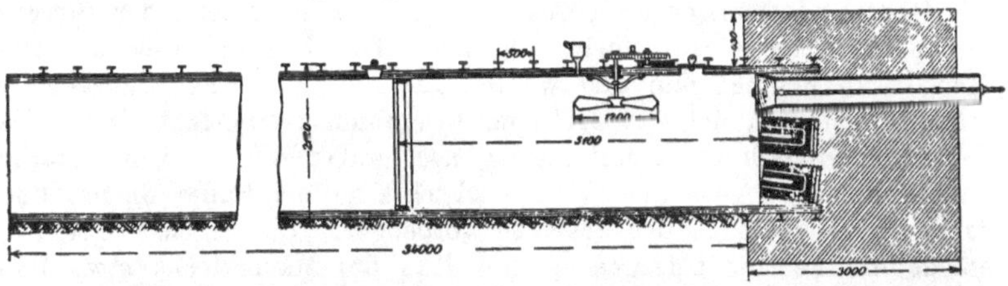

Fig. 32. Längsschnitt der Versuchsstrecke Gelsenkirchen.

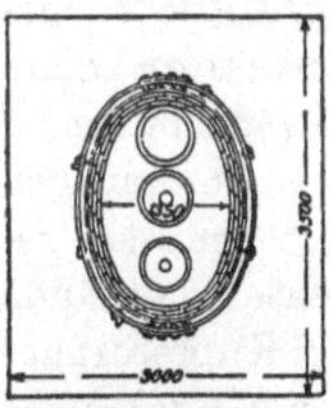

Fig. 33.
Querschnitt

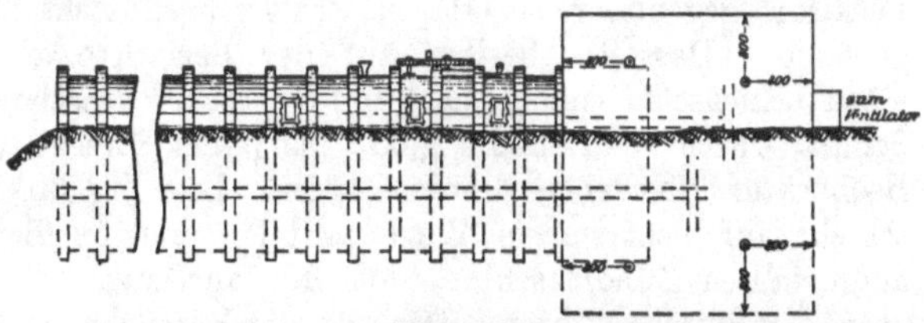

Fig. 34.
Ansicht der Versuchsstrecke Gelsenkirchen.

Bohrlochachsen in 10 m Entfernung vom Ortsstoße die Streckenfirste treffen. Zwischen der Hinterwand der Mörser und dem Mauerwerk sind 35 mm starke Gummischeiben und 50 mm starke Weidenholzplatten eingelegt. Die in der Firste der Strecken angebrachten, mit Stöpseln verschließbaren Öffnungen dienen als Sicherheitsventile.

Denselben Zweck erfüllt eine in der Nähe des Ortsstoßes befindliche Einsteigeöffnung von ovalem Querschnitt, die mit einem aufklappbaren Eisendeckel verschließbar ist. Bei Versuchen mit Schlagwettern werden sämtliche Öffnungen in der Firste der Explosionskammer mit starkem Papier abgedichtet. Zur Herstellung der Explosionskammer für Schlagwetterversuche ist in 5·10 m Entfernung vom Ortsstoße ein Ring aus Winkeleisen eingebaut, der mit Dornen versehen ist. Auf diese wird ein Schirm aus festem Packpapier aufgesteckt und mittels eines zweiten, abnehmbaren Eisenringes festgeklemmt. Auf diese Weise wird ein Raum von genau 10 cbm Inhalt abgesperrt. Behufs Bewetterung der Strecke nach Abgabe eines

Schusses ist in dem Mauerblocke ein unmittelbar unterhalb der Streckenfirste mündendes, gußeisernes Rohr von 400 mm lichtem Durchmesser eingemauert, welches nach außen mit einem Pelzerschen Ventilator von 500 mm Flügeldurchmesser in Verbindung steht und im Innern der Strecke durch einen Holzstopfen verschlossen werden kann. Dieser Holzstopfen ist der konisch ausgedrehten Mündung des Rohres genau angepaßt und derart angebracht, daß er vom anderen Ende des Rohres aus gehandhabt werden kann. — Es ist deshalb nicht notwendig, zur Herstellung der Verbindung zwischen Ventilator und Strecke nach Abgabe des Schusses die Strecke zu betreten. Auch bei den stärksten Nachschwaden nimmt die Ventilation der Strecke nur etwa 6 bis 7 Minuten in Anspruch. Die Beobachtung der in der Strecke sich abspielenden Vorgänge wird durch 15 Beobachtungsfenster ermöglicht, welche auf einer Seite der Strecke in $^3/_4$ Höhe derselben angebracht sind. Die Fenster besitzen lichte Maße von 120 : 230 mm und werden aus 25 mm starken Spiegelglasscheiben gebildet, die von kräftigen Eisenrahmen eingefaßt sind. Die Fenster sind nach innen mit Asbest, nach außen durch 18 mm starke Gummirahmen abgedichtet, welche gleichzeitig als Puffer dienen und so einem Zerspringen der Scheiben vorbeugen. Die gegenseitigen Abstände der Fenster betragen in der Nähe des Mauerblocks etwa 1 m und nehmen nach der Mündung der Strecke bis $2^1/_2$ m zu. Den Fenstern gegenüber, in 15 m Entfernung, steht das Beobachtungsgebäude. Dasselbe besitzt auf der der Strecke zugekehrten Seite einen schießschartenähnlichen, durch starke Glasscheiben verschlossenen Schlitz, durch welchen die ganze Länge der Strecke von einem einzigen Beobachter übersehen werden kann. Die Zündung der Schüsse geschieht auf elektrischem Wege mittels einer im Beobachtungsgebäude aufgestellten Zündmaschine, von der aus zwei isolierte Kupferdrähte nach der Strecke führen. Das für die Versuche gebrauchte Grubengas entstammt verlassenen und abgedämmten Bauen eines Fettkohlenflözes der Zeche Consolidation III/IV, welches in einem stark gestörten Teile des Grubenfeldes angefahren wurde und bezüglich seiner Lage in der bekannten Flözreihe nicht mit Sicherheit bestimmt ist. In dem Flötze ist von der III. nach der II. Sohle ein Aufhauen getrieben, von dem aus mehrere Abbaustrecken angesetzt sind. Da sich das Flöz als unbauwürdig erwies, wurden die Baue aufgegeben und durch Mauerdämme abgesperrt. Der Raum hinter den Dämmen ist mit Schlagwettern erfüllt, die einen Druck von 35 mm Wassersäule über dem in der Grube herrschenden Drucke besitzen. Eine 43 mm weite Rohrleitung, welche in den oberen Damm eingemauert ist, führt die Schlagwetter durch den Schacht zutage und der Versuchsstrecke zu. In die Rohrleitung ist eine kleine Dampfdüse eingebaut, durch deren Strahl man die Geschwindigkeit des Schlagwetterstromes beliebig beschleunigen kann. Der Dampf schlägt sich alsbald in dem in die Rohrleitung eingeschalteten Gaskessel nieder; das diesem Kessel entströmende Gas ist daher vollkommen kühl und vom Dampfe befreit.

Das Grubengas wird in einem Gasbehälter von 80 cbm Fassungsraum aufgespeichert. Die Glocke dieses Behälters ist derart belastet, daß sie das Gas unter einem Überdruck von 150 mm Wassersäule hält. — Um den im Gase vorhandenen Kohlensäuregehalt (5 bis 7 %) herabzumindern, ist zwischen Gaskessel und Gasbehälter ein Gasreiniger eingeschaltet, welcher im Keller des Beobachtungshauses aufgestellt ist. Er besteht aus einem gußeisernen Kasten von rechteckiger Form und etwa 2 cbm Fassungsraum und ist oben mittels einer in Wasser eintauchenden Glocke luftdicht verschlossen. In dem unteren Teil des Kastens sind drei horizontale Holzhürden angebracht, auf denen gebrannter Kalk in etwa nußgroßen Stücken ausgebreitet ist. Das Grubengas tritt von unten in den Reinigungskasten ein, durchstreicht die Kalklagen und gibt dabei etwa 3 % Kohlensäure ab. Für die Versuche sowohl in der Versuchsstrecke wie in der Lampenlutte wird das Gas dem Gasbehälter entnommen. Vor dem Eintritt in die Versuchsstrecke gehen die Wetter nochmals durch den Gasreiniger, geben dabei die Kohlensäure bis auf $^{3}/_{4}$ oder 1 % ab und strömen dann durch eine im Beobachtungshause stehende Gasuhr, die zur Messung der Schlagwetter beim Einlassen in die Strecke dient. Um eine möglichst schnelle und innige Mischung der in die Kammer eintretenden Gase mit der darin befindlichen Luft zu bewirken, wird ein in der Strecke angebrachtes Flügelrad von außen mittels eines Zahnradgetriebes in Umdrehung versetzt. Dieses Flügelrad ruft eine kreiselnde Bewegung des Gasgemisches in der Kammer hervor. Vielfache Versuche haben bewiesen, daß hierbei schnell eine gründliche Diffusion der Gase erzielt wird. Das Flügelrad dient ferner zur Aufwirbelung des Kohlenstaubes im Explosionsraum. Zu diesem Zwecke ist in der Streckenfirste ein über den Flügeln mündendes Rohr eingebaut, auf welches ein trichterförmiges Gefäß gesetzt wird. Aus diesem wird der Kohlenstaub auf die in Umdrehung versetzten Flügel unmittelbar aufgegeben. Einer Zerstörung der aus Holz bestehenden Flügel durch die Explosionswirkung wird dadurch vorgebeugt, daß man dieselben vor Abgabe des Schusses genau in die Richtung der Streckenachse bringt. Tatsächlich kommt es alsdann nur selten vor, daß die Flügel ersetzt werden müssen. Um für die laufenden Schießversuche einen Kohlenstaub von ganz gleichmäßiger Beschaffenheit zu erhalten, wird der Staub durch Vermahlen der Förderkohle von dem Fettkohlenflöze P. der Zeche Consolidation III/IV hergestellt. Das Mahlen geschieht mittels einer Kugelmühle. Das Sieb, durch welches der Staub fallen muß, ist sehr fein und besitzt etwa 1250 Maschen auf 1 qm. Die Zusammensetzung des Staubes wurde im berggewerkschaftlichen Laboratorium wie folgt ermittelt:

70·8 %	Koksausbeute
28·0 %	Gasgehalt
1·2 %	Wasser
100·0	Teile.

Der Aschengehalt stellte sich auf 6·6 %.

Auszug aus der Schießliste der Berggewerkschaftlichen Versuchsstrecke in Gelsenkirchen, betreffend Schießversuche mit dem Sprengstoff . . . . . .

Tag der Erprobung	Schuß-Nr. der Schießliste	Sprengstoff	Lademenge g	Patronierung	Lage der Patronen im Mörser	Nr. der Sprengkapsel	Grubengas-beimengung	Kohlenstaub Ursprung	Gestreut Liter	Aufgewirbelt Liter	Temperatur in der Strecke 0° C	Versuchsergebnisse. Z. = Zündung. K Z. = Keine Zündung
					Schüsse auf Schlagwettter.							
11. VII. 1908	1	Name und Zusammensetzung	265	35 mm	│ † │	8	8—9	—	—	—	29	K. Z.
13. VII. 1908	1		545	ɵ	│ † │ † │ † │	8	8 – 9	—	—	—	23	K. Z.
"	3		540	"	│ † │ † │ † │	8	8—9	—	—	—	25	K. Z.
"	5		532	"	│ † │ † │ † │	8	8 – 9	—	—	—	29	K. Z.
"	7		515	"	│ † │ † │ † │	8	8—9	—	—	—	27·5	K. Z.
"	9		510	"	│ † │ † │ † │	8	8—9	—	—	—	29	K. Z.
					Schüsse auf Kohlenstaub.							
16. VII. 1908	1	Name und Zusammensetzung	525	ɵ	│ † │ † │ † │	8	—	Zeche Consolidation III/IV (Fettkohle)	10	2	27	K. Z.
"	3		517	"	│ † │ † │ † │	8	—		10	2	26·5	K. Z.
"	5		527	"	│ † │ † │ † │	8	—		10	2	28	K. Z.
"	7		532	"	│ † │ † │ † │	8	—		10	2	29	K. Z.
"	9		532	"	│ † │ † │ † │	8	—		10	2	28·5	K. Z.

Mehr als vier Patronen waren im Bohrloch des Schießmörsers nicht unterzubringen. Im Bleimörser ergaben 10 g des Sprengstoffes eine Netto-Ausbauchung von Kubikzentimetern (Durchschnittsergebnis). — Die Schüsse in der Strecke sind aus einem Stahlmösser mit 55 mm weitem Bohrloch ohne Besatz abgegeben.

Anhang.

a) Verzeichnis der in England auf der Liste der Permitted Explosives stehenden Ammonsalpetersprengstoffe.

Abbcit, bestehend aus 78 bis 82 Tln. Ammoniumnitrat, 9 bis 11 Tln. Nitroglyzerin, 8 bis 10 Tln. Holzmehl (bei 100° getrocknet), 0·5 bis 2·5 Tln. Feuchtigkeit. — Bedingungen: 1. Der Sprengstoff muß in einer Umhüllung von starkem, braunem, durch Paraffinwachs vollständig wasserdicht gemachten Papier enthalten sein; 2. für den Sprengstoff darf keine schwächere Sprengkapsel angewandt werden als Nr. 6, d. h. die Stärke des Detonators muß mindestens der von 15 grain einer Mischung von 80 Tln. Knallquecksilber und 20 Tln. Kaliumchlorat entsprechen; 3. Herstellung in den Fabriken von Kynoch Limited in Kynochtown (bei Stanford-le-Hope in der Grafschaft Essex) oder in Ferrybank (Arklow, in der Grafschaft Wicklow).

Ammonal, bestehend aus 93 bis 96 Tln. Ammoniumnitrat, 4 bis 6 Tln. metallischem Aluminium, 1 Tl. Feuchtigkeit. — Bedingungen: 1. Der Sprengstoff muß in einer vollständig wasserdichten Umhüllung von Papier und Zinnfolie enthalten sein; 2. Mindeststärke der Sprengkapsel Nr. 6; 3. Herstellung in der Fabrik der Firma G. Roth.

Ammonal B, bestehend aus 93 bis 95·5 Tln. Ammoniumnitrat, 2·5 bis 3·5 Tln. metallischem Aluminium, 2 bis 3 Tln. Holzkohle, 0 bis 1 Tl. Wasser. — Bedingungen: 1. Der Sprengstoff muß in einer wasserdichten Papier- oder Zinnfolieumhüllung enthalten sein, oder wenn in Form gepreßter Patronen müssen letztere mit einem Überzug von Ceresin und Harz (Schmelzpunkt nicht unter 120° F) versehen sein; 2. die gepreßten Patronen müssen mit einer axialen Durchbohrung oder Aushöhlung versehen sein zur Aufnahme des Detonators, die Dichte der Patronen darf 1 nicht übersteigen; 3. für die gepreßten Patronen muß mindestens Sprengkapsel Nr. 7 angewandt werden (Stärke mindestens entsprechend 23 grain einer Mischung von 80% Knallquecksilber und 20% Kaliumchlorat), für den Sprengstoff in Papier- oder Zinnfoliehülle mindestens Sprengkapsel Nr. 6.

Ammonit, bestehend aus 87 bis 89 Tln. Ammoniumnitrat, 11 bis 13 Tln. Dinitronaphtalin, 0·5 Tln. Feuchtigkeit. — Bedingungen: 1. Umhüllung besteht aus einer durch Paraffinwachs vollständig wasserdicht gemachten Blei-Zinnlegierung; 2. Mindeststärke des Detonators Nr. $6^1/_2$ (entsprechend 19 grain der Mischung aus 80% Knallquecksilber und 20% chlorsaurem Kali); 3. Herstellung in der Fabrik der Miners Safety Explosives Company, Limited, in Stanford-le-Hope (Grafschaft Essex).

Amvis, bestehend aus 88 bis 91 Tln. Ammoniumnitrat, 4 bis 6 Tln. Holzmehl, 0 bis 0·5 Tln. Feuchtigkeit, 4 bis 6 Tln. eines Gemisches von Dinitrobenzol und chloriertem Naphtalin, der Chlorgehalt darf 1% vom Gewicht des fertigen Sprengstoffes nicht überschreiten. — Bedingungen: 1. Umhüllung besteht aus dünnem Papier, das durch eine Mischung von Carnauba- und Paraffinwachs vollständig wasserdicht gemacht ist; 2. Mindeststärke des Detonators Nr. 6; 3. Herstellung in der Fabrik der Roburite Explosives Company, Limited in Gathurst bei Wigan (Lancashire).

Aphosit, bestehend aus 58 bis 62 Tln. Ammoniumnitrat, 28 bis 31 Tln. Kaliumnitrat, 3·5 bis 4·5 Tln. Holzkohle, 3·5 bis 4·5 Tln. Holzmehl, 2 bis 3 Tln. Schwefel, 0 bis 1·5 Tln. Feuchtigkeit. — Bedingungen: 1. Wenn gepreßt, dürfen die Patronen keine größere Dichte als 1·25 haben; 2. in gepreßter Form müssen die Patronen in einem Umschlag von dünnem. paraffiniertem Papier sein, in körniger Form muß der Sprengstoff in einer Umhüllung von starkem, mit Ceresin und Paraffin vollständig wasserdicht gemachtem Papier sich befinden; 3. die gepreßten Patronen müssen durch einen elektrischen Zünder mittels 5 grain Schwarzpulver oder auf andere, mindestens ebenso kräftige Weise zur Detonation gebracht werden, Patronen mit gekörntem Sprengstoff durch Sprengkapsel Nr. 6, als Mindeststärke; 4. Der Sprengstoff wird in der Fabrik der Nitrate Explosives Company, Limited, in Gatebeck bei Kendal (Grafschaft Westminster) hergestellt.

Bellit Nr. 1, bestehend aus 82 bis 85 Tln. Ammoniumnitrat, 15 bis 18 Tln. Dinitrobenzol, 0 bis 0·75 Tln. Feuchtigkeit. — Bedingungen: 1. Umhüllung von Leinenpapier, das durch ein Gemisch von Carnauba- und Paraffinwachs vollständig wasserdicht gemacht ist; 2. Sprengkapsel Nr. 7 als Minimum; 3. Herstellung in der Fabrik der Lancashire Explosives Company, Limited, in Withnell (Lancashire).

Bellit Nr. 3, bestehend aus 92 bis 95 Tln. Ammoniumnitrat, 5 bis 8 Tln. Dinitrobenzol, 0 bis 0·75 Tln. Feuchtigkeit. — Bedingungen: wie bei Bellit Nr. 1.

Curtisit, bestehend aus 86 bis 90 Tln. Ammonsalpeter, 7 bis 9 Tln. Trinitrotoluol, 3 bis 5 Tln. Mononitronaphtalin, 0 bis 0·5 Tln. Feuchtigkeit. — Bedingungen: 1. Umhüllung aus Papier, das mit Paraffinwachs vollständig wasserdicht gemacht ist; 2. Detonator mindestens Sprengkapsel Nr. 7; 3. Herstellung in der Fabrik von Curtis & Harvey, Limited, in Cliffe und Tonbridge (Kent).

Dahmenit A, bestehend aus 91·5 bis 93·5 Tln. Ammoniumnitrat, 4 bis 6·5 Tln. Naphtalin, 1·5 bis 2·5 Tln. Kaliumbichromat, 0 bis 1 Tl. Feuchtigkeit. — Bedingungen: 1. Umhüllung von Papier, das mit Ceresin und Harz völlig wasserdicht gemacht ist; 2. mindestens Sprengkapsel Nr. 7; 3. Herstellung in der Fabrik von de Gezamenliyke Buskruidmakers van Noord-Holland, Utrecht (Holland).

Elektronit, bestehend aus 71 bis 75 Tln. Ammoniumnitrat, 18 bis 20 Tln. Bariumnitrat, 7 bis 10 Tln. Holzmehl und Stärke, 0 bis 0·5 Tln. Feuchtigkeit. — Bedingungen: 1. Vollständig wasserdichte Bleiumhüllung; 2. Sprengkapsel Nr. 7 mindestens; 3. Herstellung in den Fabriken von Curtis & Harvey, Limited, in Tonbridge (Grafschaft Kent) oder in Glenlean (bei Dunson) Grafschaft Argyll.

Excellit, bestehend aus 80 bis 84 Tln. Ammoniumnitrat, 7 bis 9 Tln. Nitroglyzerin, 0·5 bis 1·5 Tln. Kollodiumwolle, 2·5 bis

3·5 Tln. Dinitrotoluol, 3·5 bis 4·5 Tln. Holzmehl (bei 100° getrocknet), 0·5 bis 1·5 Tln. Kastoröl, 0 bis 2 Tln. Feuchtigkeit. — Bedingungen: 1. Papierumhüllung, welche durch Paraffinwachs vollständig wasserdicht gemacht ist; 2. mindestens Sprengkapsel Nr. 6; 3. Herstellung in der Fabrik von Curtis & Harvey, Limited, in Cliffe (Grafschaft Kent).

Faversham Powder, bestehend aus 88 bis 93 Tln. Ammoniumnitrat, 0 bis 11 Tln. Trinitrotoluol, 0 bis 1 Tl. Feuchtigkeit. — Bedingungen: 1. Umhüllung entweder aus einer wasserdichten Legierung von Blei, Zinn, Zink und Antimon oder aus Papier, das durch Ceresin und Harz vollständig wasserdicht gemacht ist; 2. mindestens Sprengkapsel Nr. 6; 3. Herstellung in den Fabriken der Cotton Powder Company, Limited, in Uplees Marshes, bei Faversham, (Grafschaft Kent) oder in Melling (Grafschaft Lancashire).

Good Luck (Glückauf), bestehend aus 80 bis 84 Tln. Ammoniumnitrat, 0·5 bis 1·5 Tln. Dinitrobenzol, 9·5 bis 11·5 Tln. Curcuma, 5·5 bis 6·5 Tln. Kupferoxalat, 0 bis 1 Tl. Feuchtigkeit. Bedingungen: 1. Umhüllung aus starkem Papier, das durch Paraffinwachs vollständig wasserdicht gemacht ist; 2. Detonator mindestens Sprengkapsel Nr. 8, enthaltend 30·9 grain eines Gemisches von 80 Tln. Knallquecksilber und 20 Tln. Kaliumchlorat; 3. Herstellung in den Sprengstoffwerken Glückauf, A.-G. in Hamburg.

Minit, bestehend aus 87 bis 90·5 Tln. Ammoniumnitrat, 9 bis 11 Tln. Trinitrotoluol, 0·5 bis 2 Tln. Ammoniumoxalat, 0 bis 0·5 Tln. Feuchtigkeit. — Bedingungen: 1. wasserdichte Umhüllung mit einer Blei–Zinnlegierung; 2. mindestens Sprengkapsel Nr. 6; 3. Herstellung wie bei Kynit.

Monobel Powder, bestehend aus 78 bis 82 Tln. Ammonium-Nitrat, 9 bis 11 Tln. Nitroglyzerin, 8 bis 10 Tln. (bei 100° getrocknetes) Holzmehl. 0·5 bis 2·5 Tln. Feuchtigkeit. — Bedingungen: 1. Umhüllung aus Papier, das durch Ceresin und Harz vollständig wasserdicht gemacht ist; 2. in gepreßter Form soll der Sprengstoff keine größere Dichte als 1·3 haben; jede Patrone soll eine genügend große axiale Durchbohrung oder Aushöhlung besitzen, um die Sprengkapsel einsetzen zu können; die Patrone, bzw. Papierumhüllung soll an dem Ende bezeichnet sein, wo sich die Aushöhlung befindet; 3. Detonator mindestens Sprengkapsel Nr. 6; 4. Herstellung in der Fabrik der Nobels Explosives Company, Limited, in Ardeer, Grafschaft Ayr.

Negro Powder, bestehend aus 86 bis 90 Tln. Ammoniumnitrat, 9 bis 11 Tln. Trinitrotoluol, 1 bis 3 Tln. Graphit, 0 bis 1 Tl. Farbstoff, 0 bis 1 Tl. Feuchtigkeit. — Bedingungen: 1. Umhüllung von Papier, das durch eine Mischung von Carnauba und Paraffinwachs vollständig wasserdicht ist; 2. Detonator mindestens Sprengkapsel Nr. 6; 3. Herstellung in der Fabrik der Roburite Explosives Company, Limited, in Gathurst (bei Wigau), Grafschaft Lancashire.

Nobel Ammonia Powder. Zusammensetzung: 82 bis 86 Tle.

Ammonsalpeter, 7 bis 9 Tle. Nitroglyzerin, 6 bis 8 Tle. bei 100° getrocknetes Holzmehl, 0·5 bis 2 Tle. Feuchtigkeit. Umhullung von Papier, das durch Ceresin oder Harz wasserdicht gemacht ist. Sprengkapsel mindestens Nr. 6. Fabrikation in den Werken der Nobels Explosive Company, Limited, in Ardeer.

Odit, bestehend aus 86 bis 90 Tln. Ammoniumnitrat, 11 bis 13 Tln. Dinitrotoluol, 0 bis 0·5 Tln. Feuchtigkeit. — Bedingungen: 1. Umhüllung aus Papier, das mit Paraffinwachs vollständig wasserdicht gemacht ist; 2. Detonator mindestens Sprengkapsel Nr. 7; 3. Herstellung in der Fabrik der New Explosives Company, Limited, in Stowmarket, Grafschaft Suffolk.

Permonit, bestehend aus 41 bis 44 Tln. Ammoniumnitrat, 31 bis 34 Tln. Kaliumperchlorat, 2 bis 4 Tln. (bei 100° getrocknetes) Holzmehl, 9 bis 12 Tln. (bei 100° getrocknete) Stärke, 9 bis 11 Tln. Trinitrotoluol, 0·5 bis 2 Tln. Feuchtigkeit. — Bedingungen: 1. Papierumhüllung, die mit Paraffin, Ceresin, Harz und Mineralöl vollständig wasserdicht gemacht ist; 2. Detonator mindestens Sprengkapsel Nr. 8 (30·9 grain); 3. Herstellung in der Fabrik der Karbonit-Ges. in Schlebusch.

Rexit, bestehend aus 64 bis 68 Ammoniumnitrat, 13 bis 16 Tln. Natriumnitrat, 6·5 bis 8·5 Tln. Nitroglyzerin, 6·5 bis 8·5 Tln. Trinitrotoluol, 3 bis 5 Tln. (bei 100° getrocknetes) Holzmehl, 0·5 bis 1·5 Tln. Feuchtigkeit. — Bedingungen: 1. Umhüllung aus starkem Papier, das mit Ceresin und Harz vollständig wasserdicht gemacht ist; 2. Detonator Nr. 6 Minimum; 3. Herstellung in der Fabrik der Cotton Powder Company, Limited, in Uplees Marshes bei Faversham (Grafschaft Kent).

Ripping Ammonal, bestehend aus 84 bis 87 Tln. Ammoniumnitrat, 7 bis 9 Tln. metallisches Aluminium, 2 bis 3 Tln. Holzkohle, 3 bis 4 Tln. Kaliumbichromat, 0 bis 1 Tl. Feuchtigkeit. — Bedingungen: wie bei Rexit; Herstellung in den Fabriken der Ammonal Explosives, Limited, in Herodsfoot und in Trago Wood (Grafschaft Cornwallis).

Roburit Nr. 3, bestehend aus 86 bis 89 Tln. Ammoniumnitrat, 9 bis 13 Tln. Dinitrobenzol, 0 bis 2 Tln. Monochlornaphtalin, 0 bis 0·5 Tln. Feuchtigkeit.

St. Helens Powder, bestehend aus 92 bis 95 Tln. Ammonsalpeter, 2 bis 3 Tln. Aluminium, 3 bis 5 Tln. Trinitrotoluol, 0 bis 1 Tl. Feuchtigkeit. Das Aluminium von solcher Korngröße, das durch ein Sieb von 50 Maschen pro Zoll nicht mehr als 25% zurückgehalten wird, durch ein Sieb von 100 Maschen pro Zoll nicht weniger als 50%, durch ein Sieb von 25 Maschen pro Zoll darf nichts zurückgehalten werden. — Der Sprengstoff ist in einer Papierumhüllung, welche durch Carnauba und Paraffinwachs vollständig wasserdicht gemacht ist. — Detonator nicht schwächer als Sprengkapsel Nr. 7, enthaltend 23 grain einer Mischung von 80 Tln. Knallquecksilber und 20 Tln. Kaliumchlorat; oder einer Sprengkapsel, die 0·4 g Tetranitromethylanilin und 0·3 g einer Mischung von 87·5 Tln.

Knallquecksilber und 12·5 g Kaliumchlorat enthält. — Fabrikanten: The Roburite Explosives Company in Gathurst near Wigan (Lancashire).

Thunderit, bestehend aus 91 bis 93 Tln. Ammoniumnitrat, 3 bis 5 Tln. Getreidemehl, 0 bis 1 Tl. Feuchtigkeit. — Bedingungen: 1. Umhüllung aus starkem Papier, das durch Ceresin vollständig wasserdicht gemacht ist; 2. mindestens Detonator Nr. 8; 3. Herstellung in der Fabrik der Karbonit-Gesellschaft in Schlebusch.

Titanit, bestehend aus 78 bis 82 Tln. Ammoniumnitrat, 10 bis 12 Tln. Anilinnitrat, 8 bis 10 Tln. Pikrinsäure, 0 bis 2 Tln. Feuchtigkeit. — Bedingungen: 1. Papierumhüllung, innen mit einer undurchlässigen Schicht von reinem Zinn bedeckt; das Papier ist mit Ceresinwachs vollständig wasserdicht gemacht; 2. mindestens Sprengkapsel Nr. 6; 3. Herstellung in der Fabrik dei Nitrate Explosives Company, Limited, in Gatebeck bei Kendal, Grafschaft Westmorland.

Titanit Nr. 1. Zusammensetzung: 85 bis 88 Tle. Ammonsalpeter, 6 bis 8 Tle. Trinitrotoluol, 4·5 bis 6·5 Tle. (bei 100° getrocknete) Curcumakohle, 0 bis 1 Tl. Feuchtigkeit. Umhüllung von wasserdichtem paraffiniertem Papier. Detonator mindestens Nr. 6. Herstellung in der Titanit-Sicherheitssprengstoff-Fabrik vvn Ceipek & Cie. in Ungarn.

Virit, bestehend aus 35 bis 40 Tln. Ammonnitrat, 33 bis 38 Tln. Kaliumnitrat, 9 bis 12 Tln. Ammonoxalat, 4 bis 5 Tln. Schwefel, 10·5 bis 12·5 Tln. Holzkohle, 1 bis 2 Tln. Feuchtigkeit. — Bedingungen: 1. Umhüllung von starkem Papier, das durch Ceresin und Paraffin wasserdicht gemacht ist; 2. Entzündung durch 5 grain Schwarzpulver auf elektrischem Wege; 3. Herstellung in der Fabrik der Nitrate Explosives Comp. in Gatebeck.

Westfalit Nr. I, bestehend aus 94 bis 96 Tln. Ammonnitrat, 6 bis 7 Tln. Harz, 0 bis 0·5 Tln. Feuchtigkeit. — Bedingungen: 1. äußerer Umschlag aus mit Paraffinwachs vollständig wasserdicht gemachtem Papier, oder Hülse aus einer wasserdichten Blei–Zinnlegierung oder ein nicht wasserdichter Papierumschlag, nachdem die äußere, wasserdichte Papierumhüllung entfernt ist; 2. als Detonator mindestens Sprengkapsel Nr. 7; 3. Herstellung in der Fabrik der British and Colonial Colliery Supply Association, Limited, in Denaby, Grafschaft Jorkshire.

Westfalit Nr. II, bestehend aus 90 bis 92 Tln. Ammoniumnitrat, 3 bis 5 Tln. Kaliumnitrat, 4 bis 6 Tln. Harz, 0 bis 0·5 Tln. Feuchtigkeit. — Bedingungen: wie bei Westfalit Nr. I.

Withnell Powder, bestehend aus 88 bis 91 Tln. Ammoniumnitrat, 4 bis 6 Tln. Trinitrotoluol, 4 bis 6 Tln Getreidemehl (bei 100° getrocknet), 0 bis 1,5 Tln. Feuchtigkeit. — Bedingungen: 1. Umhüllung von Leinenpapier, das durch eine Mischung von Carnauba und Paraffinwachs vollständig wasserdicht gemacht ist; 2. Sprengkapsel Nr. 7; 3. Herstellung in der Fabrik der Lancashire Explosives Company, Limited, in Withnell, Grafschaft Lancashire.

b) Wettersichere Ammonsalpetersprengstoffe in Belgien.

Bezeichnung des Sprengstoffes und Name des Fabrikanten	Zusammensetzung des Sprengstoffes	Menge des Sprengstoffes, die so stark ist, wie 10 Gramm Dynamit Nr. 1	Grenzladung des Sprengstoffes in der Versuchsstrecke	Der Grenzladung entsprechende Menge Dynamit Nr. 1
Permonite (Sprengstoff-A.-G. Carbonit in Hamburg)	6·0 % Nitroglyzerin 1·0 „ Glyzerin-Gelatineleim 4·0 „ Getreidemehl 3·0 „ Holzmehl 7·0 „ Trinitrotoluol 24·5 „ Kaliumperchlorat 25·0 „ Kochsalz 29·5 „ Ammonsalpeter	15·59	900	577
Densite IV (E. Ghinijonet et Ghinijonet & Cie. in Ougrée-lez-Liège)	18·0 % Ammonsalpeter 45·5 „ Kalisalpeter 17·5 „ Salmiak 19·0 „ Trinitrotoluol	15·47	850	549
Yonckite Nr. 10 (Société anonyme de la Poudrerie de Ben-Ahin in Liège)	30·0 % Ammonsalpeter 15·0 „ Natronsalpeter 25·0 „ Ammoniumperchlorat 10·0 „ Trinitrotoluol 20·0 „ Kochsalz	16·50	800	485
Favier III bis (Société belge des explosifs Favier in Vilvorde)	60·0 % Ammonsalpeter 5·0 „ Bariumkarbonat 4·0 „ Salmiak 5·0 „ Aluminiumsulfat 6·0 „ Getreidemehl 11·0 „ Kalisalpeter 8·5 „ Trinitrotoluol 0·5 „ Kaliumpermanganat	16·60	750	452
Fractorite D (Société anonyme de dynamite de Matagne in Matagne-la-Grande)	75·0 % Ammonsalpeter 10·0 „ Natronsalpeter 7·0 „ Ammonoxalat 4·0 „ Nitroglyzerin 4·0 „ Getreidemehl	16·66	700	420
Minolite antigrisouteuse (Laurent Cornet in Verviers)	72·0 % Ammonsalpeter 23·0 „ Natronsalpeter 3·0 „ Trinitrotoluol 2·0 „ Trinitronaphtalin	16·93	650	384
Flammivore III (Société anonyme in Arendonck)	70·0 % Ammonsalpeter 9·0 „ Ammonsulfat 7·0 „ Bariumsulfat 6·0 „ Nitroglyzerin 8·0 „ Dextrin	17	650	382

Bezeichnung des Sprengstoffes und Name des Fabrikanten	Zusammensetzung des Sprengstoffes	Menge des Sprengstoffes, die so stark ist, wie 10 Gramm Dynamit Nr. 1	Grenzladung des Sprengstoffes in der Versuchsstrecke	Der Grenzladung entsprechende Menge Dynamit Nr. 1
Densite III (E. Ghinijonet et Ghinijonet & Cie. in Ougrée)	74·0 % Ammonsalpeter 22·0 „ Natronsalpeter 4·0 „ Trinitrotoluol	22·60	700	310
Poudre blanche Cornil I bis (Société de la Poudrerie de Carnelle in Châtelet)	77·0 % Ammonsalpeter 1·0 „ Kalisalpeter 3·0 „ Dinitronaphtalin 1·0 „ Bleichromat 18·0 „ Salmiak	16·40	500	385
Wallonite III (V. Ansay & Cie., Forêt-Trooz)	70·0 % Ammonsalpeter 25·0 „ Natronsalpeter 5·0 „ Nitrierter Teer	19·76	600	304
Densite II (E. Ghinijonet et Ghinijonet & Cie. in Ougrée)	62·5 % Ammonsalpeter 30·0 „ Kalisalpeter 7·5 „ Trinitrotoluol	18·52	550	297
Favier II bis (Soc. belge des explosifs Favier in Vilvorde)	76·6 % Ammonsalpeter 20·0 „ Salmiak 2·4 „ Dinitronaphtalin	17·06	500	293
Fractorite B (Soc. anonyme de dynamite de Matagne in Matagne-la-Grande)	75·0 % Ammonsalpeter 2·2 „ Ammonoxalat 2·8 „ Dinitronaphtalin 20·0 „ Salmiak	15·73	450	286
Yonckite Nr. 9 (Soc. anonyme de la Poudrerie de Ben-Ahin in Liège)	65·0 % Ammonsalpeter 25·25 „ Natronsalpeter 6·0 „ Ammonperchlorat 3·75 „ Trinitronaphtalin	16·37	450	275
Flammivore I (Soc. anonyme des Poudres et Dynamites d'Arendonck in Arendonck)	82·0 % Ammonsalpeter 10·0 „ Kalisalpeter 4·0 „ Getreidemehl 4·0 „ Gelat. Nitroglyzerin	15·33	400	261
Ammon-Karbonite (Sprengstoff-A.-G. Carbonit in Hamburg)	82·0 % Ammonsalpeter 10·0 „ Kalisalpeter 4·0 „ Getreidemehl 4·0 „ Nitroglyzerin	15·74	400 (500) ohne Umhüllung mit paraffiniertem Papier	254

Sechzehnter Abschnitt.

Allgemeines.

Die Hauptvorzüge der Ammonsalpetersprengstoffe sind, daß sie beim Entzünden nicht explodieren. sondern einfach abbrennen bzw. nur schmelzen und, falls in Brand geraten, meist bald erlöschen; daß sie nicht zu Selbstzersetzungen neigen und ungefrierbar sind; daß die Explosionsgase (Nachschwaden) viel Wasserdampf und wenig schädliche Gase enthalten, so daß bald nach dem Schuß die Arbeit wieder aufgenommen werden kann, vorausgesetzt, daß eine vollständige Detonation stattgefunden hat. Infolge der geringen Detonationsempfindlichkeit kommen aber vollständige und teilweise Versager, Zurückbleiben von Sprengstoffresten in den Sprenglöchern, Fortschleudern von Teilen der Ladung mit den Trümmern usw. vor; auch erfordern die Ammonsalpetersprengstoffe sehr kräftige Sprengkapseln, wodurch eine Verteuerung eintritt. Ein weiterer Nachteil liegt in der Hygroskopizität des Ammonsalpeters, d. h. seiner Neigung, Feuchtigkeit aus der Luft anzuziehen, welche Eigenschaft eine sorgfältige Umhüllung der Sprengstoffpatronen nötig macht; immerhin backen diese Sprengstoffe beim Lagern zusammen und es ist zweckmäßig, solche vor dem Gebrauch durch Rollen oder Drücken wieder in Pulverform zu bringen. Unangenehm ist es auch, daß die Ammonsalpetersprengstoffe infolge ihrer geringeren spezifischen Dichte in größerem Durchmesser hergestellt werden müssen, was wiederum die Bohrlochherstellung verteuert.

Die Ladung soll im allgemeinen das Bohrloch höchstens bis zur Hälfte ausfüllen, damit genügend Besatz angebracht werden kann; erfordert die Festigkeit des Gesteins größere Ladungen, so muß mit größerem Durchmesser gearbeitet werden. Die Vorgabe — senkrechte Entfernung der freien Wandfläche vom Bohrlochtiefsten — soll $^1/_2$ bis höchstens $^2/_3$ der Bohrlochtiefe betragen, also bei 3 m Tiefe etwa 1·50 m, höchstens 2 m stark sein.

Die Sprengstoff-Aktiengesellschaft Carbonit gibt nachfolgende Gebrauchsanweisung. Die Patronen müssen ganz bis auf den Boden des Bohrlochs und ohne Zwischenraum mit einem hölzernen Ladestock fest, jedoch ohne Gewalt, aufeinandergedrückt werden. Die Sprengkapseln befreie man durch Hineinblasen von dem Sägemehl, führe die Zündschnur bis auf den Knallsatz ein und kneife sie mit einer Bergmannszange vorsichtig an. — Die Zündhütchen sind vollständig in die Patrone einzuführen, alsdann ist das Papier der Patrone anzudrücken und dieses mit Bindfaden fest an die Zündschnur zu binden. — Bezüglich des Gebrauchs an nassen Orten wird auf folgendes aufmerksam gemacht:

1. Die Patronen sind bei der Einführung in die nassen Bohrlöcher nicht zu beschädigen oder vorher zu öffnen, sondern sind geschlossen, behutsam und ohne Druck nach hinten zu schieben, damit die wasserdichte Hülle an den rauhen Bohrlochwandungen nicht zerreißt. 2. Die Schlagpatronen sind nach Einführung der Zündschnur mit Bindfaden gut und sicher an der Zündschnur zu befestigen; der obere Teil der geöffneten Patrone bis hinauf zur Zündschnur ist mittels weichen Fettes, Wagenschmiere oder dergleichen wasserdicht zu machen.

Im übrigen ist noch zu beachten:

1. Als Schlagpatronen verwende man nur große Patronen. 2. Es ist unstatthaft, sich beim Laden oder Besetzen metallener Ladestöcke zu bedienen; auch sollen keine Fäustel oder Bohrschläger verwendet werden, sondern die Patronen sind nur mittels eines hölzernen Ladestockes ohne Anwendung von Gewalt nach hinten zu schieben. Für die ersten 10 cm verwende man feinen, trockenen Sand und drücke denselben leise an; der übrige Besatz ist mit wenig feuchtem Lehm oder dergleichen fest herzustellen. Gutes Besatzmaterial sollte stets in genügender Menge bereit gehalten werden. Ungenügender Besatz macht sich durch geringere Wirkung bemerkbar. In neuerer Zeit wird vielfach nur scharfgetrockneter feiner Sand als Besatzmaterial empfohlen. Der Sand soll nur lose in das Bohrloch geschüttet werden, so daß ein Festdrücken nicht nötig ist. 3. Patronen sind in zur Bohrlochweite passenden Durchmessern zu bestellen, d. h. etwa 5 mm geringer als die Breite des Bohrmeißels.

Um ein Versagen der Zündschnur zu vermeiden, verwende man einfache Zünder nur bei ganz trockenen, kleinen Sprengungen und für leichten Besatz (Sand), doppelte Zünder für feuchte und tiefe Sprengungen und für harten Besatz, Band- oder Guttaperchazünder für nasse Sprengungen. Da die Enden der Zündschnüre Feuchtigkeit der Luft aufnehmen, wolle man dieselben vor dem Gebrauch um 2—3 cm kürzen. Der Sicherheit halber ist immer das frisch abgeschnittene Ende der Zündschnur in die Sprengkapsel zu stecken, da es vorkommt, daß die Zündschnur, wenn nicht in obiger Weise gekürzt und benutzt, einige Zentimeter vor der Patrone plötzlich erlischt und die ganze Ladung unexplodiert im Bohrloch sitzen bleibt.

Natürlich wird man je nach den Verhältnissen einen milderen oder stärkeren Sprengstoff nehmen; so liefert z. B. die Carbonitfabrik folgende drei Varietäten:

1. Ammonkarbonit mit geringer Detonationsgeschwindigkeit, passend für weiches oder lagenhaftes, geschichtetes Gestein, wie weicher Gips, Sandstein, Kalkbänke von geringer Mächtigkeit, ferner für Gesteine, die nicht zu sehr zertrümmert werden sollen;

2. Ammonkarbonit I mit etwas größerer Detonationsgeschwindigkeit, für kompaktes, sprödes Gestein und für großen Stückfall; an-

zuwenden in Kalksteinbrüchen, Spat, Schiefer, Ton, festerem Sandstein, spröder Grauwacke.

3. Donarit, mit größter Detonationsgeschwindigkeit, für sehr hartes und zähes Gestein, kleinen Stückfall; geeignet für Granit, Basalt, Syenit, Porphyr usw.

Ähnliche Varietäten liefern auch die andern Sprengstoffabriken.

In Österreich gelten über die Verwendung der Ammonsalpetersprengstoffe folgende Vorschrift:

a) Dynammon (87 bis 88 % Ammonsalpeter, 12 bis 13 % gedämpfte Kohle). Die Patronen sind in Stanniol gewickelt und könne- daher selbst in sehr nassen Bohrlöchern verwendet werden; eigenn Zündpatronen sind nicht erforderlich, es kann jede Patrone als Zünde patrone verwendet werden, vorteilhaft jedoch eine lange Patrone. Zur Adjustierung einer langen Ladepatrone als Zündpatrone verfährt man in folgender Weise: Zunächst schneidet man die Zündschnur an einem Ende glatt ab, schiebt sie so weit in die Sprengkapsel, daß der Knallsatz berührt wird und preßt dann die Kapsel an ihrem oberen Ende (der Knallsatz darf nicht gedrückt werden) mit der Sicherheitszange fest an die Schnur. Sodann wird bei der Patrone das eine Ende der Papierhülse geöffnet und dann durch wiederholtes Zusammendrücken der Patrone in der Hand das Dynammon in der Patrone derart gelockert, daß die Sprengkapsel mit der Zündschnur in das Dynammon leicht eingeschoben werden kann. Die Sprengkapsel wird auf ihre ganze Länge in das Dynammon eingeführt, so daß auch ein Teil der Zündschnur (1 cm) im Sprengstoff steckt, (also nicht wie bei Dynamit nur bis zum oberen Ende der Sprengkapsel). Hierauf wird der überragende Papierrand der Patronenhülse um die in der Sprengkapsel festgekneifte Zündschnur gelegt und mit dem Bindfaden fest angebunden; durch mäßiges Drücken des adjustierten Patronenteiles zwischen den Fingern wird die innige Anlagerung des aufgelockerten Dynammon an die Sprengkapsel vervollständigt. — Das Laden des Bohrloches erfolgt wie bei Dynamit; als Besatz eignet sich auch hier feiner Sand, Lehm oder steinfreie Erde; der Besatz soll mindestens $^1/_3$ des Bohrloches ausfüllen. Es ist besonders darauf zu achten, daß die Patronen stets fest aufeinander sitzen und zwischen die einzelnen Patronen beim Einschieben ins Bohrloch keine anderen Stoffe (Kohlenstaub, Erde, Sand) fallen.

b) Wetterdynammon (94 % Ammonsalpeter, 2 % Kalisalpeter, 4 % gedämpfte Kohle). Beim Adjustieren einer (langen) Sprengstoffpatrone als Zündpatrone ist besonders sorgfältig zu verfahren; Patronen welche aus an früheren Tagen geöffneten Kartons erübrigen, dürfen nicht als Zündpatronen benutzt werden. Vor dem Adjustieren ist die Patrone, indem man sie um ihre Längsachse dreht, in ihrem oberen Teil durch leichtes Quetschen mit der vollen Hand derart aufzulockern, daß der Zünder leicht — ohne Widerstand — eingeschoben werden kann. Es darf nicht das Lager für den Zünder im Sprengstoffe mit einem Dorne, wie dies bei der Adjustierung von Dynamitpatronen üblich ist, vorgerichtet werden, weil hierdurch der Sprengstoff um das Zündlager verdichtet wird und hierdurch die Zündfähigkeit und die Sprengwirkung herabgesetzt oder sogar gänzlich aufgehoben werden könnte. Wenn Patronen von Hand aus nicht leicht gelockert werden können, so empfiehlt es sich, die Lockerung mit einer Zange, welche kurze, bogenförmige, mit Röhrchen aus vulkanisiertem Kautschuk überzogene Arme besitzt, zu bewirken. Hierzu wird das zu lockernde Ende der Patrone mit der Zange vorerst leicht und in dem Maße der beginnenden Lockerung etwas stärker, aber stets vorsichtig gequetscht, so daß das Patronenpapier nicht Schaden leidet; ist die Zündpatrone durch diese Manipulation genügend vorgelockert, so wird sie mit den Händen noch weiter weichgedrückt und sodann mit dem Zünder adjustiert. Der Kopfteil des Zünders wird nach dem Öffnen der Umbörtelung der Patronenhülse in das Pulver leicht eingeschoben; der Zünder wird so tief eingesetzt, daß nur der Kopfteil sichtbar bleibt. Hierauf ist der überragende Papierrand der Papierhülse um den Kopfteil des Zünders zu legen und die feste Verbindung des Zündmittels mit der Patrone durch sorgfältige Schnürung zu bewirken. Schließlich wird noch durch mäßiges Drücken des adjustierten Patronenteiles zwischen den Fingern die innige Anlagerung des aufgelockerten Wetterdynammons an den Zünder vervollständigt. Das L a d e n und B e s e t z e n der Bohrlöcher erfordert besondere Sorgfalt. Die Bohrlöcher sollen, um eine vollkommene Wirkung zu erzielen, wenigstens so weit sein, daß die Patronen leicht bis an den Boden eingeführt werden können. Nasse Bohrlöcher müssen trocken gewischt, die Bohrlöcher überhaupt vor dem Laden vom Bohrmehle, Kohlenstaub usw. sorgfältig gereinigt werden, um ein Festsetzen von fremden Körpern zwischen die einzelnen Patronen zu verhüten, da sonst eine schlechte Entzündung der Ladung, Ausbläser und selbst ein Ausbrennen der Ladung eintreten könnte. Zum Laden dürfen nur an den Stirnseiten vollkommen geschlossene Patronen verwendet werden, um eine eventuelle Vermischung des Sprengstoffes mit Bohrmehl, Kohlenstaub usw. zu vermeiden, da eine solche Verunreinigung den Sprengstoff minder entzündlich macht und zum Ausbrennen Anlaß geben könnte. Aus diesem Grunde ist die Verwendung abgeschnittener Patronen zum Zwecke der Ausgleichung der Ladung nicht gestattet, es dürfen vielmehr hierzu nur die jedem Karton beigegebenen kleinen (geschlossenen) Patronen verwendet werden. Die Verunreinigung der Bohrlöcher mit Sprengstoff für den Sprengbetrieb in Kohle ist überdies gefährlich und muß vermieden werden. — Die Ladung muß, um — bei ökonomischer Ausnützung des Sprengstoffes — eine günstige Sprengwirkung und einen reichlichen Stückfall zu erzielen, im richtigen Verhältnisse zum Widerstand des Sprenggutes und zur Vorgabe stehen; das Überladen von Bohrlöchern ist zu vermeiden. Die Patronen sind, und zwar jede einzeln, mit einem hölzernen Ladestock in das Bohrloch leicht einzuschieben.

Siebzehnter Abschnitt.

Sprengstoffe für Granatfüllung.

Die Artillerie verwendet gegenwärtig zwei Arten von Geschossen, das Schrapnell und die Granate. Beim Schrapnell bildet der Geschoßkörper die Hülle für eine größere Zahl (400 bis 500) Hartbleikugeln von 10 bis 15 g Gewicht, welche bis nahe vor das Ziel in dem Geschoß bleiben und erst dann durch eine schwache Sprengladung aus der Geschoßhülle in Freiheit gesetzt werden sollen; zu letzterem Zwecke genügt ein schwacher Sprengstoff wie Schwarzpulver. Bei der Granate dagegen sind keine Füllkugeln vorhanden, es sollen die zu Bruchstücken zerkleinerten Wände der Granate als Geschosse wirken. Es ist daher bei der Granate die Anwendung eines brisanten Sprengstoffes notwendig, denn die wirkende Kraft der Granatsprengteile hängt von der Wirkung der Brisanzladung ab. Als Sprengstoff für Granaten wurde bis vor kurzer Zeit in fast allen Staaten Pikrinsäure (Trinitrophenol) $C_6H_2(NO_2)_3OH$ angewandt, und zwar in Deutschland als „Granatfüllung 88" und als „Sprengmunition 88", in Frankreich als Melinit, in Italien als Pertit, in England als Lyddit, in Japan als Schimose. Neuerdings wird die Pikrinsäure mehr und mehr durch das Trinitrotoluol $C_6H_2(NO_2)_3CH_3$ verdrängt; in einem späteren Hefte soll über diesen nitrierten Kohlenwasserstoff noch eingehend berichtet werden.

Die große Handhabungssicherheit der Ammonsalpetersprengstoffe sowie ihre Unempfindlichkeit gegen Stoß, woraus große Rohrsicherheit resultiert, haben dazu geführt, daß man auch diese Klasse von Sprengstoffen als Brisanzladung für Granaten versucht und in einigen Staaten auch eingeführt hat.

I. Über Versuche in Norwegen hat Hauptmann Berger berichtet;[1] ein von „Nitedals Krudtverk" unter der Bezeichnung „Echo" hergestellter Ammonsalpetersprengstoff gab gute Resultate, doch war die Detonation bei dem komprimierten Sprengstoff eine unvollständige.

II. Die Firma Schneider & Co. in Le Creuzot wendet für Ladungen brisanter Geschosse einen „Schneidérite" genannten Sprengstoff an. Ein staubförmiges Gemenge von Ammonsalpeter und nitriertem Naphtalin wird durch Pressen zu einer zementartig harten Masse verdichtet; zur Initiierung wird ungepreßter Sprengstoff verwandt, der durch eine Sprengkapsel entzündet

[1] Zeitschr. Schieß-Sprengstoffe 1906, S. 150.

wird; Schneidérit scheint also mit Sprengstoff Favier ziemlich identisch zu sein.

Im Jahre 1903 wurden seitens einer französischen Kommission sprengtechnische Versuche mit Schneidérite durchgeführt, deren wesentliche Resultate im nachsteheuden angegeben sind:[1]

a) Einfluß der Feuchtigkeit: Eine 7·5 cm Minengranate wurde ohne Zündpatrone und Sprengkapsel und mit nicht abgeschlossener Sprengladung durch 48 Stunden in feuchtsatter Luft gehalten, dann mit trockener Zündpatrone und Sprengkapsel versehen, zur Explosion gebracht. Die Wirkung war normal. — Eine normal aufbewahrte 7·5 cm Minengranate wurde mit einer durch 48 Stunden in feuchtsatter Luft aufbewahrten Zündpatrone (jedoch trockener Sprengkapsel) adjustiert und gesprengt. Die Wirkung war vollkräftig.

b) Fallhammerversuch: Das Fallgewicht betrug 38·5 kg, der Sprengstoff wurde zu $^1/_2$ bis 1 g auf dem Amboß aufgelegt. — Zwei Sorten von Schneidérite gelangten zur teilweisen Explosion bei Fallhöhen von 1·5 bis 2 m resp. 0·75 bis 1 m und zu keiner Explosion bei 1 bis 1·25 m resp. 0·5 bis 0·6 m. Pikrinsäure explodiert teilweise bei 0·4 m Fallhöhe, Schneidérite erst auf 108° C erwärmt. Das Schneidérite ist also offenbar etwas unempfindlicher gegen Stoß als Pikrinsäure.

c) Beschußproben: In einer Kiste befindliche 3 kg Schneidérite wurden, aus dem Mannlichergewehr beschossen, nicht zur Explosion gebracht. — In eine 3 kg staubförmiges Schneidérite enthaltende Kiste wurde — und zwar in die Mitte des Sprengstoffes — ein Säckchen mit 1 kg Schwarzpulver eingelegt und gezündet. Durch die Pulverexplosion wurde die Kiste zertrümmert und das Schneidérite auseinandergeschleudert, jedoch nicht initiiert. (Pikrinsäure ist gleichfalls schußsicher und verhält sich, wenn der Einschuß nicht besonders widerstandsfähig ist, gegen die Schwarzpulverzündung analog dem Schneidérite.) Eine 7·5 cm Minengranate mit Schneidérite wurde in einer Entfernung von 30 m vor der Mündung eines Feldkanonenrohres aufgehängt und bei 500 m/sec. Anfangsgeschwindigkeit beschossen. Die Granate (mit Zündpatrone ohne Sprengkapsel) wurde zertrümmert ohne daß die Ladung explodiert wäre.

d) Explosionsübertragung auf Nachbargeschosse: Drei Stück 7·5 cm Minengranaten (mit Zündpatronen) lagen in einer Sprenggrube hintereinander, die vorderen zwei auch mit Sprengkapseln adjustiert, die erste Granate 4 cm vor der zweiten. Das mittlere Geschoß wurde elektrisch gezündet und explodierte gut; die übrigen Geschosse wurden etwas beschädigt, doch kamen ihre Sprengladungen nicht zur Explosion.

e) Auf Grund der Versuchsergebnisse in der kalorimetrischen Bombe wurde der Gasdruck

[1] Nach Norsk Artilleri-Tidsskrift 1908.

bei der Schießwolle mit 9701 kg/qcm,
„ „ Pikrinsäure „ 8964 „
beim Schneidérite „ 9016 „
„ Dynamit „ 7797 „

errechnet. Die Explosionstemperatur des Schneidérite wurde mit 2229° C gegen 2500° der Prikrinsäure berechnet. Die Explosionsgeschwindigkeit des Schneidérite steht hinter der von Pikrinsäure jedenfalls wesentlich zurück, so daß im ganzen genommen, das Schneidérite die Pikrinsäure in der Wirkung kaum übertreffen wird.

f) Kraftmessung im Trauzlschen Bleiblock: Es wurden Ladungen von je 15 g mit der 1 g Sprengkapsel (Bleiblock von 20 cm Durchmesser und Höhe mit einem zentralen zylindrischen Hohlraum von 35 ccm) zur Explosion gebracht.

Die Volumenerweiterungen des Hohlraumes betrugen:

bei der Pikrinsäure 315 ccm,
„ „ Schießwolle 410 bis 434 ccm,
beim Dynamit 345 ccm,
„ Schneidérite 350 ccm.[1]

g) Brisanzbestimmungen: Diese erfolgten mit je 100 g Sprengstoff durch Ermittlung der Dimensionen des gestauchten Bleizylinders im Sinne der Fig. 34 *A* und *B*.

Sprengstoff	*D*	*d*	*h*
Pikrinsaüre .	85·0	55·4	40·8
Schießwolle .	110·5—105	55·2—54·5	46·5—44·5
Dynamit . .	83·2—84·7	55·0—53·4	41·6
Schneidérite	88·0—83·0	52·2—53·9	43·8—43·6

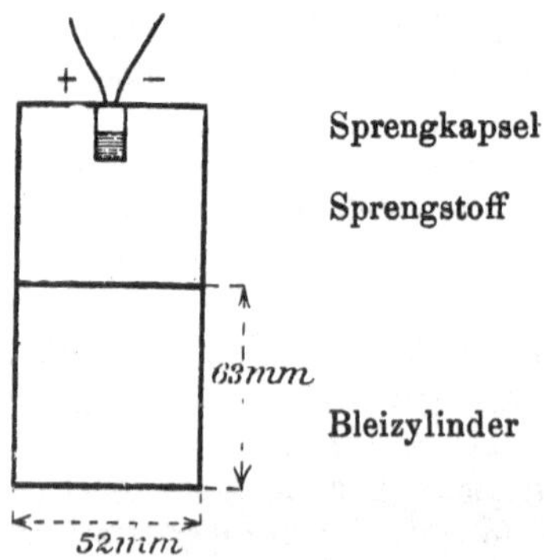

Fig. 35. *A*. Bleizylinder vor dem Versuch

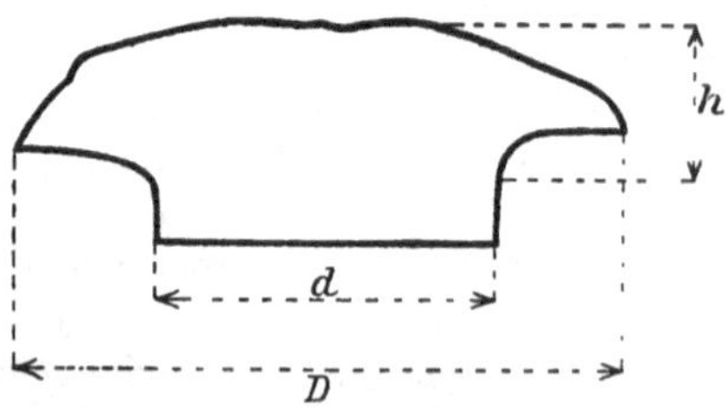

Fig. 35. *B*. Der gestauchte Bleizylinder.

[1] Die Werte 315 ccm für Pikrinsäure und 350 ccm für Schneiderit können wegen der Verschiedenartigkeit der Sprengstoffe nicht direkt miteinander verglichen werden.

h) Schießversuch aus einer 12 cm-Haubitze: $V_0 = 600$ m/sek., Geschoßgewicht 20 kg, Gewicht der Sprengladung i. e. des Schneidérites 4·5 kg, Schußdistanz 5000 m. Das Geschoß erzeugte im Erdreich einen Trichter von 3·1 m Durchmesser und 1 m Tiefe. Unter analogen Verhältnissen erzeugte ein Geschoß mit 4·5 kg Trinitrotoluol auf eine Schußdistanz von 5600 m einen Trichter im Durchmesser von 2 bis 3 m und einer Tiefe von 1 bis 1·5 m.

III. Vor etwa 10 Jahren wurde das Aluminium in die Sprengtechnik eingeführt und zwar ungefähr gleichzeitig von R. Escales und Hans Ritter von Dahmen, deren Patente die Firma G. Roth übernommen hat. Sprengstoffe aus Ammonsalpeter, Aluminium und Kohle werden unter der Bezeichnung Ammonal, Sprengstoffe aus Ammonsalpeter, Aluminium, Kohle und (20 bis 30 %) Trinitrotoluol als verstärktes Ammonal oder brisantes Ammonal von der Firma G. Roth in Wien bzw. Folixdorf hergestellt. Auf Grund der veröffentlichten Berichte teilen wir über diese Sprengstoffe nachstehendes mit:

C. E. Bichel[1] hat vergleichende Versuche angestellt zwischen Mischungen mit Ammonsalpeter aus Kohle und Mischungen aus Ammonsalpeter mit Kohle und Aluminium; er teilt darüber folgendes mit:

Mischung I bestand aus: 95·5 % Ammoniumnitrat und 4·5 % Rotkohle.

Mischung II bestand aus: 72·0 % Ammoniumnitrat, 23·5 % Aluminiumpulver und 4·5 % Rotkohle.

Im Normalbleiblock ergaben 10 g der Mischung I im Durchschnitt aus 5 Versuchen 250 ccm Nettonormalausbauchung, während Mischung II als Mittel aus vier Schüssen 32 qccm Ausbauchung aufwies. Die Zunahme betrug durch die Hinzufügung des Aluminiumpulvers 79 ccm oder etwa 31·6 % der ursprünglichen Ausbauchung. Die Detonationsgeschwindigkeit der Mischungen betrug, im Mittel aus zwei Schüssen, in eisernen Rohren von 30 mm Durchmesser bestimmt:

bei Mischung I 3380 m pro Sek.
bei Mischung II 3450 m pro Sek.

In der Detonationsgeschwindigkeit und damit auch in der Stoßkraft des Sprengstoffes ist also durch das Aluminiumpulver keinerlei wesentliche Änderung mit dem Sprengstoffe vorgegangen. — Die Dichte des Sprengstoffes betrug

für Mischung I 0·8652,
für Mischung II 0·9003.

Dor von 1 kg Sprengstoff eingenommene Raum betrug danach 1·156 bzw. 1·111 Liter.

[1] Zeitschr. f. angewandte Chemie 1905.

Mit dem Explosionskalorimeter wurden pro kg Sprengstoff

bei Mischung I 727·0 Kalorien,
bei Mischung II 1600·5 Kalorien gemessen.

Die Analyse der Gase und des Rückstandes zeigte für Mischung I und II folgende Zusammensetzung in Gewichtsprozenten.

Mischung I.

Kohlensäure (CO_2) . . .	13·14 %
Wasser (H_2O)	49·60 %
Sauerstoff (O)	2·60 %
Stickstoff (N)	34·66 %
	100·00 %

Mischung II.

Kohlensäure (CO_2) . . .	7·00 %
Kohlenoxyd (CO)	4·57 %
Methan (CH_4)	0·25 %
Wasserstoff (H)	1·19 %
Stickstoff (N)	28·47 %
Wasser (H_2O)	14·14 %
Aluminiumoxyd (Al_2O_3) .	44·38 %
	100·00 %

Aus den Kalorien und der Schwadenanalyse wurde die Explosionstemperatur der Mischung I zu 1710° und die der Mischung II zu 3914·5° ermittelt. Die Explosionstemperatur hat sich also durch die Hinzufügung des Aluminiums mehr als verdoppelt.

Die Menge der Gase wurde durch die Anwendung des Druckmessers ermittelt und gefunden, daß die abgekühlten Schwaden der Mischung I bei 0° und 760 mm Luftdruck einen Druck von 2·4 kg pro qcm, und die der Mischung II einen solchen von 2·79 kg pro qcm für 100 g Sprengstoff ausüben. Ein Kilogramm der Mischung I entwickelte daher, wie durch Feststellung des spez. Gew. der Gase ermittelt wurde, 360 Liter Gas + 616·9 Liter Wasserdampf, welche im Moment der Explosion als mitwirkend angerechnet werden müssen, also 976·9 Liter Gesamtgase.

Da die Explosionsprodukte der Mischung I sämtlich gasförmig sind, so kommt für eine Explosion im eigenen Volumen bei Mischung I der von dem Sprengstoff eingenommene Raum von 1·156 Liter pro kg in Betracht, während bei der Mischung II 443·8 g Aluminiumoxyd pro kg in Abzug zu bringen sind, welche bei einem spez. Gew. des Aluminiumoxyds von 3·85 einen Raum von 0·115 Liter einnehmen. Es bleibt also für die vergasenden Bestandteile für die Explosion der Mischung II im eigenen Volumen ein Raum von 0·996 Liter.

Um die Gase von 1 kg Sprengstoff im eigenen Volumen unter Berücksichtigung der nicht vergasenden Bestandteile unterbringen zu können, würde für Mischung I ein Druck von 845·069 Atmosphären oder 873 kg, und für Mischung II ein Druck von 596·385 Atmosphären = 616 kg pro qcm erforderlich sein. Hieraus ergibt sich ein Druck des Sprengstoffes im Moment der Detonation im eigenen Volumen unter Berücksichtigung des Raumes der nicht vergasenden Bestandteile nach der bekannten Formel:

Für Mischung I.

$$873\left(1 + \frac{1710}{273}\right) = 6338 \text{ kg pro qcm.}$$

Für Mischung II.

$$616\left(1 + \frac{3914 \cdot 5}{273}\right) = 9425 \text{ kg pro qcm.}$$

Der Druck im eigenen Volumen hat also durch die Hinzufügung des Aluminiumpulvers sich von 6338 auf 9425 kg pro qcm, also um 48·7 % gesteigert.

Während also die Detonationsgeschwindigkeit und damit auch die Stoßwirkung der Mischungen I und II nahezu dieselbe ist, nahm die Druckwirkung der Mischung II gegen Mischung I um fast 50 % zu. Diese Steigerung der Druckwirkung beruht auf einer mehr als verdoppelten Detonationstemperatur. Sie würde noch größer sein, wenn nicht durch die Umwandlung des Aluminiums in Aluminiumoxyd die Gasmenge ganz erheblich verringert und deshalb eine geringere Gasmenge während der Explosion in Spannung versetzt würde.

Das Pulverwerk Felixdorf (Firma G. Roth), woselbst der Sprengstoff Ammonal fabriziert wird, hat in einer Erwiderung auf die Arbeit von Bichel darauf aufmerksam gemacht,[1] daß es für die vollständige Detonation und höchste Kraftleistung wesentlich darauf ankomme, daß der Sprengstoff Ammonal richtig hergestellt würde; mit einem derartigen Produkt hat die Firma Roth folgende Resultate erhalten:

100 g Ammonal von der Zusammensetzung

Ammonnitrat	72
Aluminium	25
Kohle	3
	100

und 100 g Gelatinedynamit Nr. I (65 % Nitroglyzerin) der staatlichen Dynamitfabrik Blumau wurden auf der von dem k. u. k. militärtechnischen Komitee vorgeschriebenen Stauchprobe zur Ermittlung der Stoßkraft versucht, und zwar 50 Schuß von jedem Sprengstoffe, um den Durchschnitt der Wirkungen feststellen zu können.

[1] Zeitschr. Schieß-Sprengstoffe 1906, S. 26.

Die Sprengstoffe waren in Papierhülsen von 40 mm Durchmesser einlaboriert und wurden mit Kapsel Nr. 8 = 2 g Knallquecksilber gezündet. Die Papierpatronen wurden frei auf den bei den übereinanderstehenden Bleizylindern liegenden zwei Stahlplatten senkrecht aufgestellt und mit Draht in üblicher Weise befestigt. Während bei Gelatinedynamit die durchschnittliche Stauchung 13 bis 19 mm ergab, betrug dieselbe bei Ammonal 19 bis 21 mm, bei Pikrinsäure 18 bis 19 mm.

Ferner wurden mit denselben Sprengstoffen folgende Versuche angestellt:

Auf eigens zu diesem Zwecke hergestellten Stahlplatten höchster Homogenität von 20 mm Stärke und 200 mm im Quadrat, welche auf zwei Ambosse je eine 4 cm-Auflagefläche erhielten, wurden freiliegend verschiedene Quantitäten beider Sprengstoffe in 30 mm Papierhülsen genau in der Mitte der Platte aufgelegt und unter ganz gleichen Bedingungen zur Detonation gebracht, um aus den Wirkungen auf die Durchbiegung der Platte die Quantitäten der betreffenden Sprengstoffe ermitteln zu können, welche gleiche Resultate ergeben. Es fand sich, daß 28 g Ammonal 47 g Gelatinedynamit entsprechen.

Detonation von 12 cm Stahlgranaten in der Sprenggrube. Es wurden je 1300 g folgender Sprengstoffe einlaboriert, dann die Sprengstücke gesammelt; hierbei ergaben sich nachstehende Zerteilungen der Granaten.

Bei Dynammon (86 % Ammonsalpeter, 14 % Kohle) 180 bis 190 Stücke.
Bei Ekrasit (geschmolzene Pikrinsäure) . . 420 bis 440 Stücke.
Bei Ammonal . . . . 650 bis 710 Stücke.

Während bei Dynammon die Stücke der zersprengten Granate meist größere, glatt und ohne Risse waren, zeigten dieselben bei Ekrasit und Ammonal die Wirkungen hoher Brisanz und waren bei Ammonal die Stücke der massiven Spitze der Geschosse stets vollständig zermürbt.

Die Außenwirkung des Ammonals übertrifft die der Pikrinsäure bei weitem und besitzen infolgedessen die Sprengstücke einer mit Ammonal explodierten Granate eine weit größere Flugbahn wie auch eine weit größere Durchschlagskraft, als die der mit Pikrinsäure gesprengten. Ein Versuch von einer Kriegsverwaltung in dieser Richtung gemacht, bestätigte vollauf diese Behauptung. Derselbe wurde folgendermaßen zur Ausführung gebracht:

Zwischen vier Bretterwänden, welche 14 m voneinander im Quadrat aufgestellt waren, wurden je eine 7 cm-Ammonalgranate und eine solche mit Pikrinsäure gefüllte gleichen Gewichtes unter ganz gleichen Verhältnissen zur Explosion gebracht. Die Ammonalgranate ergab 53 Durchschläge, die Pikrinsäuregranate nur 35.

Eine 15 cm-Stahlgranate mit einer Ammonalladung von 4 kg wurde auf dem Schießplatze einer der größten Geschützfabriken geschossen und ergab bei der Explosion einen größeren Erdtrichter als eine genau in denselben Boden geschossene und explodierte Granate mit 8 kg Pikrinsäure.

Rudolph hat mit dem Ammonal Versuche angestellt[1] und folgendes mitgeteilt:

Die chemische Analyse des Ammonals ergab: 47 % NH_4NO_3 (Ammoniumnitrat), 30 % $C_7H_5(NO_2)_3$ (Trinitrotoluol), 22 % Al_2 (Aluminium), 1 % C (Kohle). Bei Sprengung von 9·28 Ammonal wurde eine kalorimetrische Messung ausgeführt, wobei sich ein Wärmegehalt von 1651 Kalorien ergab. Die Gase wurden über Quecksilber aufgefangen: Bei 15° C bestanden die 7480 ccm Gas aus: 1498 ccm CO_2, 26·13 ccm O_2, 2393 ccm N_2, 2873 ccm H_2 und 690 ccm CO_2.

Aus beiden Analysen wurde folgende Zersetzungsgleichung gefunden unter der Voraussetzung, daß sich alles Al_2 zu Al_2O_3 oxydiert hat.

$$54\cdot5\ NH_4NO_3 + 37\cdot8\ Al_2 + 12\cdot3\ C_7H_5(NO_2)_3 + 7\cdot7\ C + 7\cdot1\ O_2 = 72\cdot9\ N_2 + 63\ CO + 1\cdot2\ O_2 + 37\cdot8\ Al_2O_3 + 128\cdot74\ H_2 + 30\cdot8\ CO_2 + 11\ H_2O.$$

Die Explosionstemperatur wurde berechnet nach der Formel:

$$t = \sqrt{\frac{2b\,Q + a^2 - a}{b}}.$$

Danach ergab sich die Explosionstemperatur unter Annahme der Konstanten von Mallard und Le Chatelier:

$$t = 4433^\circ\ C.$$

Der spezifische Druck berechnet sich daraus mit

$$f = 16520\ kg,$$

ein Wert, der den der Pikrinsäure weit übertrifft. Das wird erreicht durch die hohe Wärmeentwicklung des oxydierenden Aluminiums. Bei Vergleichsversuchen in Trauzl wurden gleichfalls größere Ausbauchungen erhalten. Dagegen wird die Detonationsgeschwindigkeit durch die Beimengung des Fremdkörpers herabgesetzt. Eine unverdämmte Sprengung auf einer Stahlplatte von 5 cm Durchmesser ergab eine Druckwirkung von nur 985 kg

[1] Kriegstechnische Zeitschrift 1907, Heft V, S. 233.

auf einen Kupferzylinder. Ammonal ist als Ammoniaksalpetersprengstoff hygroskopisch und in komprimierter Form schwer detonierbar. Durch besondere Behandlung, insbesondere durch Zusammenpressen und Überziehen mit Paraffin soll sich die Hygroskopizität auf ein Minimum herabdrücken lassen. Die schwere Detonierbarkeit des gepreßten Ammonals scheint ein Hindernis dafür zu sein, den Sprengstoff auch für größere Kaliber anzuwenden. Diese Unempfindlichkeit wird zum Vorzug in bezug auf Rohrkrepierer und nicht beabsichtigtes Mitdetonieren von benachbarten Geschossen. Versuche haben für die Verhütung von Begleitdetonationen einen nötigen Lagerungsabstand von 10 cm Luftzwischenraum ergeben, während Pikrinsäure 50 cm erfordert. Die Unempfindlichkeit des Ammonals geht so weit, daß 21 cm Kappengranaten mit Ammonalfüllung Panzerplatten durchschlagen und erst nachher krepieren. Die entwickelten Gase sind nicht giftig. Der Preis des Kilogramms Ammonal beträgt 4·30 Kronen.

Im deutschen Offiziersblatt 1907, S. 530 führt Edler von Görbitz aus, daß Ammonal dort, wo es lediglich auf die Druckwirkung ankommt, den übrigen bekannten Sprengstoffen überlegen ist, während es da, wo es auf große Brisanz ankommt, zurückstehen muß. Seine Druckkraft ist groß, seine Stoßkraft klein; das ist charakteristisch. Für Minenwirkung, für Erdsprengungen ist Ammonal daher überlegen; in Österreich ist es daher für die neue Feldhaubitzgranate eingeführt worden. Frankreich füllt seine kleinkalibrigen Granaten mit einem ganz ähnlichen Sprengstoff. Weitere Vorzüge des Ammonals sind seine sehr hohe Stoßgrenze, weshalb es ein außerordentlich rohrsicherer Sprengstoff ist, sowie ferner seine größere Dichte. so daß es weniger Raum einnimmt. Das Ammonal hat aber auch Nachteile; als Ammoniaksalpetersprengstoff zieht es Feuchtigkeit an, weshalb es mit einer wasserdichten Hülle umgeben werden muß. Als solche benutzt man gern einen anderen Sprengstoff, das Trinitrotoluol. Ferner preßt sich das Ammonal beim Schuß gern noch weiter zusammen und ist dann sehr schwer zur Detonation zu bringen. Daher ist eine besondere Art der Füllung anzuwenden, die das Zusammenschießen verhindert. Bei großen Kalibern ist das aber nicht ohne weiteres anwendbar, und darin dürfte der Grund dafür zu suchen sein, daß Ammonal bisher nur für kleine Kaliber (bis 10·5 cm) Anwendung gefunden hat. — Das Ammonal ist auch viel feuergefährlicher als die übrigen Sprengstoffe. Alles in allem ist das Ammonal jedoch ein der Pikrinsäure völlig gleichwertiger Sprengstoff.

In der von der österreichischen Armeeverwaltung herausgegebenen Broschüre: Skizze über die Leistung und Verwendung der 10 cm-Feldhaubitze M. 99, Wien 1905 wird folgendes mitgeteilt:

Die Granate von 4·7 kg Gewicht hat eine Sprengladung von 121 g Ammonal und wird bei der Explosion in eine große Zahl von Sprengstücken zerteilt, die Granate enthält auch ein Rauchmittel, welches bei der Explosion der Sprengladung einen dichten weißen Rauch entwickelt; der messingene Zünder kann als Zeit- oder als Aufschlagzünder verwendet werden. Die Granate erhält je nach der Anzahl der verwendeten Teilpatronen eine Anfangsgeschwindigkeit von 157 bis 293 m. Mit der Volladung kann die Granate bei tempiertem Zünder bis 5600 m = 7500$^{\times}$, im Aufschlag bis 6100 m = 8100$^{\times}$ geschossen werden. Für die Wirkung der Granate gegen freistehende Truppenziele wird bemerkt, daß die Ammonalsprengladung bei der Verbrennung einen so mächtigen Gasdruck entwickelt, daß das ganze Geschoß in eine bedeutende Anzahl mehr oder weniger großer Sprengstücke zerteilt wird. Letztere erhalten eine die Endgeschwindigkeit des Geschosses im Sprengpunkte derart übersteigende Geschwindigkeit, daß sich ein Kegelwinkel von 160 bis 180^{0} ergibt. Nicht selten werden auch Sprengstücke nach rückwärts geschleudert. — Die einzelnen Sprengstücke erhalten durch die Sprengladung eine große Geschwindigkeit und demgemäß selbst bei kleinem Gewichte eine große Durchschlagskraft; sie können beispielsweise schwache Schutzdecken durchschlagen.

Da die Sprengstücke aber unregelmäßig geformt sind, so verlieren sie schon nach kurzem Fluge ihre Stoßkraft und besitzen daher eine nur geringe Wirkungstiefe. Im Aufschlag besitzen die Granaten gegen Mauerwerk aus Ziegeln, Bruchsteinen und Beton eine große Durchschlagskraft, wenn sie mit der Volladung geschossen werden. Die Gebäude der Ortschaften, sowie auch die gewöhnlich stärkeren Mauern von Kirchen, älteren Schlössern können der zerstörenden Wirkung dieser Granaten nicht wiederstehen. Die 10 cm-Granaten können daher dazu verwendet werden, um den Gegner aus besetzten Gebäuden und Ortschaften zu vertreiben und dieselben auch anzuzünden.

Der italienische Fregattenkapitän Bravetta teilt über Ammonal folgendes mit: [1]

Nach meiner Erfahrung kann ich bestätigen, daß sich Ammonal schwer entzündet, auch in großen Mengen ohne zu detonieren abbrennt, absolut unempfindlich gegen Kälte und ungefrierbar ist, so daß man bei seinem Gebrauch nicht die Gefahr zu befürchten hat, vor der man sich bei den Nitroglyzerinsprengstoffen so sehr hüten muß. Das Ammonal ist sehr stabil. Die Kraft des Ammonals kann man nach Belieben regulieren, indem man das Gewichtsverhältnis der Bestandteile passend ändert; die größte erreichbare Stärke ist der von Sprenggelatine überlegen. Bei den Versuchen, welchen ich beiwohnte, konstruierte man auf niedrigen Mauern mit starken Balken zwei flache Holzdächer, setzte auf diese große Kästen mit vielen Kubikmetern Erde und hatte so eine richtige Brustwehr.

[1] Zeitschr. Schieß-Sprengstoffe 1906, S. 199.

Dann legte man je eine 12 cm-Granate, die eine mit Pertit, die andere mit Ammonal geladen, hinein und brachte die Geschosse zur Explosion. Das Pertit hatte die Erde herausgeschleudert und die Wände des Kastens eingeschlagen, so daß Menschen oder Gegenstände, die bei der Brustwehr gewesen wären, keinen Schaden genommen hätten; die Ammonalgranate hingegen zerschlug das Dach vollständig und hätte alles, was dort gewesen wäre, zerstört oder getötet.

Bravetta macht darauf aufmerksam, daß die bisher zu Durchbohrungsgeschossen verwendeten Sprengstoffe nicht beständig genug sind, um den Stoß gegen stark gepanzerte Ziele auszuhalten. Wie das Schwarzpulver explodieren sie im Augenblick des Stoßes mehr oder weniger vollständig, verursachen das Zereißen des Geschosses und bringen so Schaden anstatt Nutzen. Tatsächlich kann ein Geschoß, das nicht geladen, den Panzer durchbohren würde, dann nicht mehr durchdringen, da es von seiner Ladung zerissen wird. Dies kommt beim Ammonal nicht vor. Die Versuche haben zur Genüge bewiesen, daß die durchbohrenden mit Ammonal geladenen 15 und 21 cm-Geschosse, besonders wenn sie mit Kappe versehen sind, eine moderne 20 cm-Platte durchschlagen und dabei unversehrt bleiben, so unempfindlich ist dieser Sprengstoff. Man kann also das Zerplatzen hinter dem Ziel, also nach der Durchbohrung, erzielen, wenn man für verzögerte Zündung sorgt. Ein weiterer Vorteil ist der, daß man zur Zündung des Ammonals keine große Menge von Knallquecksilber benötigt wie bei der Pikrinsäure und der nassen Schießbaumwolle, die Fälle der zufälligen Explosion also auf ein Minimum reduziert sind.

Zum Beweis der Sicherheit für artilleristische Zwecke wurde folgender Versuch ausgeführt. In zwei Sprenggruben stellte man zwei mit Ammonal geladene 12 cm-Geschosse und darüber ein ebensolches drittes und brachte dieses letztere durch den elektrischen Strom zur Entzündung. Die darunter stehenden Geschosse wurden zerrissen, eines quer durch, das andere der Länge nach, das darin enthaltene Ammonal jedoch blieb unversehrt und konnte wieder zur Ladung von anderen Geschossen verwendet werden.

Bravetta teilt noch folgende Resultate mit.[1] 1. Die Durchschlagskraft von Ammonal bei Stahlplatten von ganz bestimmter Zugfestigkeit und Härte erwies sich als bedeutend wirksamer wie bei Pikrinsäure; die Versuche wurden in der Weise durchgeführt, daß Stahlplatten von 14 cm im Quadrat Umfang und 8 mm Stärke auf zwei Stahlunterlagen gelegt und Patronen mit dem betreffenden Sprengstoff in der Mitte der Platte zur Detonation gebracht wurden; nach dem Schusse wurde die Durchbiegung der Platte gemessen. 2. Ein Geschoß von 0·52 mm wurde in einem Stahlmörser gesprengt und erwies die mit Ammonal vorgenommene Sprengung die besten Resultate. 3. Drei 7·5 mm-Granaten wurden auf 1000 m in Erdwerke geschossen, ergaben vorzüglichste Wirkung. — Roth-Zünder

[1] Zeitschr. Schieß-Sprengstoffe 1907, S. 13.

mit Detonator. 4. Ein 7·5 cm-Geschoß mit einer Ladung von 840 g Ammonal (Detonator, Zünder Roth) ergab eine vorzügliche Bresche. 5. Ein 7·5 cm-Geschoß mit einer Ladung von 840 g Ammonal, Zünder ohne Detonator, wurde — mit einer Schußgeschwindigkeit von ca. 800 m — auf eine $1^1/_2$ m dicke, 3 m hohe und 4 m lange, in Zement ausgeführte und seit $1^1/_2$ Jahren stehende Mauer geschossen; das Objekt wurde vollständig zerstört.

Duplit. Dieser Sprengstoff wurde von R. Escales und M. Novak hergestellt und auch auf seine Verwendung als Granatfüllung geprüft. Das Neue an dem Herstellungsverfahren besteht darin, daß man die festen Stoffe mit einer Lösung von Kollodiumwolle in Azeton behandelt und die noch feuchte Masse zu Patronen preßt. Folgende Zusammensetzungen erwiesen sich als besonders brauchbar.

1. 78% Ammonsalpeter, 10% Trinitrotoluol, 10% Ammonperchlorat, 2% Kollodiumwolle.

2. 82% Ammonsalpeter, 15% Trinitrotoluol, 1% amorpher Phosphor, 2% Kollodiumwolle.

Zur Prüfung auf Verwendbarkeit des Sprengstoffes als Granatfüllung wurden folgende Versuche von der „Rheinischen Metallwaren- und Maschinenfabrik" angestellt:

a) Fallversuche mit Fallgewicht aus verschiedenen Höhen zur Erprobung der Stoßsicherheit.

b) Sprengversuche im Trauzlschen Bleizylinder.

c) Sprengversuche in feuchtem Sand zur Bestimmung der Größe der Sprengtrichter.

d) Sprengversuche, ausgeführt mit starkwandigen 7·5 cm-Granaten für Gebirgsgeschütze; aus der Zerlegung dieser Granaten soll auf die Sprengkraft des betreffenden Stoffes geschlossen werden.

e) Versuche aus Stoßsicherheit der Sprengstoffe. Zu diesem Zweck werden je 4 bis 5 Stück Sprengladungen in 7·5 cm-Minengranaten mit etwa 550 m Anfangsgeschwindigkeit blind, d. h. ohne Zünder verfeuert, die Geschosse werden wiedergesucht und bezüglich des Verhaltens der Sprengladung untersucht.

f) Wirkungsschießen. Verfeuern von je 4 Sprengladungen in scharfen, mit Zündern versehenen Geschossen, mit obiger Geschwindigkeit, gegen horizontales Gelände, auf welchem in größeren Zwischenräumen 1·8 m hohe Bretter (einzelne Leute darstellend), aufgestellt sind. Aus der Erdwirkung und Wirkung auf die Scheibe soll auf die Wirkungsweite und Detonationsgeschwindigkeit der Sprengmasse geschlossen werden.

Es wurden folgende Resultate erzielt im Vergleich zu gepreßter, bzw. geschmolzener Pikrinsäure.

Zu a). Bei Versuchen mit je 0·1 g Sprengstoff unter einem 2 kg schweren Fallhammer ergab sich nachstehendes Bild.

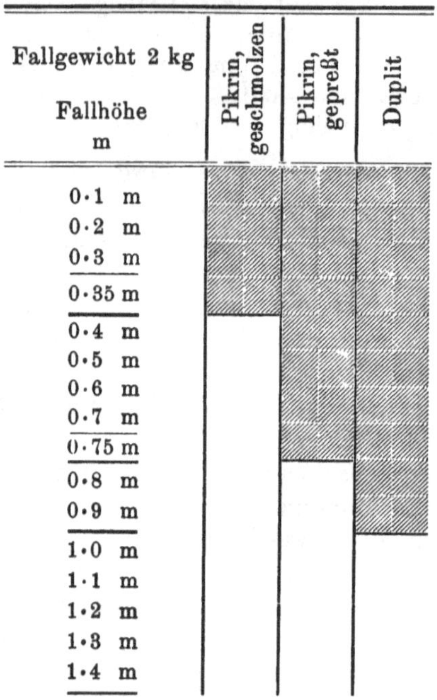

Zu b). Im Trauzlschen Bleiblock wurde nachstehendes Resultat erhalten:

Sprengstoff	Art des Sprengstoffes	Menge g	Ganze Ausbauchung nach dem Versuch ccm	Höhlung vor dem Versuch ccm	Vergleichs-Ausbauchung ccm	100 200 300 400 500
Pikrin	gepreßt	10	335·6	51·3	283·7	
Duplit	—	10	372·5	51·3	321·2	

Zu c). (Bestimmung des Sprengtrichters.) Zu den Sprengungen wurden 7·5 cm-Minengranaten verwendet. Die Sprengungen wurden in einer Sandbettung von 1 m Tiefe, welche aus feinem, gesiebtem Sande bestand und durch Überrieselung mit Wasser kompakt gemacht war, derart ausgeführt, daß die Geschosse horizontal 20 cm tief in den Sand eingegraben und elektrisch und teils mit Zündschnur gesprengt wurden.

Sprengstoff	Gewicht der Sprengladung kg	Sprengzünder	Tiefe	Ob. Breite	Unt. Breite	Kapazität der Trichter
			des Trichters mm			
Pikrin, gepreßt	0·620	9	430	1560 bis 1700	600 bis 730	524 Liter
Duplit	0·522	9	460	1620 bis 1900	640 bis 780	667 Liter

Zu d). (Sprengversuche mit starkwandigen Granaten mit 160 g Sprengstoff zur Feststellung der Zerlegungsfähigkeit.) Das Resultat ist in nachstehender Tabelle zusammengestellt:

	Pikrin, gepreßt	Duplit
Geschoßgewicht:	4·880 kg	4·870 kg
Sprengladung:	0·160 „	0·160 „
Zünder:	0·292 „	0·292 „
Gesamtgewicht:	5·332 kg	5·322 kg
Sprengstücke		
unter 5 g	85	27
5— 10 g	41	23
10— 20 g	29	17
20— 30 g	21	14
30— 40 g	18	8
40— 50 g	6	6
50— 60 g	5	6
60— 70 g	3	3
70— 80 g		5
80— 80 g	1	5
90—100 g	2	1
100—150 g	2	5
150—200 g	1	
200—300 g	2	
300—400 g	1	
400—500 g		
über 500 g		
Kopf ganz		
Sa. der Sprengstücke:	217	121
Gesamtgewicht der Sprengstücke:	4·420 kg	4·670 kg
Verlust:	0·460 „	0·200 „
	4·880 kg	4·870 kg

Außerdem wurden die Sprengstücke gesammelt und photographiert. (Fig. 36 und Fig. 37.)

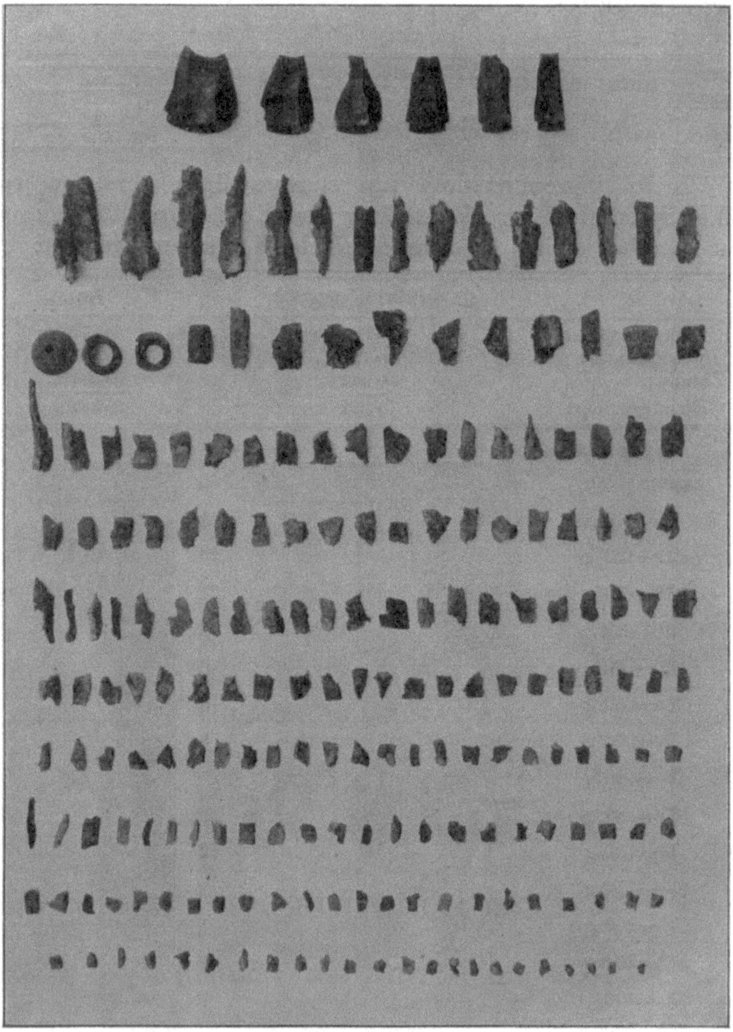

Fig. 36. Sprengung mit 160 g Pikrinsäure.

Zu e). (Schießversuche auf Stoßsicherheit.) Je zwei Geschosse mit Pikrinsäure bzw. mit Duplit wurden auf 6000 m mit $V_0 = 588$ m und darauf mit $V_0 = 735$ m blind verfeuert und erwiesen sich hierbei als rohrsicher. Der Gasdruck betrug 1886 Atm.

bei $V_0 = 588$ m und 3000 Atm. bei $V_0 = 735$ m. Die wiedergefundenen Geschosse zeigen im allgemeinen keine wesentliche

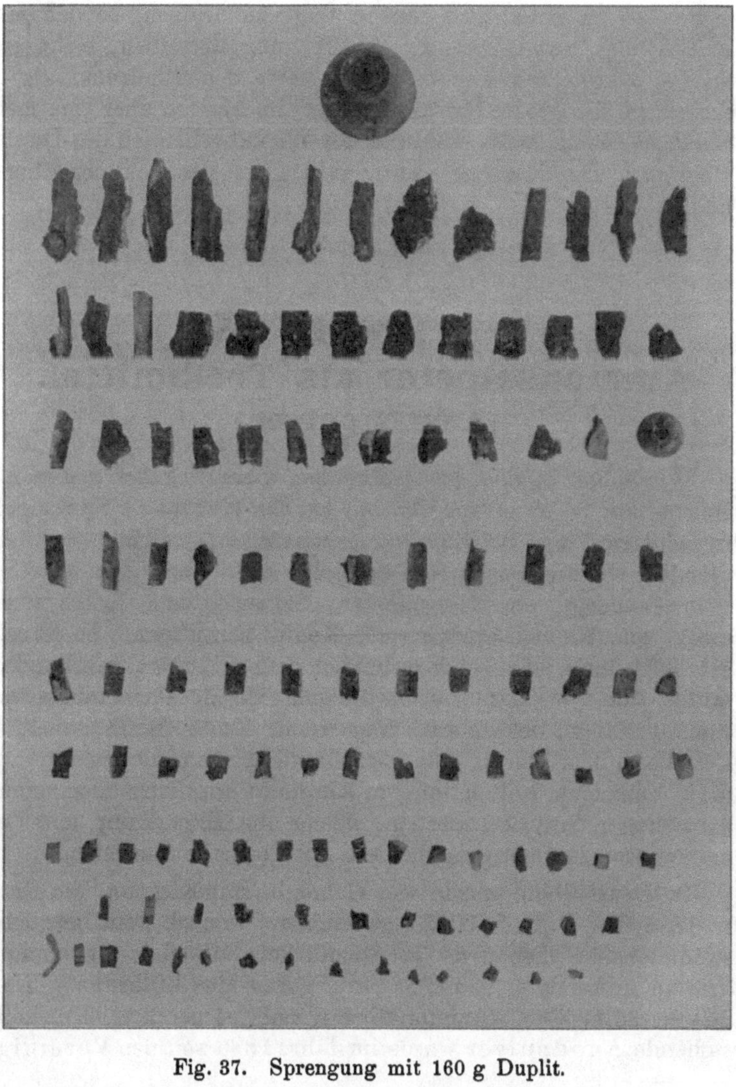

Fig. 37. Sprengung mit 160 g Duplit.

Veränderung; durch den Geschoßaufschlag waren sie nach vorn zu etwas zusammengestaucht.

Zu f). (Wirkungsschießen.) Es wurden je drei 7·5 cm-Minengranaten mit ca. 500 m Anfangsgeschwindigkeit auf 1000 m

Entfernung aufgestellte Scheiben verschossen. Trotz der Größe des Zieles — auf einen Raum von 10 m Breite und 50 m Länge waren 100 Mannschaftsscheiben aufgestellt — war es sehr schwierig, die Schüsse in annähernd gleiche Lage zu bringen, so daß man die Wirkung, namentlich die Ausdehnung derselben, nicht einwandfrei vergleichen konnte. Man hatte den Eindruck, als ob Pikrinsäure die größte Splitterwirkung, im übrigen aber eine mehr örtliche Wirkung hatte, während der Wirkungsbereich des Duplits größer war. Duplit erzeugte einen weißen, gut beobachtungsfähigen Rauch.

Achtzehnter Abschnitt.

Ammonsalpeter als Treibmittel.
(Ammonpulver.)

Wie schon in dem geschichtlichen Überblick des ersten Abschnittes auf S. 10 hervorgehoben, hat Dr. Hermann Sprengel[1] vorgeschlagen, ein Schießpulver herzustellen, welches statt des Kalisalpeters Ammonsalpeter enthielte oder auch dem gewöhnlichen Gemenge aus Kalisalpeter, Schwefel und Kohle einen Zusatz von Ammonsalpeter mit Kohle beizufügen. In Frankreich hatte man sich schon erheblich früher, im 18. Jahrhundert, bemüht, die Schwarzpulvermischungen durch Verwendung von Ammonnitrat zu verbessern,[2] aber wenig Erfolg damit erzielt. — In vorliegendem Buche, das speziell die Ammonsalpetersprengstoffe behandelt, soll in diesem Abschnitt nur kurz über neuere Bestrebungen berichtet werden, welche die Herstellung und Verwendung von Ammonpulvern als Treibmittel betreffen.

In Deutschland wurde von Gäns in Hamburg am 14. Oktober 1885 das D. R. P. 37631 genommen, wonach statt des beim gewöhnlichen Schießpulver gebräuchlichen Schwefels Ammoniumnitrat in Anwendung gebracht wird.[3] Das aus 40 bis 45 % Kalisalpeter, 35 bis 38 % Ammonsalpeter und 14 bis 22 % Holzkohle bestehende Amidpulver wurde im Jahre 1886 von den Vereinig-

---

[1] Journ. Chem. Soc. London 1873, p. 796.

[2] Bottée et Riffault, Traité de l'art de fabriquer la poudre à Canon. Paris 1811.

[3] In solcher Menge, daß bei der Entzündung des Pulvers Kaliumamid, eine bei höherer Temperatur flüchtige Verbindung von explosivem Stickstoffkalium mit Ammoniak entsteht, die den Nutzeffekt des Pulvers erhöht.

ten Köln-Rottweiler Pulverfabriken fabriziert und einige Jahre lang unter der Bezeichnung C/86 in der deutschen Artillerie angewandt; damals benutzte man für schwere Geschütze das braune prismatische Pulver C/82, während man für die leichteren Geschütze nur das grobkörnige Schwarzpulver C/73 zur Verfügung hatte. Die Firma Krupp erlangte mit dem Pulver C/86 in allen kleinen Kalibern günstige Ergebnisse; während das braune Prismapulver in der 15 cm-Kanone L/35 der 51·25 kg schweren Granate mit 17 kg Ladung bei 2205 Atm. Gasdruck 540·5 m Anfangsgeschwindigkeit oder 763 m lebendige Kraft gab, wurden mit 14 kg Pulver C/86 bei 2490 Atm. Gasdruck 617 m Anfangsgeschwindigkeit und 1000 m lebendige Kraft erzielt. Mit Einführung der rauchschwachen Nitrozellulose —, bzw. Nitrozellulosenitroglyzerinpulver verschwand das Amidpulver wieder bei der deutschen Armee.

Bei der österreichischen Kriegsmarine hatte man in den Jahren 1890 bis 1896 für mehrere Geschützkaliber (47 mm, 7 cm, 15 cm, 24 cm) Ammonpulver eingeführt, dann aber durch Ballistit ersetzt, weil die Ammonpulver drei Übelstände zeigten, nämlich Austrocknen in den Pulverkammern, Hygroskopizität und große Empfindlichkeit gegen Veränderungen in den Ladungsverhältnissen. Hierüber sagt J. Mayr folgendes:[1]

a) Das Austrocknen in den zu heißen Pulverkammern der Kriegsschiffe. — Die lange Einwirkung der Wärme hatte zur Folge, daß sich die aus Korn gepreßten Ammonpulverzylinder mechanisch ausdehnten, an Dichte verloren und dadurch beim Schießen zufolge höherer Brisanz auch höhere Gasspannungen ergaben. Der Ammonsalpeter hat drei kritische Temperaturen, bei denen er Strukturveränderungen — abwechselnden Ausdehnungen und Zusammenziehungen — unterworfen ist (ca. 36°, 85° und 125° C.); da die Temperatur in den Pulverkammern bis gegen 70° steigen kann, kommt hauptsächlich der zweite kritische Punkt in Betracht. Ein langes Verweilen in dieser Temperatur übt auf die gepreßten Ammonpulverladungen besonders dann den erwähnten nachteiligen Einfluß aus, wenn sie von der Erzeugung her noch etwas Feuchtigkeit enthalten. Der Übelstand zeigte sich erst später nach längerem Lagern in den Pulverkammern und ließ namentlich bei größeren Ladungen für das Rohr gefährliche Gasdrücke befürchten. Eine Abhilfe ist aber, nachdem die Ursache klar liegt, ohne besondere Schwierigkeit dadurch zu erreichen, daß man nicht nur das Primärkorn so trocken als möglich zum Pressen bringt, sondern auch die hieraus gepreßten Körper — Prismen, Zylinder oder Scheiben — direkt vor dem Einpatronieren einer scharfen Trocknung über den zweiten kritischen Punkt (also zirka 86° C.) unterzieht.

[1] Zeitschr. Schieß-Sprengstoffe 1907, S. 402.

Kommen dann diese Ladungen in geschlossenen Hülsen in die Pulverkammer, so sind sie gegen deren Wärme immun und können schlimmstenfalls nur noch geringe unschädliche Ausdehnung erfahren.

b) Der andere Übelstand, die Hygroskopizität, ist mehr zu einer bloßen Verpackungsfrage geworden. Bei den Ammonsprengladungen ist von 1890 bis heute kein nennenswerter Anstand wegen Feuchtwerden erhoben worden und auch bei den von 1890 bis 1897 in Gebrauch gewesenen Ammonschußladungen ist derartiges nicht vorgekommen.

c) Ein dritter Übelstand ist die große Empfindlichkeit des Ammonpulvers gegen Veränderungen in den Ladungs-, Adjustierungs- und Konstruktionsverhältnissen, welche andere Pulver wenig oder gar nicht beeinflussen. Dieser Übelstand kann aber teils durch Anpassung der Rohrkonstruktion, teils durch große Sorgfalt in der Ermittlung der für das in Frage kommende Geschütz nötigen Dichte, Korngröße und Initialzündung des Pulvers ganz beseitigt oder doch erheblich gemildert werden. Jede Pulverklasse hat, namentlich als Schießpulver, bestimmte Formen und Ladungsanordnungen, mit welchen sie die besten Resultate gibt. Beim Schwarzpulver kann man bei den größeren Kalibern vom Pebble und Würfelpulver bald auf das hexagonale Prisma mit axialem Kanale, welches die besten und gleichmäßigsten Schießresultate ergab. Beim Ballistit kam man auf das Röhrenbündel und das gewundene Band; für Ammonpulver ist der Zylinder von dem Kaliber entsprechendem Durchmesser, mit weitem zentralen Kanale, an dessen unteren Ende die Schwarzpulverzündung ($^1/_{40}$—$^1/_{50}$ des Ladungsgewichtes) angebracht ist, nach allen bisherigen Versuchen die vollkommenste Form. Über den Aufbau dieser Zylinder — aus gepreßten einzelnen niedrigeren Zylindern, Scheiben oder Lagen von Prismen — ist aber manches zu überlegen und den Verhältnissen anzupassen. Dieser Aufbau ist eine sehr heikle Sache, denn die hohe Empfindlichkeit des Ammonpulvers bei Änderungen tritt namentlich bei für dieses Pulver ungünstigen Rohrkonstruktionsverhältnissen besonders deutlich hervor. Für Ammonpulver ist es am günstigsten, wenn die Explosionsgase gleich nach der Zündung und ersten Entwicklung eine Drosselung erfahren, d. h. wenn das Geschütz entsprechend gekammert ist. Dies ist durch alle Versuche so klar erwiesen, daß darüber kein Zweifel bestehen kann. Wenn die gleiche Ladung von Ammonpulver in gleich langen Rohren gleichen Kalibers geschossen wird, wovon das eine sehr wenig, das andere stark gekammert ist, so kann der Unterschied zwischen beiden Fällen ein so großer sein, daß in einem ganz unbrauchbare, im anderen sehr schöne Resultate sich ergeben. Wäre bei den ersten Schießversuchen mit Ammonpulver statt der 47 mm Skoda-Schnellfeuerkanone, deren Rohrkonstruktion sich für Ammonpulver ausgezeichnet eignet, ein anderes Geschütz ohne Kammerung gewählt worden, so wären die ersten Resultate statt der erreichten sehr guten vielleicht so schlechte gewesen, daß jede weitere Fortsetzung unterblieben wäre. Dieser letzte Nachteil der Empfindlichkeit des Ammonpulvers für Konstruktions- und Adjustierungsverhältnisse hängt also innig mit der oft gestellten Forderung zusammen, daß, um vollkommen Einheitliches zu erzielen, der Geschützkonstrukteur und der Explosivtechniker Hand in Hand gehen und ihre Ideen und praktischen Erfahrungen gegenseitig berücksichtigen und verwerten sollten. Dies ist leider nicht immer möglich, einer der beiden Faktoren eilt manchmal dem anderen voraus und so kommt es statt zur Einheit nur zu Kompromissen.

Nach P. Rusch[1] besteht Ammonpulver aus 80 bis 90 % Ammonsalpeter und 20 bis 10 % Holzkohle. Die Explosionsgleichung soll folgende sein:

$$29NH_4NO_3 + 2C_{14}H_8O = 66H_2O + 23CO + 29N_2 + 5C.$$

(Verkohltes Holz.)

Über die Eigenschaften des Ammonpulvers im einzelnen macht Rusch eingehende Mitteilungen, woraus wir folgendes referieren.

a) Rauchentwicklung. Bei richtiger Verbrennung ist der Rauch des Ammonpulvers bläulichgrau bis intensiv schwarz, dünn und auf weitere Entfernungen daher weniger sichtbar; auch verflüchtigt sich der Rauch auffallend rasch.

b) Rückstand und Explosionsgase. Rückstand ist — mit Ausnahme von etwas Asche — theoretisch nicht zu erwarten und auch in der Praxis zeigte es sich, daß bei noch so vielen Schüssen die Bohrung nicht nennenswert verschmutzt war und keine Ladeanstände durch Rückstände oder dergleichen eintraten. Da die Gase basisch oder neutral sind und anscheinend keine nennenswerte Bildung von Stickoxyden stattfindet, so ist eine möglichst geringe zerstörende Wirkung auf das Rohr zu erwarten.

c) Nachflammer (Rückflammer). Wenn auch den Ammonpulvern das für die Verbrennung alles vorhandenen Kohlenstoffs zu Kohlensäure nötige Sauerstoffquantum fehlt, so wird doch durch die eigenartigen Verbrennungsverhältnisse des Ammonpulvers (raschere Verbrennung, daher bereits niedrigere Gasspannung beim Austritt des Geschosses aus dem Rohr, geringere Verbrennungstemperatur) die Gefahr von Nachflammern sehr verringert.

d) Mündungsfeuer. Hier liegen die Verhältnisse ähnlich günstig wie bei c), jedenfalls bedarf Ammonpulver keiner „kühlenden Zusätze", da es einen auffallend hohen Prozentsatz an Stickstoff enthält, nahezu 30 %, gegenüber im Mittel 14 % bei den gebräuchlichen Nitroglyzerinpulvern.

e) Hygroskopizität. Hier liegt ein Hauptfehler des Ammonpulvers; denn feucht geworden verliert das Ammonpulver vor allem

[1] Mitteilung Seewesen 1909, Januarheft.

an Wirksamkeit, was natürlich ballistisch von Nachteil ist. Außerdem begünstigt Feuchtigkeit schon in geringen Mengen (selbst unter 1 $^0/_0$) sonderbarerweise gewisse Erscheinungen, die sich, wenn Ammonpulver längere Zeit höheren Temperaturen ausgesetzt wird, in einer ganz wesentlichen, die Waffen gefährdenden Steigerung der Brisanz offenbaren können. Das Pulver muß daher vor dem Zutritt der Luftfeuchtigkeit geschützt werden. Das, meist in mehreren übereinander geschichteten Hohlzylindern vom ungefähren äußeren Durchmesser des Kalibers zur Ladung aufgebaute Pulver muß sorgfältig in Wachspapier oder dergleichen verpackt werden. Hygroskopische Körper, die bei der Elaborierung der Patronen zuweilen mit verwendet werden (z. B. Holzwolle, Karton und dergleichen), müssen unbedingt vermieden werden. — Zu beachten ist, daß feuchtes Ammonpulver auch die metallenen Patronenhülsen angreift, weshalb empfohlen wird (falls die Verpackung des Pulvers in Wachspapier nicht ausreicht), die Hülsen innen durch einen Überzug von Schellack, Firnis oder dergleichen zu schützen.

f) Verbrennungstemperatur und ballistische Leistung. Ammonpulver hat niedrige Verbrennungstemperatur, daher geringere ballistische Leistung. Will man mit einer nicht viel höheren Ladung als der des ballistisch viel wirksameren Nitroglyzerinpulvers die gleiche Anfangsgeschwindigkeit erzielen, so muß man den Verbrennungsprozeß derart regeln, daß die Arbeitsausnützung eine entsprechend bessere ist, was wieder nur mit einer verhältnismäßig größeren maximalen Gasspannung erkauft werden kann; nach Longridge macht es aber keine Schwierigkeiten, Geschützrohre zu bauen, die Gasdrücke bis 4000 Atmosphären aushalten. Andererseits trägt die auffallend geringe Verbrennungstemperatur des Ammonpulvers wesentlich zur Erhaltung der Rohre bei; die Temperatur der Pulvergase beträgt 867^0 bzw. 594^0 C. Es zeigt sich in der Praxis tatsächlich, daß Patronenhülsen nach einem Schusse mit Ammonpulver sich nur mäßig warm anfühlen, während sie bei Ballistit heiß sind. — Die Regelung des Verbrennungsprozesses erfolgt durch die Zusammensetzung des Pulvers, die Dichte des Primärkornes und der fertig gepreßten Zylinder, die Dimensionierung der Zylinder, die Einleitung der Detonation; dies erfordert besondere Sorgfalt bei Erzeugung und Adjustierung der Pulver. Die Dichte darf keine zu hohe sein, soll die Ladung durch die am Boden befindliche Schwarzpulveranfeuerung verläßlich genommen werden; andererseits wirkt bei zu kleiner Dichte das Pulver zu brisant. Auch die Laderaumkonstruktion ist von Einfluß auf die Verbrennung. — Rusch teilt einige Versuche mit, woraus hervorgeht, daß, wenn man bei neueren Geschützen mit Ammonpulver eine um mehrere hundert Atmosphären höhere Gasspannung als mit dem gewöhnlichen Ballistit von etwa $^1/_3$ Nitroglyzeringehalt zuläßt, bei nicht viel größerer Ladung und beiläufig demselben Volumen eine ungefähr gleiche ballistische Leistung erwartet werden kann, wie folgende Vergleichstabelle zeigt:

Geschützgattung	Geschoßgewicht	Pulverladung		Anfangsgeschwindigkeit		Maximale Gasspannung (normal)	
		Nitroglyzerinpulver	Ammonpulver	Nitroglyzerinpulver	Ammonpulver	Nitroglyzerinpulver	Ammonpulver
	kg	kg	kg	m/sec.	m/sec.	Atm.	Atm.
47 mm S.F.K. L/44 unverstärkt	1·53	0·365	0·46 / 0·56	710	700 / 800	2300	2300 / 2900
15 ccm G.L/40 . .	45·5	8·3	8·8	690	680	2300	2450
24 cmm G.L/35. K/86	215	44·5	48	640	640	2350	2600

Während aber mit Ballistit ein modernes, schweres Kaliber schon, bevor hundert Schüsse mit großer Ladung verfeuert wurden und ein modernes leichtes Kaliber nach wenigen hundert Schüssen kaum mehr kriegsbrauchbar genannt werden kann, wurden mit Ammonpulver schon hunderte, ja aus kleineren Geschützen schon einige tausend Schüsse abgegeben, ohne daß das Rohr zum weiteren Schießen ungeeignet geworden wäre.

g) Beständigkeit des Ammonpulvers. An und für sich ist Ammonpulver — im Gegensatz zu den Nitropulvern — unbegrenzt haltbar. Einen sehr schädlichen Einfluß übt aber die Feuchtigkeit aus und zwar nicht nur als solche, sondern auch indem sie gewisse, durch höhere Temperaturen hervorgerufene molekulare Wanderungen begünstigt, welche dem Ammonpulver und durch dieses der Waffe gefährlich werden können. Aus diesem Grunde wurde auch vor etwa 10 Jahren das früher bei der österreichischen Kriegsmarine als Treibpulver eingeführte Ammonpulver abgeschafft. Wenn nämlich Ammonpulver längere Zeit Temperaturen von mehr als 35° C ausgesetzt ist, so dehnen sich die einzelnen Pulverzylinder relativ stark, selbst um mehrere Prozente aus und verlieren an Dichte, wodurch die Brisanz ganz wesentlich steigt; gleichzeitig sind an der Oberfläche Ausblühungen von Salpeter bemerkbar. Bei vollkommener Trockenheit findet diese Änderung gar nicht oder in kaum beachtenswertem Grade statt. Da aber bei Ammonschießpulver immer mit Vorhandensein einer gewissen Menge Feuchtigkeit gerechnet werden muß, so darf die Möglichkeit dieser Veränderungen nicht aus dem Auge gelassen werden. Wenn das Pulver schon ein wenig mehr Wasser aufgenommen hat, fühlt sich die Waffe gleichzeitig feucht an; das Pulver wird stark weich; wird es getrocknet und dann geschossen, so sind besonders hohe Gasdrücke zu erwarten. Als Abhilfe wird empfohlen, vor allem schon das Pressen der Pulverkuchen mit möglichst trocknem Primärkorn zu bewirken, weiteres aber die fertig gepreßten Pulverkörner noch einer scharfen Nachtrocknung bei über 85° C zu überziehen; die Ladungen sollen dann gegen Temperaturen bis zu 85° C, also gegen alle, selbst in Pulverkammern ohne Kühlvorrichtungen mögliche Wärmegrade, praktisch unempfindlich sein; übrigens ist man ja neuerdings bestrebt, die Temperatur der Pulverkammern auf 20 bis 30° C zu halten, Wärmegrade, welche allem Anschein nach auch Ammonpulver, besonders das nachgetrocknete, für die Dauer vertragen würde.

h) Entzündlichkeit und Sensibilität. Entgegen dem Verhalten des Schwarzpulvers, welches, einmal gezündet, stets explodiert, brennt das Ammonpulver, ähnlich dem Nitropulver, im Freien ruhig ab. Ebenso kommt es vor, daß bei unrichtiger Wahl der Korngröße und Korndichte und der Größe der gepreßten Pulverkörner nach dem Schusse unverbrannte Pulverteile vor der Rohrmündung gefunden werden. Wegen seiner verhältnismäßig schweren Endzündlichkeit ist die Laborierung mit sehr geringen Gefahren verbunden und die Möglichkeit einer Entzündung von ohne Metallpatrone in das Rohr eingeführten Ladungen kaum vorhanden. Gegen Schlag, Stoß, Erschütterungen ist das Ammonpulver unempfindlich. Auftreffende Geschosse vermochten bei diesbezüglich durchgeführten Versuchen das Pulver nicht zu entzünden. Als Anfeuerung wird, wie auch beim Nitropulver, Schwarzpulver verwendet, welches, durch Zündkapsel (Zündschraube, Brandel) entzündet, die Explosion der Ladung verursacht.

Neunzehnter Abschnitt.

Verwendung von Guanidinsalpeter.

Als teilweiser oder vollständiger Ersatz des Ammonsalpeters ist der Guanidinsalpeter vorgeschlagen worden.

Guanidin hat die Formel $C\begin{cases}NH_2\\=NH\\NH_2\end{cases}$ oder CH_5N_3; da sich diese Base nur mit einem Molekül Säure verbindet, so hat das Guanidinnitrat (Guanidinsalpeter) die Formel $CH_5N_3 \cdot HNO_3$.

I. Zur Herstellung des Guanidinsalpeters erzeugt man zunächst Guanidinsulfocyanat.

a) Fabrikation von Guanidinsulfocyanat (Rhodanguanidin). Nach Volhardt erhitzt man trockenes Rhodanammonium 20 Stunden lang im Ölbad auf 180—190°; die Reaktion erfolgt dann nach der Gleichung

$$5(NH_4 \cdot CNS) = 2(CH_5N_3 \cdot HCNS) + (NH_4S)_2CS.$$

Danach würden also 62·1 % Rhodanguanidin und 37·9 % Ammonsulfokarbonat entstehen.

Nach Patart (Mém. Poudr. Salp. XIII, 154) ist es zweckmäßiger, 30 Stunden lang zu erhitzen; Patart formuliert die Reaktion folgendermaßen:

$$4(NH_4CNS) = CH_5N_3 \cdot HCNS + CS(NH_4S)_2 + CN \cdot NH_2$$

Danach betrüge die theoretische Ausbeute nur 38·81 % Rhodanguanidin; Patart erhielt 40 %.

Hérison-Laparre (Mém. Poudr. Salp. XIII. 321) hat den Fabrikationsprozeß genauer studiert. Die Reaktion verläuft in Zwischenstufen; beim Erhitzen über 150° bildet sich aus Rhodanammonium zunächst Sulfoharnstoff

$$NH_4 \cdot CNS = CS\begin{cases}NH_2\\NH_2\end{cases},$$

doch bleibt die Reaktion unvollständig, es tritt ein Gleichgewichtszustand zwischen Rhodanammonium und Sulfoharnstoff ein; letzterer zerfällt bei steigender Temperatur in Schwefelwasserstoff und Cyanamid:

$$2CS\begin{cases}NH_2\\NH_2\end{cases} = 2H_2S + 2CN \cdot NH_2;$$

letztere Stoffe reagieren mit Rhodanammonium nach den Formeln

$$NH_4 \cdot CNS + 2H_2S = CS(NH_4S)_2$$

und

$$2NH_4 \cdot CNS + 2CN \cdot NH_2 = 2(CN_3H_5 \cdot HCNS),$$

so daß der Endeffekt der von Volhard angegebene ist.

Hérison-Laparre[1] beschreibt die Versuche, ein besseres Resultat zu erzielen durch Beseitigung des schädlichen Einflusses des Schwefelwasserstoffes, der durch einen Luftstrom verdrängt wird; die Ausbeute steigt dann auf 60 %; (theoretisch nach der Formel $2NH_4 \cdot CNS = H_2S + CN_3H_5 \cdot HCNS$ auf 77·5 %); dann durch Verminderung der Reaktionsdauer (statt 20 bis 30 Stunden nur 6 Stunden, aber Temperatur 200 bis 210°); endlich Prüfung auf Reaktionsverlauf bzw. Ende durch Nesslersches Reagens, das mit Ammonsalzen einen roten, mit Guanidinsalzen einen weißen Niederschlag gibt; das Erhitzen wird eingestellt, wenn der Niederschlag blaß zitronengelb ist. Zur fabrikmäßigen Herstellung wird das Rhodanammon zunächst in einem durch Abzugsflammen geheizten Kessel zum Schmelzen gebracht, denn in den halbkugeligen Zersetzungskessel aus emailliertem Eisen fließen gelassen; letzterer Kessel wird im Ölbad oder besser noch auf Gas erhitzt, wobei die Temperatur durch Regulator konstant gehalten wird; ist die Zersetzung im Gange, so genügt geringe Wärmezufuhr. Vor dem Erhitzen hat man im Zersetzungskessel die Luftleitung sowie

---

[1] Zeitschr. Schieß-Sprengstoffe 1908, S. 250.

Thermometer angebracht und den Deckel aufgesetzt; man beginnt dann mit dem Erhitzen und steigert rasch auf 180°, worauf man die Luftleitung aufdreht und so reguliert, daß praktisch kein Schwefelkohlenstoff entsteht, was am Geruch der austretenden Luft festzustellen ist. Im Laufe von einer Stunde wird die Temperatur weiter auf 190° und in zwei Stunden auf 200° gesteigert; alsdann muß die Wärmezufuhr vermindert werden, damit sich die Masse auf 205° halten läßt. Man beginnt dann mit dem Probeziehen für die Prüfung mit dem Nesslerschen Reagens, und prüft alle 15 Minuten. Hat der Niederschlag eine blaßzitronengelbe Farbe, so ist die Reaktion beendigt und die Operation wird abgebrochen. Der Deckel wird abgenommen, die Luftleitung geschlossen und der Kesselinhalt mit einer emaillierten Schaufel entleert, oder besser noch, der volle Kessel weggefahren und durch einen leeren ersetzt. Dies läßt sich bei Gasheizung leicht durchführen und der Prozeß kann so zu einem kontinuierlichen gestaltet werden. Das Reaktionsprodukt, welches reines Guanidinsulfocyanat darstellt, wird entweder auf Platten ausgegossen, wo es zu einer grünlich-weißen Masse erstarrt, welche mit großen Kristallen durchsetzt ist, oder es wird aufgelöst und filtriert, wobei dann aus der Lösung schöne Kristalle von Guanidinsulfocyanat erhalten werden. Die Ausbeute beträgt 60% des angewendeten Ammonsulfocyanats. Das Erhitzen dauert 5—6 Stunden. Der Prozeß verläuft sehr gleichmäßig und kann ohne Unzuträglichkeiten von einem sorgfältigen Arbeiter überwacht werden. In den Luftleitungen setzen sich keine Kristalle von Sulfokarbonat an; in den Vorlagen sammelt sich Schwefel, Schwefelammonium und eine sehr geringe Menge Schwefelkohlenstoff. Schädliche und übelriechende Gase oder Dämpfe entweichen bei dem Verfahren nicht. Das Verfahren ist vom hygienischen Standpunkte unschädlich. Die Ausbeute ist sehr zufriedenstellend und besteht aus nahezu reinem Guanidinsulfocyanat, das durch einmalige Umkristallisation vollständig rein erhalten werden kann.

b) Herstellung von Guanidinnitrat. Um aus dem Sulfocyanat das Nitrat zu erhalten, läßt Jousselin (Compt. rend. Bd. 88, 1086) auf das Rhodanguanidin verdünnte Salpetersäure einwirken. — Patart (Mém. Poudr. XIII. 155) setzt mit Ammonsalpeter um nach der Gleichung

$$CH_5N_3 \cdot HCNS + NH_4NO_3 = CH_5N_3 \cdot HNO_3 + NH_4CNS.$$

Guanidinrhodanat, Ammonsalpeter und Rhodanammonium sind in Wasser leicht löslich, während Guanidinsalpeter in kaltem Wasser wenig löslich ist und auskristallisiert.

Zur Ausführung werden 500 g Rhodanguanidin in 500 g kochenden Wassers gelöst und dazu 330 g Ammonsalpeter gegeben; beim Erkalten kristallisiert der Guanidinsalpeter aus; die Ausbeute ist beinahe theoretisch. (Aus der Mutterlauge kann man das Rhodanammonium gewinnen und dasselbe neuerdings auf Rhodanguanidin verarbeiten.

Das Guanidinnitrat ist weiß; bei Gegenwart von nitrosen Gasen (selbst wenn dieselben sehr verdünnt sind) nimmt das Präparat bisweilen eine Rosafärbung an, welche aber nach einiger Zeit wieder verschwindet; in Berührung mit gewissen Eisensalzen färbt sich das Nitrat dunkelrotviolett.

Der Guanidinsalpeter bildet große Blätter, die bei 214° schmelzen; nach Thiele (Ann. 270, 26) lösen sich 10·75 Tle. in 100 Tln. Wasser von 15·9°; nach Patart lösen sich 4·64 Tle. in 100 Tln. kaltem Wasser. In heißem Wasser ist Guanidinsalpeter leicht löslich, so daß man denselben gut daraus umkristallisieren kann. —

Nach dem Verfahren von Celso Ulpiani (D.R.P. 209431) wird Dicyandiamid mit Königswasser behandelt und auf diese Weise fast quantitativ in Guanidinnitrat übergeführt; das Verfahren wird beispielsweise folgendermaßen ausgeführt:

100 g Dicyandiamid werden warm in 500 ccm Wasser gelöst und mit 500 ccm Handelssalzsäure (D = 1·16) sowie 200 ccm Handelssalpetersäure (D = 1·384) versetzt. Man hält die Mischung dann bis zur Konzentrierung auf etwa $^1/_5$ ihres Anfangsvolumens auf einer Temperatur von 60 bis 65° C und erhält durch Abkühlung Guanidinnitrat in großen weißen, völlig reinen Kristallen. Nach dem Abfiltrieren der Kristalle und weiterer Konzentrierung der Lauge bei geringerer Wärme werden weitere Mengen Guanidinnitrat erhalten. Nach Abscheidung derselben und weiterer Konzentrierung der Lauge bleibt jedoch eine unkristallisierbare, hoch hygroskopische, sirupöse Masse zurück, die aus salzsaurem Guanidin besteht. Behandelt man diese Masse in der Kälte mit Salpetersäure oder salpetersaurem Ammonium, so werden daraus weitere erhebliche Mengen Guanidinnitrat erhalten. Bei der Herstellung im großen kann die Menge des zur Oxydation des Dicyandiamids erforderlichen Königswassers bedeutend verringert werden.

Zur Analyse fällt man das Guanidin als wasserunlösliches Pikrat, die Salpetersäure bestimmt man durch Reduktion mit Eisenoxydulsalzen in bekannter Weise.

II. Patart hat die sprengtechnischen Eigenschaften des Guanidinsalpeters studiert, nachdem er denselben durch einen Druck von 3600 kg pro Quadratzentimeter gepreßt und dann wieder in Körner von 2 bis 3 mm Durchmesser zerkleinert hatte; die Versuche wurden in einer Stahleprouvette von 22 cbm Inhalt vorgenommen, der zu stauchende Zylinder hatte eine Höhe von 13 mm, einen Durchmesser von 6 mm; der Sprengstoff wurde bei verschiedenen Ladedichten mittels Schwarzpulverzündung (1 g extrafeines Jagdpulver zur Detonation gebracht.

Ladedichte	Höhe des Zylinders nach der Stauchung	Druck		Druck / Ladedichte
			Mittel	
0·10	12·95 12·93	334 400	367	3670
0·15	12·60 12·65	1128 1038	1083	7220
0·20	12·35 12·43	1556 1416	1486	7430
0·25	11·94 12·03	2168 2028	2098	8392
0·30	11·28 11·48	3068 2814	2941	9803
0·35	10·75 10·69	3668 3730	3699	10569

Patart berechnet das

Kovolumen $\alpha = 1 \cdot 28$

und den

spezifischen Druck $f = 5834$.

Für den Druck bei verschiedenen Ladedichten ergibt sich folgende Nebeneinanderstellung der experimentell gefundenen und der aus vorstehenden Werten berechneten Gasdrucke:

Ladedichte	Gasdruck beobachtet	Gasdruck berechnet
0·10	367	695
0·15	1083	1083
0·20	1486	1568
0·25	2098	2143
0·30	2941	2841
0·35	3699	3699

Patart errechnet aus den von ihm gemessenen Explosionsdrucken die Explosionstemperatur von Guanidinsalpeter zu 929°, welche Zahl ihm zu gering erscheint und die durch kalorimetrische Bestimmungen oder Errechnung aus den Zersetzungsprodukten noch kontrolliert werden muß. Guanidinsalpeter (auch in nicht komprimiertem, pulverförmigem Zustande) detoniert vollständig an freier Luft bei Zündung mit einer Sprengkapsel von 1·5 g Knallquecksilber.

III. Verwendung. a) Nach dem D.R.P. 54429 von Fr. Gaens stellt man nicht hygroskopische Schieß- und Sprengstoffe her, welche zum Teil Guanidinsalpeter enthalten. Beispiele:

1. Schießpulver aus 40 bis 60 Gewichtstln. Kalisalpeter, 48 bis 24 Gewichtstln. Guanidinsalpeter, 12 bis 16 Gewichtstln. Holzkohle.

2. Sprengstoff aus 40 bis 60 Gewichtstln. der vorstehenden Pulvermischung, die mit 60 bis 40 Gewichtstln. Nitroglyzerin zu einer plastischen Masse zusammengeknetet werden.

b) In den letzten Jahren hat man vielfach in Ammonsalpetersprengstoffen einen Teil des Ammonnitrates durch Guanidinnitrat ersetzt.

c) Von Interesse ist das Verfahren von Ch. Girard (franz. Pat. 350371 vom 5. Dez. 1904), wonach durch Zusammenschmelzen äquimolekularer Mengen zweier Metallnitrate oder eines Metallnitrates und eines organischen Nitrates Produkte erhalten werden, deren Schmelzpunkt bedeutend niedriger liegt als der der einzeln Komponenten.

So zeigt z. B. das aus molekularen Mengen Ammoniumnitrat (Smp. 152°) und Guanidinnitrat (Smp. 205°) erhältliche Produkt einen Schmelzpunkt von nur 140°. Gleichzeitig wird auch die Stabilität und die hygrometrische Beschaffenheit der so behandelten Nitrate in beträchtlichem Maße verändert. Schmilzt man Ammoniumnitrat als Basis mit einem organischen Nitrat in dem angegebenen Verhältnis zusammen, so erhält man Produkte, welche entsprechend dem angewendeten Nitrat eine mehr oder weniger hohe Explosivkraft besitzen. Ein kräftiger Sprengstoff wird z. B. aus 80 Tln. Ammoniumnitrat und 88 Tln. Guanidinnitrat erhalten. Derartige Sprengstoffe, deren Eigenschaften sich entsprechend den in die Mischung eingeführten Nitraten ändern lassen, eignen sich besonders zur Füllung von Hohlgeschossen u. dgl. — Die Explosionskraft dieser Sprengstoffe läßt sich eventuell, d. h., falls der Schmelzpunkt der Mischung der Nitrate ein entsprechend niedriger ist, durch Einführung von Nitroester, Kohlenwasserstoffen oder deren Derivaten noch beträchtlich erhöhen.

Literatur.

C. Haeussermann, Sprengstoffe und Zündwaren. Stuttgart 1894.

Oskar Guttmann, Die Industrie der Explosivstoffe. Braunschweig 1895.

Oskar Guttmann, Schieß- und Sprengmittel. Braunschweig 1900.

Oskar Guttmann, Zwanzig Jahre Fortschritte in Explosivstoffen. Berlin 1909.

C. E. Bichel, Untersuchungsmethoden für Sprengstoffe. Berlin 1902.

C. E. Bichel, Über Zündung von Schlagwettern durch detonierende Sprengstoffe. Sonderdruck aus „Glückauf" 1904.

C. E. Bichel, Über Sprengwirkungen. Sonderdruck aus „Glückauf" 1905.

C. E. Bichel, Aluminium in Sprengstoffen. Sonderdruck aus der „Zeitschrift für angewandte Chemie" 1905.

C. E. Bichel, Sprengungen unter Wasser. Sonderdruck aus der „Marine-Rundschau" 1905.

C. E. Bichel, Sprengstoffmessungen unter Berücksichtigung des zeitlichen Verlaufs der Explosion. Sonderdruck aus der „Zeitschrift für das gesamte Schieß- und Sprengstoffwesen" 1908.

Dynamit-Aktiengesellschaft vorm. Alfred Nobel & Co., Untersuchung von Sicherheitssprengstoffen. Sonderdruck aus der „Zeitschrift für das gesamte Schieß- und Sprengstoffwesen" 1906.

Dynamit-Aktiengesellschaft vorm. Alfred Nobel & Co., Kalorimetrische Untersuchungen von Sicherheitssprengstoffen. Sonderdruck aus der „Zeitschrift für das gesamte Schieß- und Sprengstoffwesen" 1907.

H. Brunswig, Die Explosivstoffe. Einführung in die Chemie der explosiven Vorgänge. Leipzig 1907.

H. Brunswig, Explosivstoffe. Leipzig 1909.

H. Kast, Anleitung zur chemischen und physikalischen Untersuchung der Spreng- und Zündstoffe. Braunschweig 1909.

W. Will, Beitrag zur Prüfung von Sprengstoffen auf Schlagwettersicherheit. Sonderdruck aus der „Zeitschrift für das gesamte Schieß- und Sprengstoffwesen" 1909.

E. Kedesdy, Die Sprengstoffe. Hannover 1909.

F. Heise, Sprengstoffe und Zündung der Sprengschüsse. Berlin 1904.

Heise und Beyling, Sprengstoffwesen und die berggewerkschaftliche Versuchsstrecke in Band VII des Werkes: Die Entwicklung des niederrheinisch-westfälischen Steinkohlenbergbaues in der zweiten Hälfte des 19. Jahrhunderts. Berlin 1904.

F. Heise und F. Herbst, Lehrbuch der Bergbaukunde. Berlin 1908.

Heise, Weiteres zur Frage der Sicherheitssprengstoffe. Sonderdruck aus „Glückauf" 1898.

Beyling, Versuche mit Sicherheitssprengstoffen. Sonderdruck aus „Glückauf" 1903.

Beyling, Prüfung von Sicherheitssprengstoffen. Sonderdruck aus „Glückauf" 1907.

Beyling, Versuche mit Sicherheitssprengstoffen. Sonderdruck aus „Glückauf" 1908 und 1909.

Hatzfeld, Prüfung der Sicherheitssprengstoffe. Sonderdruck aus „Glückauf" 1909.

W. Denker, Die bergmännischen Sprengarbeiten im Lichte der Unfallstatistik. Gummersbach 1904.

W. Denker, Unfallverhütung bei Sprengarbeiten in Steinbrüchen. Berlin 1907.

Konrad W. Jurisch, Salpeter und sein Ersatz. Leipzig 1908.

Hanns v. Jüptner, Lehrbuch der chemischen Technologie der Energien. Bd. II. Leipzig 1906.

J. Castner, Das Schießpulver in seinen Beziehungen zur Entwicklung der gezogenen Geschütze. Berlin 1892.

G. Nordenström und A. W. Cronquist, Om nitroglycerinhaltiga Sprängämnen. Stockholm 1880.

Josef Mayr, Die neuen Sicherheitssprengstoffe und ihr Verhältnis zur Sprengtechnik. Wien 1896.

Skizze über die Leistung und Verwendung der 10 cm-Feldhaubitze M/99. Wien 1905.

Peter Rusch, Nitropulver und Ammonpulver als Treibmittel. Pola 1909.

Feuchtinger, Spreng- und Zündmittelmagazine. Wien 1907.

A. Cooper-Key, A Primer of Explosives. London 1905.

Bichel-Larsen, New Methods of testing Explosives. London 1905.

The rise and progress of the British Explosives Industry. London 1909.

Eissler, The modern high-explosives. New York 1884.

L. Gody, Traité théorique et pratique des matières explosives. Namur 1907.

Royaume de Belgique. Ministère de l'Industrie et du travail. Fabrication des explosifs et industries connexes. Bruxelles 1909.

Watteyne et Stassart, Les explosifs de sureté au siège d'expériences de Frameries. Extrait des Annales des mines de Belgique. 1905.

Watteyne et Breyre, Emploi des explosifs dans les mines de houille de Belgique. Extrait des Annales des mines de Belgique 1908.

Ad. Breyre, La division technique du Geological Survey des Etats-Unis. La station d'essai de Pittsburg. Extrait des Annales des mines de Belgique 1909.

Francois, Les explosifs antigrisouteux et les essais du laboratoire de Frameries. Extrait de la Revue universelle des mines 1908.

Berthelot, Sur la force des matières explosives d'après la thermochimie. Paris 1883.

A. Macquet, Explosifs de sûreté. Paris 1893.

J. P. Cundill et E. Désortiaux, Dictionnaire des explosifs. Paris 1893.

L. R. Auzenat, Notions sur les explosifs brisants. Paris.
Sanford-Daniel, Explosifs nitrés. Paris 1898.
J. Daniel, Dictionnaire des matières explosives. Paris 1902.
Schmerber, Recherches sur l'emploi des explosifs en présence du grisou. Paris 1900.
Dejean et Le Play, Code des explosifs. Arras 1906.
A. Simon, Expériences faites aux mines de Liévin. Douai 1906.
Bericht des V. Internationalen Kongresses für angewandte Chemie. Berlin 1906.
Atti del VI Congresso Internazionale di chimica applicata. Roma 1907.
Annual Reports of his Majesty's Inspectors of Explosives. London.
Zeitschrift für angewandte Chemie. Leipzig.
„Glückauf", Berg- und Hüttenmännische Zeitschrift. Essen.
Zeitschrift für Berg-, Hütten- u. Salinenwesen im preußischen Staate. Berlin.
Zeitschrift für das gesamte Schieß- und Sprengstoffwesen. München.
Kriegstechnische Zeitschrift. Berlin.
Mitteilungen über Gegenstände des Artillerie- und Geniewesens. Wien.
Mitteilungen aus dem Gebiete des Seewesens. Pola.
Journal of the Society of chemical Industry. London.
Arms and Explosives. London.
Annales des mines de Belgique. Bruxelles.
Annales des mines. Paris.

Patente.[1]

[1] Zusammengestellt von Hans Koepke.

Autorenregister.[1]

[1] Bearbeitet von Hans Koepke.

Sachregister.[1]

[1] Bearbeitet von Hans Koepke.

Druck von Metzger & Wittig in Leipzig.

FSC
www.fsc.org
MIX
Papier | Fördert gute Waldnutzung
FSC® C083411

Zeitfracht Medien GmbH
Ferdinand-Jühlke-Straße 7
99095 Erfurt, Deutschland
produktsicherheit@kolibri360.de